# "铲屎官"手册

## 家猫行为的生物学分析

（第三版）

【瑞士】丹尼斯·C.特纳　　帕特里克·贝特森 ………… 主编

沈宇豪 ………… 译

电子工业出版社
**Publishing House of Electronics Industry**
北京·BEIJING

版权贸易合同登记号　图字：01-2021-3509

**图书在版编目（CIP）数据**

"铲屎官"手册：家猫行为的生物学分析：第三版／（瑞士）丹尼斯·C.特纳（Dennis C. Turner），（瑞士）帕特里克·贝特森（Patrick Bateson）主编；沈宇豪译 . —北京：电子工业出版社，2023.2
书名原文：The Domestic Cat: The Biology of its Behaviour（Third Edition）
ISBN 978-7-121-44175-2

Ⅰ．①铲… Ⅱ．①丹… ②帕… ③沈… Ⅲ．①家猫－动物行为－手册 Ⅳ．① S829.3-62

中国版本图书馆 CIP 数据核字（2022）第 153231 号

责任编辑：胡　南　杨雅琳
文字编辑：李楚妍
印　　刷：中国电影出版社印刷厂
装　　订：中国电影出版社印刷厂
出版发行：电子工业出版社
　　　　　北京市海淀区万寿路 173 信箱　　邮编：100036
开　　本：787×980　1/16　印张：23.25　字数：394 千字
版　　次：2023 年 2 月第 1 版（原著第 3 版）
印　　次：2023 年 2 月第 1 次印刷
定　　价：128.00 元

凡所购买电子工业出版社图书有缺损问题，请向购买书店调换。若书店售缺，请与本社发行部联系，联系及邮购电话：（010）88254888，88258888。
质量投诉请发邮件至 zlts@phei.com.cn，盗版侵权举报请发邮件至 dbqq@phei.com.cn。
本书咨询联系方式：（010）88254210，influence@phei.com.cn，微信号：yingxianglibook。

# 为什么是猫

丹尼斯·C.特纳和帕特里克·贝特森

家猫是一种广为人知并且深受喜爱的动物。从下表中宠物的数据明显可以看出，在不少国家，猫已经比狗这一"人类最好的朋友"更受欢迎。

表1　2010年欧洲国家和美国及2007年美国、加拿大、澳大利亚和日本的猫和狗的数量

| 国家 | 猫的数量（千只） | 狗的数量（千只） |
|---|---|---|
| 奥地利 | 1744 | 612 |
| 比利时 | 1884 | 1330 |
| 捷克 | 1750 | 3152 |
| 丹麦 | 673 | 580 |
| 爱沙尼亚 | 244.5 | 174.6 |
| 芬兰 | 665 | 651 |
| 法国 | 10,965 | 7595 |
| 德国 | 8200 | 5300 |
| 希腊 | 595 | 665 |
| 匈牙利 | 2240 | 2856 |
| 爱尔兰 | 310 | 425 |
| 意大利 | 7400 | 7000 |
| 荷兰 | 2877 | 1493 |
| 挪威 | 747 | 452 |
| 拉脱维亚 | 476 | 269.8 |
| 立陶宛 | 651.3 | 746.3 |
| 波兰 | 5550 | 7311 |
| 葡萄牙 | 991 | 1940 |
| 罗马尼亚 | 3891 | 4166 |
| 俄罗斯 | 18,000 | 12,520 |
| 斯洛伐克 | 290 | 250 |
| 斯洛文尼亚 | 400 | 240 |
| 西班牙 | 3385 | 4720 |
| 瑞典 | 1269 | 749 |
| 瑞士 | 1507 | 445 |
| 英国 | 8000 | 8000 |
| 美国 | 86,400 | 78,200 |
| 美国，2007 | 83,884.3 | 67,085.1 |
| 加拿大，2007 | 8300 | 5002 |
| 澳大利亚，2007 | 2450 | 3484 |
| 日本，2007 | 9788 | 13,179 |

　　长久以来，家猫作为老鼠的捕食者，在农场中很受重视。尽管家猫可爱且为人熟知，但是很多人依然认为家猫是个谜一般的存在。它们对人类很友好，但是从个体上来说，引用鲁德亚德·吉卜林的说法，就是"特立独行"——它们享受人类家中的舒适环境，却表现得好像自己是完全独立的。对于很多猫主人来说，陪伴他们的动物把野性的意味带到了家里。而对于另一些人来说，猫复杂又矛盾的特性导致了人和猫之间的互不信任，甚至仇恨。可以确定的是，相对于其他家养动物，猫受到的喜爱和迫害都更多。猫的周围总是充斥着谣言和神秘的故事，甚至很多爱猫人士都倾向于把猫视作神秘的生物。如今，猫的大量行为都有了生物学上的解释，因此，很多关于猫的秘密都被揭开了。

　　市面上关于猫的畅销书层出不穷，但是这些书对猫行为的解释通常来源于作者同少量猫打交道的个人经验。猫主人通常会对自己的宠物进行仔细的观察，但是大部分人倾向于认为每一只猫都有自己独特的性格和特殊的行为模式。对猫进行笼统的概括和总结通常是很困难的，并且也会有误导性。就连对更大数量级的猫进行研究的科学家们也会担心自己

是否会过度概括和总结了猫的特性。他们往往觉得必须等到其他同事发表了对其他条件下的猫个体的研究之后，才能发表自己的研究结果。如果自己的结论和别人的不同（经常是不同的），那么就一定要找出其中的原因。不过，关于猫的知识体系已经在最近几年大为丰富，因此研究人员如今可以对家猫的共性和特性及其来源作出更为自信的表述了。

第一篇有关猫行为的科学论文由保罗·莱豪森①在1956年用德文发表，之后他又用德语修订了几个版本，他将部分内容重写之后在1979年以英文修改。本书是第一本完全基于科学研究结论，并且全部由这个领域的研究人员写作的猫行为分析著作，最早于1988年以英文出版。随后出版的德语和荷兰语版本，包含很多之前从未发表的实地调研。我们希望并相信，这本书能激发行为生物学家、生态学者以及部分兽医的兴趣。在此书出版后的10年中，科学期刊中出现了很多新的研究。本书的主编和章作者把这些新的研究和第一版中的研究整合，形成了第二版《家猫》（2000），并且在2006年被翻译为日语出版。目前的第三版持续博采关于猫的现代行为生物学研究，同时也加入面向大众的章。尽管前两版中的大部分结论依然成立，但我们还是邀请了作者来对他们各自的章进行更新，并且邀请了其他领域的专家作为新作者共同参与这一版本的编撰。

本书由"从幼猫到成年猫"这一部分开始。第一章非常系统、条分缕析地描述了猫正常的行为特征和生理发育过程。这些发育过程为成年生活做准备。幼猫必须在几年的生长发育中学会生存，并应对在成长过程中可能会遇到的各种特殊情况。它们也必须学会如何获取未来生活中所需要的信息和技能。最后，它们必须学会应对环境中不同的变化。这种适应能力和它们捕猎行为的发展有着尤为密切的联系。

第二章讨论了家猫的正常繁育行为。从孕期的母性行为以及幼猫的出生开始，重点介绍了幼猫的养育。从这一章中可以很明显地看出，不管是在人类家庭还是野外的栖息地，

---

① 保罗·莱豪森（1916.11.10—1998.5.14）：德国动物学家、行为学家。

猫都展现出了灵活的社交能力。在同一个圈子内，猫妈妈会对几乎同时出生的其他母猫的幼崽进行喂养。但是，幼猫被猫妈妈遗弃，乃至啃食的现象，也是人们的关注点，本章也会对此进行讨论。在讨论更受关注的公猫和母猫育种问题之前，本章还将讨论正常的猫交配行为。

第三章主要讨论的是家猫的交流和沟通，首先是猫之间的沟通，其次是猫和人类的沟通。嗅觉、听觉、视觉以及触觉的沟通都很重要。本章的作者严密地论证了沟通信号是如何从一个非信号类的行为演化过来的。驯化过程也可能会导致一些信号被区分出来，或者发展出辅助的功能。

本书前几个版本中有部分章节谈到户外猫的社会组织和空间组织，它们的捕猎行为及其对受捕猎物种的影响。第四章将这些研究进行了汇总和更新。很明显的是，食物（包括猎物）的丰富程度和分布对家猫的行为生态产生了主要的影响。不过，猫的户外栖息地实际上是一个结构化的、功能化的社会组织，而不是以高度集中的食物来源为中心的松散的个体集合。第五章讨论了人类家庭中猫的社会行为。尽管在居家环境中的研究数量比较少，但这个话题还是会激发很多读者的兴趣。本章还介绍了猫和人之间关系的基本情况，以及幼猫面对同物种和不同物种时的社会化倾向。

本书接下来的部分是"猫和人类"。第六章追溯了家猫的起源、驯化和早期历史。尽管猫在某些历史阶段遭受了残忍的迫害，但总体而言，它们从最早期的驯化开始，就受到人类的极大喜爱。第七章分享了不同地区人类对猫态度的文化差异，我们挑选了位于亚洲、中东、欧洲和南美洲等多个具有不同历史和宗教背景的国家进行分析。第八章分析了人类和猫性格之间的相互影响。这章的作者们分析了各种影响人猫之间互动风格的因素，而这些会导致每一个人和猫之间的关系都变得与众不同。他们试验了这个问题：为什么在分析得出最新的人猫之间互动行为的观测研究数据之前，我们就有可能从进化的角度来分析人和非人类动物之间的社交行为。

　　本书的下一个部分讲的是"猫繁育和猫福利"。第九章定义了猫福利和高质量的生活，并讨论了这两者的衡量标准。本章还特别关注了在猫避难所中的猫福利问题，以及避难所中应该遵守的操作规程，然后讨论了不同的居住环境（猫繁育所、避难所、研究机构、动物医院以及私人住宅）会如何影响猫福利。第十章从历史和家猫起源的角度介绍了不同品种和性别的猫的行为差异。确实，在最近的基因分析中发现，有一些品种的猫拥有很古老的起源。在一项最新的研究中，研究人员对 15 个最受欢迎的猫品种之间的行为差异进行了基因层面的分析，本章对此进行了总结。此外，本章还介绍了未绝育的公猫和母猫之间的行为差异。第十一章介绍了最近一段时期的猫繁育历史以及猫的展览，解释了品种猫的标准是如何演进的、裁判是如何培训的，以及各种奖项是如何被评定的。人为的优选繁育有可能对动物健康和动物福利造成，而猫爱好者们对这一点的意识也在不断提高。第十二章重点关注了猫的健康问题，以及应激对于疾病和"不良行为"的影响。早期的生活经历、长期的环境刺激，以及环境丰容都会对猫的健康和福利造成重要影响。第十三章讨论了猫可能会出现的行为问题，而这些行为问题有可能损害猫主人和猫之间的关系。对于一些最常见的问题，诸如随地大小便、尿液标记、不同形式的攻击行为、抓家具、啃食绿植等，本章都进行了解释并提供了解决方案。

　　第五部分以名为"未来"的第十四章作为开头。如今猫的数量非常庞大，家猫的数量急剧增长，但很不幸的是，流浪猫的数量也在大幅增加，因此"猫口控制"也成了一个必须要做的事情。在解释完为什么要控制猫数量之后，本章还基于多年的经验、各国的案例研究以及一个猫数量的理论模型，介绍了如何控制猫数量。

　　最后，作为本书的后记，第十五章说明了尽管过去几年在猫的行为生物学方面有很多的研究发现，但是未来还有更多的领域等待研究和发现。因为不管猫是不是特立独行的，它们都保留着一些秘密。

# 目　录

## 第二部分　社会生活和生态学

## 第四部分　猫繁育和猫福利

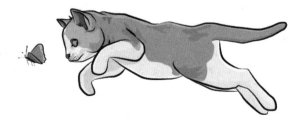

第 一 部 分

从幼猫到
成年猫

# 第 一 章

# 猫的行为发展

帕特里克·贝特森

## 概述

在猫成长的过程中，其性格和行为的发展有规律性，并具有一致性。比如，大多数幼猫在出生后的第 2 周睁开眼睛，并在 1 月龄左右开始吃固体食物。猫在行为发展过程中也展现出了适应性和可调节性，会敏锐地应对周围环境的变化。此外，它们的行为习惯也呈现出高度的多变性。有些家猫会花大量的时间捕猎，有些则很少离开主人舒适的扶手椅。本章的主题就是要阐释这些一致性和差异性在猫的成长过程中是如何产生的，以及为什么会产生。

生物呈现给我们许多奇迹，其中最非凡的奇迹就是一个像猫这么复杂的动物是从一个细胞生长发育而成的。直到最近，这其中的生理过程依然在很大程度上不被人们理解，还有大量的奥秘等待着人们去发现。不过，一些具有确定性的事实在很长的一段时间内都已经不证自明了。猫科动物的不同物种有着很多相同的行为模式。比如，猎豹幼崽之间的玩耍行为就很容易让人想起家猫幼崽之间的玩耍行为。这些生长发育中"很有力的"一致性行为是意义深远并且真实存在的。与此同时，每一只猫都能应对环境中的各种挑战，如猫能应对由意外事故或疾病导致的残疾；猫能学会辨认种群中几个特定的成员，并对它们可获得的食物产生偏好。总之，猫的适应能力很强，时刻准备着应对生命中出现的各种挑战。猫的这种适应性和它顽强的生命力一样令人惊叹。但是，我们一不小心就容易掉进一个陷阱。猫在生长发育过程中有两种影响因子是很难被清楚地区分的。其中的一种会导致固定的结果，另一种则会因为早先生活经验的影响盖过了特定的基因组而导致个体差异。如果事实确是如此，我们就应该问这样一个问题：在这些行为模式中，有多少是内在的、先天决定的，又有多少是后天习得的、受环境影响的？然而，这种二分法既不是真理，也没什么用，还会让那些孤陋寡闻的媒体作者把这个和真正的生物学混淆。

## 正常的生长发育过程

对家猫来说，从受孕到分娩通常是 63 天。这比它们的祖先非洲野猫（Felis sylvestris libyca）要长 3～7 天。在 2 周龄以前，幼猫的感官世界主要由温度、触觉和嗅觉刺激物主导。嗅觉在寻找可供吮吸乳汁的乳头中起到至关重要的作用。没有任何吃奶经验的新生猫会主动去寻找哺乳猫妈妈的腹部，并能在几分钟之内找到乳头开始吮吸。它们对非哺乳期的母猫并不会做出这些行为。嗅觉差不多在 3 周龄的时候就完全发育成熟了。出生满一天的幼猫就能探测到温度梯度，并尝试随着温度的变化而移动，即离开寒冷的区域，挪向温暖的区域。在 3 周龄的时候，它们已经可以在一定程度上调节体温。7 周龄的时候，它们就能获得一个成熟的体温调节机制。它们的听觉也很早就出现了，并且在 1 月龄的时候发育成熟。在出生后的第 5 天，可以观察到幼猫对声音的确切反应。在 2 周龄的时候，可以观察到幼猫对自然界中的声音产生定向反应。在 4 周龄的时候，所有的幼猫都能拥有如同成年猫一般的定向反应。

猫从出生到 7～10 天龄期间，眼睛一般都是闭着的，睁开眼睛的时间从 2 天龄到 16 天龄不等。幼猫通常需要花 2～3 天的时间才能把两只眼睛完全睁开。在正常繁育条件下，每个个体眼睛睁开的时间会有明显的差异。这种差异在很大程度上可以通过以下 4 个因素解释：猫爸爸的特点、光线强度、幼猫的性别，以及猫妈妈的年龄。通常，在黑暗中抚养的幼猫睁开眼睛会更早；年轻的猫妈妈生出来的小猫睁开眼睛会更早；雌性幼猫睁开眼睛比雄性更早。导致这个差异的最大因素是父亲的特点，这意味着这里面有很强的遗传因素。

在眼睛睁开后的几周内，由视觉引导的行为会得到快速的发展。在出生后的第 3 周末，幼猫就可以用视觉线索来确认猫妈妈的位置，并向猫妈妈走去。在出生后的 1 个月内，幼猫的视觉敏锐度会有显著的提升，不过要到 5 周龄的时候，眼睛中的液体才会变得完全清澈，并且某些方面的视觉敏锐度的提升会一直持续到 3 ～ 4 月龄。

在出生后的前 2 周内，幼猫是不怎么动的，但有时会缓慢地划动。在第 3 周的时候，开始蹒跚学步，但是直到 4 周龄，幼猫才能向窝外走一段距离。到第 5 周，它们学会短暂地跑动，到 6 ～ 7 周龄的时候，它们就学会了所有成年猫的运动形式。而复杂的运动能力，比如在一个狭窄的木板上走动并转身，要到 10 ～ 11 周才能学会。猫在出生时就拥有翻正反应，并在 1 个月时熟练掌握。到 4 周龄的时候，幼猫开始学会在下落过程中翻正自己的身体（空中翻正反射），并在两周内逐渐掌握。

在最初的两个月内，肢体放置反应逐渐发展。体内的控制反应是天生就有的，而由视觉控制的反应则在出生后才开始发展，并且和视觉系统平行发展。部分触觉引导放置是与生俱来的，而由视觉引导的爪子放置则要到 3 周龄左右才开始发展，并且到 5 ～ 6 周龄的时候熟练掌握。猫在 2 周龄之前就开始长牙，并一直持续到 5 周龄。猫从 3 个半月龄开始逐渐换牙，把乳牙替换为恒牙。

在出生后的前 3 周，幼猫完全靠猫妈妈的乳汁来获取营养。哺乳完全由猫妈妈来发起，它会频繁地回到猫窝中去喂养幼崽。在自然生活的条件下，幼猫出生后 4 周，猫妈妈就开始把活的猎物带回来，而幼猫最早会在 5 周龄的时候开始捕杀老鼠。

通常情况下，幼猫在 4 周龄开始吃一些固态食物，这也标志着断奶期的开始。随着断奶期的发展，幼猫开始越来越积极主动地寻求猫妈妈的哺乳。

## 猫的断奶是怎么发生的

　　家猫断奶期的一大特征就是，幼猫获得猫妈妈照料的难度逐渐变大，而不是被猫妈妈断然拒绝。断奶期也可以被描述为亲代投资率下降速度最快的一个阶段（见第三章）。从出生后大约 4 周开始，猫妈妈就会通过主动拒绝幼猫，以及主动调整身体姿势把乳头藏起来的方式，来使幼猫吮吸乳汁的难度变得越来越大。在出生后 7 周左右，幼猫吮吸乳汁的频率一般已经降到一个很低的水平，转而从固态食物中获得大部分的营养，这时，断奶期就基本结束了。

　　家猫的断奶过程通常不会伴随猫妈妈的侵略性。不过，当客观条件变差的时候，比如猫妈妈的食物供给不足，这个通常连续的断奶过程有时候也会突然中断。

　　于是，有一些关于断奶期的问题就出现了（其他物种断奶期的这些问题尚且没有一个被完全回答，更不用说家猫了）。哪些基因和环境因素影响了断奶期的时间和特性？比如，是否食物供给有限，或者同时哺乳多只幼猫的猫妈妈会更早地开始断奶？在不利的条件下，猫妈妈可能会通过缩短哺乳期、提早断奶，来保全生育能力。但是，与这个论点相对的推测也同样可信：拥有多只幼猫或者食物供给不足的猫妈妈也有可能延长哺乳期，来使幼猫能达到独立生存的最小体型和最低体重。或许也存在这个可能性：当条件变差的时候，猫妈妈们会将断奶期延后，但当食物极端不足的时候，它们就会突然中断对幼崽的照料，并遗弃幼崽，这样它们自己能存活下来，并能在将来条件好转的时候再繁育。目前，这些都还只是推测，急需在自然生存环境中进行研究调查。

不管影响因素是什么，一些天然的可变因素，如猫妈妈的营养和抚育的幼猫数量，很有可能对断奶期的长短和中断有着系统性的影响。断奶期是幼猫在发育过程中的一个重要转变期，在这个时期内，幼猫必须从完全依赖猫妈妈转变为部分依赖或完全独立自主。如果断奶期比正常状态开始得更早，幼猫会如何在行为和生理层面进行适应？会有哪些长期的影响？因为猫妈妈食物短缺而被迫要更快生长发育的幼猫，会不会在后期的行为能力上打折扣？我们又遇到了大量有待回答的问题。

5～6周龄的时候，幼猫已经学会了自主排泄，幼猫也不再需要靠猫妈妈舔它们的会阴来刺激它们排尿。许多幼猫第一次被放置在疏松的泥土上或者市售的猫砂上的时候，就会挖一个浅坑，蹲下，排尿，然后把这个坑埋好（根据观察）。断奶期在出生后7周就基本结束了，但是间歇性的吮吸行为（不一定会有乳汁）可能会持续几个月，特别是当猫妈妈只抚养一只幼猫的时候。

幼猫的主要行为变化发生在1月到2月龄间。也有人说，1月龄差不多是有可能完全基于视觉提示进行学习的最早年龄。但是，对声音的条件反应在10天龄的时候就被观测到了，幼猫也在出生后不久就展现出某些特定的学习能力，如形成对某个乳头的偏好。在出生后的第2个月，幼猫开始形成对大型、难缠的猎物（比如老鼠）的防御性反应倾向，也就是说形成一种防备性较强的"性格"。6～8周龄的时候，幼猫就开始对有威胁的视觉和嗅觉社交应激源，展现出和成年猫类似的反应。

与成年期类似的睡眠模式也会在幼猫出生后7～8周发展形成。母猫一般在7～12月龄的时候性成熟，而公猫通常在9～12月龄的时候性成熟。不过，纯种猫，不管是公猫还是母猫，性成熟的时间都可能提前。幼猫在出生时大脑的重量是成年期的20%，到大约 3 月龄的时候会增长到成年期的重量。

　　出生 4 周后，幼猫的社交性玩耍开始变多；在第 5 和第 6 周，幼猫在向另一只幼猫移动的时候，开始做出蹲伏的姿势，并且开始学会寻找消失的物体；在第 7 周的时候，这些行为被融入玩耍性质的社交互动中。包含有大量追逐打闹的社交性玩耍会在幼猫间频繁地出现，直到 12～14 周龄，嬉戏的频率开始慢慢下降。在断奶期结束的时候，针对社交性玩耍的测量数据之间的关联度也就消失了，同样消失的还有针对一些捕猎行为的测量数据之间的关联性。社交性的玩耍和打闹有时候会升级为严重的事故，特别是在出生 3 个月后。在出生后第 3 个月，一些特定的社交性玩耍的测量数据和一些捕猎行为的测量数据之间的相关性开始增加。这可能意味着在幼猫生长发育的过程中，它们的运动模式转而受到新的激励系统的控制，其中一部分由控制捕猎行为的因素控制，其他部分则由控制对抗行为的因素控制。

　　和物品玩耍的能力比社交性玩耍形成得稍晚一些，要等到猫发展出眼爪协调能力之后，这种能力使得它们能应对处于移动状态的小物体。在 7～8 周龄的时候，和物品玩耍的行为明显增多，而运动中的玩耍行为也大致在这个时期开始迅速发展。

## 社会环境

　　在自然和半自然的条件下，猫会和熟悉的个体（通常是近亲）形成牢固的社会关系。从很小的时候开始，幼猫就能辨认出妈妈，并且相比其他不熟悉的母猫，会更喜欢它的妈妈。幼猫也能辨认出社群中的其他成年猫，并很容易地获得这些成年猫的照料（见第四章）。在流浪猫社群和大型室外围栏中抚养的猫社群中，幼猫经常可以在其他母猫（非母亲）那里吃奶。这些非常依赖熟悉度的社交关系，在出生后的前 2 个月内最容易形成。当人们第一次描述早熟的鸟类之间形成牢固社会关系时，将这个过程称为"印随行为"，

因为这个过程发生得很快，同时能在社交偏好上造成长期的影响。和鹅或鸭相比，猫在出生的时候发育程度更低，形成社交纽带的速度也就更慢。

如果在猫的幼年期就进行接触，那么人类以及其他物种也有可能被纳入这个社群，并被猫友善地对待。尽管对人类做出社交反应是猫的一项基本能力，不管熟悉与否，成年猫和幼猫在对人类的友好程度上呈现出相当大的个体差异，甚至同一窝的幼猫在友好程度上也会有相当大的差异。

母子关系对幼猫的生长发育是至关重要的，特别是考虑到家猫相对来说较慢的生长发育过程以及对母亲照料的长期依赖。从一开始，猫妈妈和幼猫之间的互动就在于对哺乳进行调控。在出生后3周内，猫妈妈会主动发起哺乳行为，它会走向幼崽并摆出一个典型的授乳姿势，使得幼崽能很容易地找到乳头。在这个阶段，幼猫可以通过嗅觉信号，以及在比较小的程度上，通过热能信号来对猫窝进行定位。在幼猫睁开眼睛以及由视觉引导的行为开始发展之后，向猫窝进行定向行为的频率就开始下降了。

直到3周龄，幼猫会像从哺乳期的母猫那里吃奶一样去吮吸不在哺乳期的母猫。这意味着乳汁奖励并不是发起或维持吮吸行为的必要条件。在3周龄之后，乳汁奖励的缺失会导致吮吸时长的下降，不过发起吮吸行为的频率依然保持不变。在没有猫妈妈的情况下，12周龄的幼猫会吮吸未绝育公猫的乳头（个人观察）。很明显，吮吸行为自身就是一个奖励行为，这和幼猫是否可以从中获得乳汁没有关系。

之后，随着幼猫运动能力变强，主动走向猫妈妈并发起哺乳的责任就更多地落在它们头上。在断奶期的后期，也就是出生后第 2 个月底，几乎完全是由幼猫发起哺乳，猫妈妈可能还会阻止它们吃奶，把乳头藏起来，或者在幼猫靠近的时候走开。随着感官和运动能力的提升，幼猫就越来越需要主动发起哺乳。

一直由人工喂养的幼猫可以从人工乳头吸奶，但当它们遇到一个哺乳期的母猫的时候，它们并不会去吸奶，这是因为它们对母猫展现出了不良的社交反应。如果猫过早（在 2 周龄的时候）被人为地和猫妈妈分离，它们后期会形成一系列行为、情感和身体上的异常。当面对其他猫和人类的时候，它们会变得异常害怕和具有攻击性，呈现出大量随机性的和无意识的运动行为，并且学习能力也会下降。

　　在猫的行为发展中，社会关系十分重要，并且会对性格造成相当大的影响（见第八章）。这点在捕猎行为的发展中非常明显。在自然条件下，猫妈妈能循序渐进地给幼猫介绍猎物，创造捕猎的场景，让它们在试手中不断提升捕猎技巧。起初，猫妈妈会把死掉的猎物带给幼猫；之后，它会把活着的猎物带回来，在幼猫周围把猎物放开，它会在一旁看着幼猫捕猎，只有在幼猫失去控制的情况下才进行干预。猫妈妈并没有"教"它的孩子如何抓住猎物，而是创造了一系列场景，使得幼猫可以靠本能来习得增加生存概率和提升繁育能力的行为。

　　猫妈妈的捕猎能力和幼猫能力的提升是交织在一起的，在幼猫的捕猎能力提高的同时，猫妈妈的捕猎能力就会随之下降。在短期内，猫妈妈会根据幼猫对猎物的反应来调整自己对该猎物的反应。比如，幼猫在猎物前犹豫的时间越长，猫妈妈就越有可能自己去攻击猎物。猫妈妈在场的时候，幼猫会展现出更高频次的捕猎行为，猫妈妈也会引导幼猫去和猎物互动。实验研究表明，当应对活着的猎物时，幼猫倾向于模仿猫妈妈对猎物的选择。比如，幼猫见过猫妈妈捕杀某一种老鼠后，会倾向于捕杀同一种老鼠。

　　幼年时期的社交经历对引发捕猎行为的刺激因素起到决定作用。在一系列开创性的实验中，有学者将幼猫和老鼠养在同一个笼子中，和老鼠一起抚养的猫在长大后不会捕杀该品种的老鼠，尽管有些猫会捕杀长得不一样的老鼠。这个研究结论意味着，在早期生活经历中和老鼠形成社交伙伴关系的猫，会和老鼠形成社交纽带，这种关系会抑制它们之后对老鼠的捕猎反应。但是，当这些猫在其他幼猫和老鼠之间作选择的时候，它们会倾向于和其他幼猫形成社会关系。同时和兄弟姐妹以及老鼠一起抚养的幼猫，会很明显地和兄弟姐妹形成社会关系。尽管如此，它们还是对老鼠产生了明显的容忍，并且对老鼠的捕猎反应也有所迟钝，不过有一些猫最终还是变成了老鼠杀手。

　　幼猫尝试新食物的意愿以及对特定食物的偏好，似乎也在很大程度上受到猫妈妈的影响。在一项研究中，幼猫每天都会得到一种新的食物（金枪鱼或谷物），当猫妈妈在场的时候，它们在第一或第二天就会开始吃新的食物。但是当幼猫独自面对新的食物时，它们要到第 5 天才开始吃。当然，幼猫对新食物的接受程度也很有可能取决于它们被剥夺食物的时长以及过去的经历。

在另一项研究中，研究人员训练猫妈妈吃香蕉和土豆泥，同时测试它们的幼崽的食物偏好。当研究人员提供一份常规的猫喜欢的食物（肉丸）和一份非常规的食物（香蕉或土豆泥），大部分幼猫都会模仿妈妈去吃非常规的食物。而这些幼猫被单独测试的时候，它们对于非常规食物的偏好依然存在。幼猫在断奶期开始后不久（大约 5 周龄）就开始模仿妈妈的食物选择。而在断奶末期（7 ～ 8 周龄），这种模仿行为会更加显著。很明显，幼猫向妈妈学习的适应能力很强，并且也展现出了向其他猫学习的强烈兴趣和能力。这种通过观察同物种的经历来使自己获益的现象在很多物种中普遍存在，被称为社会学习。

能够观察到猫妈妈进行一项操作反应（按压一个杠杆来获得食物）的幼猫，习得此项操作反应的速度更快，而只能通过不断地试错来学习的幼猫就一直无法学会。此外，观察自己的妈妈要比观察一只陌生母猫习得此项操作的速度更快，这意味着如果观察者比较熟悉示范的猫，它就能更容易地进行社会学习。

成年猫也展现出社会学习的能力。在一些轶事中，有人观察到猫通过跳起来抓门把手来开门，这个现象的一种解释是：这是一个简单的试错学习，门把手就是一个杠杆，而正向激励就是可以从这个房间出去。不过，当这个门把手是一个球形把手，无法被猫拧开时，猫的行为就无法被激励，因此这种解释就显得不太合理

了。在这种情况下，很有可能是因为猫观察到了人类离开屋子时的动作（个人观察）。一些系统化的实验证明，和传统的条件反射流程相比，猫通过观察其他猫来习得一些反应的速度会更快。而观察另一只猫习得这个反应的过程，要比看到一只已经习得这个反应的猫熟练地进行此操作，产生更好的效果。

当然，猫妈妈并不是幼猫在生长发育过程中获得社交经验的唯一来源。越来越多的证据表明，兄弟姐妹在幼猫的社交发展过程中起到重要的作用。比如，在早期的哺乳阶段，同窝出生的兄弟姐妹对乳头的竞争很有可能对吃奶起到重要的调节作用。幼猫会在出生后的前几天就形成对某一乳头的明显及固定的偏好，并且相比其他乳头，当其他猫吮吸这个乳头的时候，它更有可能会赶走竞争者。对特定乳头的偏好是幼猫展现出来的早期学习形式之一。

和兄弟姐妹的社交经验似乎也会对后期社交技能的形成起到促进的作用。在幼年期没有和任何兄弟姐妹有相处经历、完全由人工抚养的幼猫，最终会形成一些社交纽带，但是和自然抚养状态下的幼猫相比，它们习得社交技能的速度普遍更慢。人工抚养的猫并没有转而展现出对抚育人的社交依附性。然而，猫妈妈有可能为没有兄弟姐妹的幼猫提供替代的社交经历。只有一个幼崽的时候，猫妈妈会有更多的玩耍行为，而当它有两个幼崽的时候，玩耍行为就会变少，幼崽之间就能互相玩耍。也就是说，猫妈妈扮演了兄弟姐妹的角色。兄弟姐妹的存在会鼓励幼猫去和猎物互动。在断奶期前，当兄弟姐妹在观察猎物的时候，它也更有可能去观察猎物。因此，和同窝幼猫的社交经历是另一个影响行为发展的因素。

## 生长发育中的连续性和不连续性

人们常常想要把一些特定的行为模式追溯成特定的基因表达，或者追溯为早期特定的经验，但是这种尝试通常是错误的，因为生长发育过程中的特定阶段会出现复杂的变化。由于生长发育期的行为组织模式会发生重大的变化，因此早期的影响不一定会造成可察觉的长期影响。当然，这种假设和传统的生长发育观点是完全相反的，传统的生长发育观点倾向于强调所有在生命早期出现的事件对个体有重要和深远的影响。

随着生长发育的进行，行为模式的控制及其在生理上的功能很有可能会发生变化。比如，幼猫和猫妈妈接触的时间，在生命早期主要受它对乳汁的需求所影响，而到后来就转变为受它对安抚的需求所影响。一些活动，比如哺乳，是在生命的早期阶段所特有的，随着幼猫在营养的获取上变得独立，这项活动就逐渐消失了。同样的，一些出生时特有的运动模式和反射反应也会在出生几周后消失。

当然，猫是强大的捕猎者，许多在玩耍中出现的运动模式非常类似于捕捉和猎杀猎物时的动作模式。毫不奇怪的是，很多关于玩耍功能的假说都认为玩耍和后期的捕猎行为有关联，玩耍被视为成年期捕猎技能的一种演习。然而，能证明这种联系的硬性证据目前几乎没有。不过几乎可以确定的是，玩耍的经历对于基本捕猎行为的习得不是必要的。比如，在社交隔绝环境下饲养的"Kaspar Hauser[①]"猫，没有获得观察捕猎行为的机会，更无玩耍行为，但当研究人员在它 11 周龄的时候给它展示一个类似猎物的移动模型时，它还是展现出了"正

① 卡斯珀·豪瑟，一个由野生动物抚养，在没有人际交往的环境中成长的孩子。

常"的捕猎反应。

然而，玩耍对捕猎存在益处的可能性依然存在。到目前为止，有一项实验试图在家猫身上证明这个假说，但是并没有找到任何早期和物体的玩耍经历与后期捕猎技能之间的关联性。在这个实验中，猫被分为两组，第一组的猫在生长发育过程中没有机会和无生命的物体玩耍，第二组猫可以经常和物体玩耍。研究人员在6月龄的时候测试两组猫的捕猎能力，但并没有发现任何显著的差异。没有发现差异的原因可能在于：（1）两组猫的玩耍经历差异不够明显；（2）捕猎行为的测量标准不够精细。另外，由于只要有一次抓住并吃掉老鼠的经历，就足够让一只幼猫变成技巧娴熟的老鼠杀手，因此玩耍的益处就有可能被忽略了。由于以上这些原因，玩耍在猫行为发展中的作用依然有待讨论。

尽管这些情况意味着在生长发育过程中，不是所有的方面都是具有连续性的，但是很明显的是，很多早期经历可以和后期个体发育中的行为产生关联。比如，许多在1～3月龄时期捕猎行为的测量数值和6月龄时相同衡量标准下的测量数值具有正相关性。在一定程度上，我们可以通过个体在早期发育过程中的行为差异来预测后期个体之间的差异。

实验室研究表明，猫对猎物的选择以及对食物的偏好，会极大地受幼年期和猫妈妈相处时的经历影响。比如，猫更有可能去捕杀它们在幼猫时期就比较熟悉的猎物品种。同样的，猫在幼年期如果拥有和某一特定种类的猎物打交道的经历，那么它在长大后再面对同一种类的猎物时捕捉和猎杀的技能会更纯熟。这种早期经历的影响似乎是非常特定的，原因是和某一种猎物打交道并不会提升猫捕猎其他种类猎物的能力。比如，大多数猫最终都成了能力在合理水平的捕猎者，这和它们幼年时期的经历几乎没有关系。

一个名为"等结果性"的系统理论概念有助于理解这种原理。等结果性说的是，在一个开放系统中，比如一个生物体，各种不同的起始条件和不同的发展路径可能会达到同样的生长发育最终稳定状态。在行为学范畴中，这个理论表明不同的发展历史有可能会使个体习得同样的技能。

猫的捕猎能力给我们提供了一个绝佳的例证，来说明通过不同的路径最终会发展出同样的行为模式。猫个体在早期生长发育过程中的捕猎行为会有很大的差异，特别是在第2个月和第3个月时。这种差异并不在于基础的捕猎移动模式，因为几乎所有的个体都会展现出这种基本的模式，而是在于模式的组合，在于评估猎物是否能被抓住，以及在于是否选择恰当的战略战术。尽管幼猫之间呈现出个体化的差异，但是它们中的绝大部分都最终成为合格的捕猎者，当然，它们对特定种类的猎物还是有不同的偏好和专长。当我们粗略评估猫整体的捕猎能力时，

一旦猫成年，大部分早期的个体差异就会消失。部分猫3月龄前对捕猎能力的测量数值和6月龄时的数值并不相关，这是因为幼年时期能力比较差的捕猎者到了成年后，捕猎能力就能迎头赶上。

当我们考虑到各种能提升捕猎能力的早期经历时，这种在生长发育过程中迷人而又神秘的方面就有了合理性。幼猫和猎物打交道的经历能提升成年猫的捕猎能力，这是通过观看猫妈妈处理猎物的过程而获得的，也有可能是在猎物出现时兄弟姐妹之间竞争而形成的。比如，从来没有杀过老鼠的猫，在仅仅看到别的猫捕杀老鼠后，就能变成老鼠杀手。此外，在成年期和猎物的接触，也能够提升成年猫的捕猎技巧，这也意味着，早期经历中缺乏和猎物打交道经验的猫，可以在一定程度上在后期迎头赶上。

这里的主要论点是，一套成年猫的行为模式（这里讲的是捕猎行为）受到多种不同经

历的影响。缺少其中的某一种经历，比如在幼年期和猎物打交道的经历，可能可以通过别的经历进行补偿，比如在幼年期观看猫妈妈处理猎物，或者成年后获得和猎物打交道的经验。因此，一个给定的生长发育结果（比如成为一个合格的捕猎者）可能可以通过各种不同的生长发育过程来获得。从功能性的角度来看，这种过程对于个体而言是有很大益处的，因为在不同的环境中拥有截然不同的早期经验的个体，可以在这个过程中，发展出同样类型的行为。

当然，其他过程也有可能导致明显类似的结果。在常规修复机制的作用下，心理创伤和外伤的影响也会逐渐消退。当一些特定类型的经历对生长发育起到促进作用的时候，也就有可能出现早期个体的很多差异在成年后消失的情况。不过，在这种情况下，不同的发展路径会引向相同的最终稳定状态，但是速率不同。比如，让幼猫在出生几天后就接触寒冷的环境，会加速幼猫温度调节能力的形成和发展。因此，在2周龄的时候，由于早期的不同经历，幼猫个体面对低温时的反应可能会呈现出比较大的差异，但是这种差异到4周龄的时候就会消失。

## 为什么猫个体之间差异那么大

对于熟悉猫的人来说，猫个体之间的差异几乎和人与人之间的差异一样大。为什么这样呢？如果它们在过去适应于一套共同的条件，它们不应该都很像吗？答案是否定的，有几个原因。第一，在一个社群中，如果一个成员以某一特定的方式行事，那么其他的成员用不同的方式行事可能是最有利的。一个很显然的案例就是，一个占主导性的动物垄断了有限的食物来源。第二，气候和栖息地不一致，为了应对一套环境条件而发展出的特长，在另一个环境下可能是很不适用的。社交环境也是如此。第三，猫的一些差异性可能来自人工选择。

从科学研究的角度来看，个体的差异在多大程度上由早期生活经历引起，这一课题是目前非常活跃的一个研究领域。

一个研究成果比较丰硕的领域就是对家猫基因行为学的研究。当然，我们已经知道了大量基因对猫形态特征的影响，比如毛发的长度和颜色。然而，研究者较少关注基因对个体行为差异的发展的影响（见第十章）。对这种研究而言，猫是绝佳的研究对象，因为幼猫可以很容易地被寄养给其他猫妈妈。因此，要探究幼猫对人类友好程度在多大程度上受到猫妈妈遗传基因的影响，以及它们的性格多大程度上受到养母性格的影响，应该并不困难。当然，在实际情况中，这些问题无法被简化为简单的答案，个体发生的一切取决于自身行为和抚养者行为之间的相互影响。尽管如此，我们不应该有先入为主的观念，有一些性格特点能在非常多不同类型的抚养条件下展现出来。

在自适应的需要下，不同的发展路径也可能会引向不同的结果。在家猫中，断奶期是猫妈妈逐渐降低给予幼崽照料和资源（尤其是乳汁）的频率的过程。有利的实验室环境下，断奶期在出生后4周左右开始，并基本上在幼猫7周龄的时候完成。

对于幼年的哺乳动物来说，断奶期代表着一个重要的转型时期，标志着从完全依赖家长照料到部分或完全独立自主。这个转型过程包含母亲和后代全方位的行为和生理变化，其中最显著的就是食物来源的变化。断奶期的长短可能会因为诸如母亲食物供应等因素而变化（当然可能还有很多其他的原因）。

证明幼猫可能会根据断奶期时间的变化来调整自己的生长发育的证据有两个。提前断奶的幼猫会更早地发展出捕猎行为，并且更有可能成为老鼠杀手。相反，断奶期的延后和捕猎行为的延迟发展、猎杀老鼠的倾向性降低，都有关系，不过这种影响也有可能来自断奶期延后导致的某些不明确的弱化效果。总体而言，这些结论与捕猎行为的发展和断奶期的时间有着自适应性的联系这一观点是相符的；换句话说，它们会在需要的时候发展。

一系列的研究证明，玩耍行为的发展很显著地受断奶时间的影响。在正常的实验室条件下，直到第2月龄末，幼猫的玩耍行为会经历一系列重要的变化，最显著的变化是和物体玩耍的频率大幅增加。这种玩耍行为的变化恰好和断奶期结束的时间重合。这意味着，随着幼猫在巢窝的社会环境中变得愈发独立，它们开始从社交性玩耍转变为和物体玩耍。

为了验证这个假说，研究人员用各种方法把断奶期提早，更准确地说，是把母亲的照料程度降低：从5周龄开始，逐渐把幼猫和猫妈妈隔离；从4周龄或5周龄开始，用阻断哺乳的药物溴隐亭来干扰猫妈妈的乳汁供给，或是少量地降低猫妈妈的食物供给。在所有这些情况下，实验控制导致了特定类型的玩耍行为频率的增加。在提前断奶后出现的更高频率的玩耍行为可能表明，当幼猫被强制要求提前独立时，它们会形成一种条件反应，即它们在完全独立之前，要从玩耍中获得更多的益处。

## 生长发育的过程

猫繁育者认为猫的脾气是非常重要的，并在相对少的几代繁育过程中，成功地挑选出了性格好的猫（见第八章）。猫对人类的友好程度在一定程度上受到父亲性格的影响，即使幼猫可能从未见过它的父亲。因此，这方面的行为一定是遗传的，但是关于遗传机制的更多细节还没有被研究出来。猫对人类的友好程度也在很大程度上受早期社会化的影响。

人类在幼猫早期就开始进行照料，对猫的行为和生理发展会有若干影响，被照料的猫

整体而言会发展得更快。在一项研究中，在出生后的前几周就每日被抱和轻抚的暹罗猫，会比没有被人类照料的同窝幼猫，在生理和行为层面更早成熟。它们会更早地睁开眼睛，第一次从猫窝中走出来的时间会更早，甚至会比同窝的幼猫更早地出现暹罗猫标志性的毛发颜色。在另一个研究中，从出生到 45 天龄每天都被人类照料 5 分钟的幼猫，在遇到陌生的玩具和人类的时候，会更加从容，但是在学习回避试验时，会相对慢一些。这两个结论都被归因为很早就开始接触人类而导致的恐惧程度的下降。早期接触对幼猫生长发育的具体影响很有可能取决于多种因素，包括接触不同人类的数量以及接触的频率和时长。

幼猫早期的营养质量是另一个会对生长发育造成普遍影响的因素。多个研究发现，营养不良的猫妈妈的幼崽之后会展现出各种行为和生长发育的异常。在一个案例中，猫妈妈在妊娠期后半段以及幼崽出生后的前 6 周只被喂食自由采食摄入量的 50%，这样营养不足的猫妈妈在抚养幼猫时变得不那么积极主动。它们的幼猫的大脑整体构成虽然没有受到影响，但在大脑中的某些区域（大脑、小脑、脑干）出现了生长缺陷。这些营养不良的幼猫在 6 周龄开始通过自由采食来进行"康复"，并最终达到了正常的体型。但是，它们在后期个体发育层面展现出了一些行为上的异常，以及大脑发育的差异。比如，在 4 月龄的时候，它们在自由玩耍的时候会出现更多的事故，并且在多个行为测试上表现不佳。和控制组相比，公猫呈现出更多的具有攻击性的社交性玩耍，而母猫则呈现出更少的攀爬行为和更多的随机奔跑行为。

尽管孕期猫妈妈和出生后幼猫的严重营养不足会导致幼猫出现很多异常情况，但是较小程度地降低猫妈妈的营养水平，会造成很多微小的影响，而且这些影响几乎是可适应的。过早断奶的家猫会比较晚断奶的家猫呈现出更多的玩耍行为。在一项研究中，研究人员从 5 周龄开始，将一窝四只猫中的两只逐渐从猫妈妈身边隔离开。隔离两周后，在玩耍时，两只猫明显更多地去和物体接触。在另一个研究中，猫妈妈在幼猫 5 周龄的时候被注射了一剂溴隐亭。这种药物会在 24 小时左右的时间内抑制乳汁分泌，因此可以在不移除母亲的情况下，移除幼猫的乳汁供给。同样，在注射药物两周后，乳汁分泌受抑制的猫妈妈的幼崽和物体玩耍的频率和程度远高于控制组。这两个实验都是在社交性玩耍已经得到完善发展后，才对母亲照料程度的降低进行模拟，并且对和物体玩耍的影响要再过两周才能完全展现出来。在第三个研究中，在幼猫 4 周龄的时候，也就是说比之前的研究要早一周，研究人员给予猫妈妈 3 剂溴隐亭。在这种情况下，母亲的哺乳受到抑制的猫在社交性玩耍中的接触频率显著高于控制组。

这些研究中的普遍结论和其他对于食物可及性降低导致玩耍程度下降的研究并不矛盾。这些提早断奶的幼猫既没有受到很大的应激，也没有出现严重的食物不足。为鼓励提早断奶而设计的对母子关系的干预，和整个家庭都在经历低食物可及性的情况是不同的。此外，在所有的针对提早断奶的幼猫的实验研究中，幼猫在断奶后都能进行自由采食，这种情况在野外食物有限的条件下是不太会发生的。

多项证据证明在家猫中，当哺乳期间能量损耗太大的时候，一般情况下猫妈妈会提前给幼猫断奶。比如，和小窝幼崽中的幼猫相比，一大窝幼崽中的幼猫会出现体重增长速率大幅下降现象，这意味着当猫妈妈的负担加重的时候，就会提早断奶，并转向固态食物。此外，生病且比平时吃得更少的猫妈妈通常会更早地给幼猫断奶。在另一项研究中，在猫妈妈生完小猫之后，研究人员制定了一个食物的配给计划，让它们每天能获得大约自由采食 80% 的热量摄入，结果发现，它们的幼崽和物体玩耍的频率要远高于当猫妈妈处于自由采食状态的时候。这是一个特定的影响，并且并不是由限量配给食物的幼崽的活动量普遍增加所引起的。在出生后的前 18 天，当猫妈妈的食物定量配给时，猫妈妈和幼崽的接触程度与幼崽出生后 70 ~ 84 天的物体玩耍能力是强相关的。尽管在猫妈妈的食物限量配给的情况下，幼猫受到的食物不足的影响得到了很好的缓解，它们还是会比自由采食条件下展现出明显更多的挤蹭猫妈妈的现象，很显然它们更想要吮吸猫妈妈的乳头。

## 关于生长发育的普遍问题

行为的发展显然同时取决于遗传的因素（主要是基因）以及非遗传的因素（主要是环境）。然而，当我们观察一只猫的行为，然后提问："这是先天遗传的还是后天习得的？"时，这就是一个错误的问题。猫所有的行为模式要得到发展，都同时需要基因和环境因素。这些行为模式是猫生长发育和它所生活的环境相互作用并调节后的产物。此外，就像自动点唱机里的唱片一样，不同的基因会在不同的环境条件下被表达出来。因此，猫的行为无法被分为两种类型——一种是由内部因素引发的（通常被称为"遗传的"或"先天的"行为），另外一种是由外部因素引发的（"获得性"行为）。很多行为，比如吸奶，很明

显是在出生的时候就出现的（严格意义上的"先天的"行为），此外，许多其他的行为模式，比如猫用来捕捉猎物的一些运动模式，是不需要练习或模仿其他个体就会出现的。尽管如此，这种自发展现出来的行为模式也经常会因为学习或者其他形式的经验而调整。其他的环境因素，比如营养的数量和质量，会对行为的发展产生普遍的影响。

　　传统观点认为，生物体和它所处的环境之间的交互，对个体生长发育是非常重要的，而现代认知已经远远超出了这个观点。在生长发育中，个体特征会根据不同的环境而发生变化，这些随环境变化的特征又会对其出生后的健康和存活概率产生影响，这些因素促使我们更加重视对这些交互背后的生长发育过程的认知。这就是沃丁顿在半个多世纪前定义的"表观遗传学"。最近，表观遗传学开始被狭义地、机械地定义为研究基因的核苷酸序列不发生改变的情况下，基因表达的可遗传的变化（不受有丝分裂影响）的分子过程。这个术语被用来描述那些可以获得基因表达中动态和稳态变化的分子机制，以及环境中个体经历的变化最终会如何导致基因表达水平的变化。在特定的基因表达下产生的表观遗传介导变异，对塑造个体的表型差异起到至关重要的作用。这并不是说由拷贝数量或核苷酸多态性的不同而引发的个体之间特定基因序列的变化，不会引起表型差异，而是说如果挟带相同基因型的个体经历了有区分度的且有可能会永久改变基因表达的环境体验，那么他们的表型会产生区别。这种表型发育中的分子过程起初是为了研究细胞分化和细胞增生而被研究出来的。体内的所有细胞都包含有相同的基因序列信息，但是每一个细胞谱系都在分化后成为皮肤细胞、毛发细胞、心脏细胞等。这种表型的分化是从母细胞遗传到子细胞的。细胞分化的过程包括每一种细胞类型在对周围细胞的信号、细胞外环境做出反应的情况下形成的特定基因表达，以及对其他基因的抑制。在早期就处于沉默状态的基因，会在每一次细胞分裂后都保持沉默状态。这种基因沉默给每一个细胞谱系都提供了基因表达的特征模式。由于这种表观遗传的标记在细胞分裂过程中会被忠实地复制下来，因此就会导致稳定的细胞分化。近年来，科学家们发现表观遗传会改变DNA，并且可传代，但是这种变异可能不会持续太长时间。

## 结语

生长发育并不仅仅是为成年生活做准备，因为幼年期的动物必须先存活下来。有一些在早期生活中被观察到的行为，其实是幼猫应对当时的生活环境条件所做出的适应性举动，其中最明显的例子就是吸奶——专门用来从猫妈妈那里获取营养的行为。当一些技能随着幼猫的发育而消失，另一些技能即被习得。这种变化类似于毛毛虫到蝴蝶的蜕变过程。

猫个体在生长发育的动态过程中所产生的行为，有些一旦形成就不再改变，而有些则会出现巨大的变化。这些过程可能看起来很复杂，但是它们正在变得越来越清晰，因为一些生长发育的简单规则就能产生在表观上就能发现的变异性。比如，在生长发育的特定阶

段，幼猫如饥似渴地学习一些特定的事物。但是，一旦获取了这些知识，幼猫就会开始抗拒更多的改变。最令人惊讶的例子，就是猫对社交伙伴偏好的形成。一旦形成，它们的偏好就很难再改变了。

尽管猫饲主们都倾向于关注猫个体之间的差异，但是实际的发展过程却是，不管过去的历史有多么不同，猫最终都会展现出相似的行为。成年猫的同一种技能经常是由不同的路径

发展而来的。本章中作为例子进行详细论述的，是猫的捕猎行为。猫尽管在没有明显的过往经验的时候，也能展现出很多跟踪和捕捉猎物的技能，但它们还是能极大地提升这些技能。它们可能是通过玩耍，或者观察它们的妈妈来做到这一点。但如果这些都无法做到，当被迫要自己开始觅食而捕捉猎物时，它们也有可能成为和那些拥有大量早期经验的猫一样出色的捕猎者。这些表明猫多才多能的例子，证明了猫拥有强大的适应能力，以及它们可以在不同的环境中茁壮成长。这些例子也解释了在截然不同的气候和环境下生活的猫之间的相同性和差异性。

# 第 二 章

# 家猫的繁育行为

本杰明·L. 豪尔特和利奈特·A. 豪尔特

在所有的家养动物中，猫是繁育能力最强的，能够在没有人类帮助或干预的情况下进行生育并抚养后代。在一个典型案例中，猫妈妈自己偷偷地在某个隐蔽的地点进行分娩，并在幼崽出生后，把一整窝的健康幼猫展现给人类家庭成员。这种浪漫化的母性光辉已经让位于更加正规化的猫舍操作流程或者是家庭繁育人，而在家庭繁育人的环境中，猫妈妈通常会在过度关心的家庭成员的围观中产下幼猫。

在本章，介绍完一些有关分娩和新生猫照料的基本信息之后，我们会讨论正常的母性行为，并对母性行为的各个方面的问题进行评论。母性行为的问题主要为对幼猫缺乏适当的关注，从而导致幼崽的照料不足或者营养不足，或者是吃幼猫这种同类相残的行为。当然，繁育的一个必要条件是交配，本章主要针对在家中或猫繁育机构中，母猫和人为挑选的公猫进行刻意交配的情形。

## 母性行为

在我们的监护下，当猫妈妈的母性关怀出现紊乱的时候，比如对幼猫的养育不足，我们就会介入，提供补充性的帮助，或者直接进行接管。如果猫妈妈拒绝给新出生的幼崽梳洗或提供照料，我们可能会用奶瓶去喂养整窝的小猫。由于繁殖是自然选择的基础，本质上，母性行为的很多不同方面都是由基因控制的，并且有相当严格的限制，这有时也被称为母性本能。这种基因层面的关联性的确会出现一些变量，而当一个母亲展示出照料不足，或者是对新生儿忽视时，她就留不下什么后代，她那有着母性行为方面不完美基因基础的遗传线就会断掉。因此，糟糕的母性行为在自然界中是罕见的。然而，在我们的家庭中或者是在繁育中心，由于幼猫具有变现价值和情感联系，我们往往会介入并帮助幼猫，但这种介入就会导致无法将糟糕母性行为的劣质基因从家猫的基因谱中剔除出去，结果就产生了相当大的行为模式的变异，而这些行为模式之前是在自然选择的控制下的。在一个品种内，许多猫都是正常的贴心妈妈，但有一些则似乎对它们的幼崽就是不感兴趣。尽管一个新妈妈可能会在生育第一窝小猫的时候弄得一团糟，但一个基本确定的事实是，即使是在生了好几窝小猫后，糟糕的母性行为也是不会提升的，这表明母性行为并不会随着经验的增长而得以改善。

## 妊娠期

越临近分娩，怀孕的母猫就越不活跃。母猫的舔毛行为开始集中在乳房和生殖器区域。这种行为的解释是，幼崽出生后接触到的第一个子宫外的环境就是肛殖区和腹部，不久之后，幼猫就开始尝试吸奶。刚出生的幼猫的肠道很脆弱，会被从口腔摄入的细菌所穿透。而母猫通过在分娩前的很长时间就开始频繁地舔舐和清洗腹部、乳房区域和乳头，就有可能保护它的幼崽不受过量细菌的威胁。猫妈妈不仅在物理层面对这些区域进行清洗，它还会将具有抗菌作用的唾液涂抹在这些区域，这样就可以帮助幼猫远离疾病。

和其他哺乳动物一样，猫在分娩的时候也要经过子宫收缩、产出胎儿、产出胎盘，然后在一小段间歇期后开始下一次分娩。当然，分娩会消耗大量的体力，猫通常会躺下。不过，它们可能会坐起来换姿势。在几十年前，研究人员观察到了一个有趣的（如今是典型的）现象——猫在分娩的时候，会有显著的呼噜声，一直持续到宫缩开始，然后在宫缩结束后再开始发出呼噜声。另外的一套观察结果显示，当猫分娩的时候，如果人类家庭成员在场，猫妈妈的哭喊就会降低，而开始发出呼噜声。最近有一个关于分娩期呼噜声的有趣观点，呼噜声的振动频率是25赫兹，正是理疗师治疗时用的频率，这个频率有助于伤口的愈合、缓解疼痛以及修复肌腱和肌肉。研究人员也假定，猫发出呼噜声，也会对它们的肌肉和骨骼造成相同的影响。分娩中和分娩后，猫妈妈的呼噜声很有可能可以帮助它从创伤中恢复过来，与此同时，还有助于幼猫长出更强健的骨骼。这个原理可能还适用于这样一个场景：猫使尽全力追赶猎物捕食后，它们肌肉酸疼、肌腱拉伸，然后躺在地上发出呼

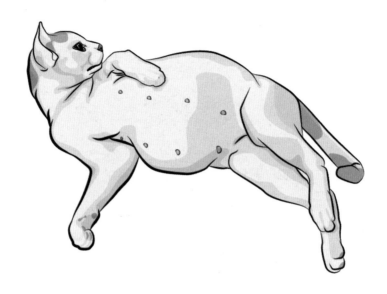

噜声。更多从这个角度对呼噜声的讨论，可以参考其他研究。

当胎儿相当快地通过产道时，宫缩就变得更加激烈。这时，母猫通常会在胎儿娩出的时候咬破胎膜。事实上，它可能会拉扯胎膜，把胎儿从产道中拉出来。新生儿通过产道之后，猫妈妈通常会把胎膜吃掉，并开始相当猛烈地舔舐新出生的幼崽，以刺激幼崽呼吸。

当胎盘娩出的时候，猫妈妈通常还在继续舔舐新生儿，并会把胎盘吃掉。一般在这时，它会把脐带咬断。吃胎盘时的伸展动作似乎会导致脐带中的血管收缩，几乎不会出血。有时候脐带并不会被咬断，这时，在旁边监护的人类一般就会介入，剪断脐带并打结。在分娩之间，猫妈妈会持续舔舐新生儿和自己的生殖器区域。就像看了《好管家》杂志一样，这些新妈妈甚至还会清理被羊水弄脏的垫子。

分娩过程的持续时间一般会有相当大的差异，一般在 30 到 60 分钟之间。分娩前宫缩阶段的持续时间在几秒钟到 1 个小时不等。有趣的是，第一次生育带来的经验并不会影响后面几次生育的分娩时长。不过研究人员观察到，有经验的猫妈妈看起来在整个过程中都比较平静，并且在舔舐新生儿和把乱跑的新生儿叼回窝里这些动作上显得更加高效。新出生的幼崽一般会在最后一个胎儿娩出后的 1～2 小时之内开始吸奶。猫妈妈会和它的幼崽躺在一起，这个过程至少持续 12 个小时。

## 产后阶段

产后的前 2 天左右，猫妈妈基本上会和它的幼崽躺在一起，只有几个短暂的间歇去排泄和进食。随着时间的推移，这种间断会越来越频繁。猫妈妈照料幼猫的时间取决于幼崽的数量，比如，当一窝有 6 只幼猫时，它最多会花 70% 的时间来照料幼猫。而当猫妈妈和幼崽之间的互动成为日常惯例时，在照料时间上通常会有一些调整，而幼猫一般会在调整后的第一天左右体重下降。

在前几周，哺乳是由猫妈妈发起的，猫妈妈躺在幼猫边上，把乳头裸露出来，如果需要的话，它还会去舔幼猫，把它们唤醒去吸奶。有些幼猫看起来并没有对特定的乳头产生偏好，而另一些同窝的幼猫则总是吸吮同一个乳头（见第一章）。乳头的分配并不是那么有秩序的，因为幼猫已经很好地掌握了用前爪进行外向的推动运动，因此它们经常会把临近乳头上的幼猫给踹开。

在出生后的前 3 周，猫妈妈会大范围地舔舐新生儿的身体。除了能让毛发处于很好的状态，本质上，这种母性的梳理行为还能清理外部寄生虫，比如从窝里的跳蚤蛹中孵化出来的跳蚤。新生儿的眼部感染，比如结膜炎，也可能被猫妈妈的舔舐及其带来的具有抗菌作用的唾液所控制。在新生儿身体的另一端，对肛殖区的舔舐能够刺激排泄；幼猫的尿液和粪便都会被猫妈妈吃掉。猫妈妈舔舐时，幼猫的反射会使尿液和粪便被排出体外，否则就会留在新生儿体内。这种完美配合下的母子互动可以保持猫窝的整洁。当幼猫开始离开猫窝的时候，猫妈妈就停止舔舐幼猫的肛殖区，幼猫会在远离猫窝的地方排泄粪便和尿液。如果没有幼猫专用的猫砂盆，幼猫就可能会到房间的另一个角落进行排泄。当幼猫在猫窝里排泄的时候，猫妈妈通常至少会继续保持猫窝区域的整洁度。

幼猫在出生 30 天左右就能吃成年猫的食物了，猫妈妈可能还会持续进行哺乳，但是幼猫会越来越难以获得吃奶的机会，断奶就逐渐完成了。也就是在这个阶段，能去户外的猫妈妈开始给幼崽提供食物，典型的是把啮齿类动物带回猫窝附近。

一个很常见的现象是，猫妈妈把幼猫从家里的一个区域迁徙到另一个区域。这个现象实在是太典型了，以至于不止一个搬家公司使用的商标就是猫妈妈叼着幼猫的动作。当猫妈妈叼起幼猫后颈部位的时候，幼猫因为条件反射而呈现出蜷缩起来的姿势。人类也可以引起幼猫相同的反射。除了展现出蜷缩的姿势，幼猫也会变得相对安静，使猫妈妈的运输工作变得更容易。猫妈妈搬迁幼崽的行为似乎是由环境干扰所引起，并且据说最有可能是在幼猫出生 3 周后开始发生，一直持续到第 5 周。尽管我们很难想象在自然环境中猫妈妈会经常搬迁它的幼崽，但是幼猫这种根深蒂固的条件反射（被抓住后颈时）意味着，搬迁幼崽可能具有生存层面或健康层面的价值。在自然环境中，猫搬迁幼崽可能有几个原因。当猫妈妈看到一只陌生的公猫时，它可能会迅速地把幼崽叼走，因为那只公猫有可能会杀死幼猫，并且可能会引发母猫再次进入发情期，而最终需要抚养那只公猫的后代。另一个可能的解释，就是随着旧猫窝中寄生虫不断繁殖，幼猫难以保持身体的清洁，这样一来，把幼猫搬迁到一个没有寄生虫的地方，就会对正在快速生长且需要尽可能多的营养的幼猫产生极大的益处。这种搬迁幼崽的倾向的先决性一定很强，并且很容易在一部分猫妈妈中引发，因为人类抚养者能经常看到猫妈妈在没有陌生公猫和寄生虫的家里搬迁幼崽。

猫的母性行为中还有另一个相当有趣的方面，那就是有一些猫妈妈可以从容地领养并照料陌生的幼猫，甚至是其他哺乳动物，比如小狗。这种行为无法从适应性的角度来解释，因为在自然环境中，陌生幼崽和其他哺乳动物几乎从未在猫窝中出现，且自然选择并不会导致对其他幼猫的排斥。因此，我们可以默认，一个好母亲会照顾所有出现在它面前的幼年生物。

另一个在自然环境中几乎从未见到的母性行为，就是同一个家庭中的几个猫妈妈在差不多的时间分娩。猫妈妈们之间可能会来来回回地偷别人的幼猫，甚至会去骚扰别的母猫来获取幼猫。这种行为甚至能演化到所有的幼猫都被堆在一起，猫妈妈们交替照顾这些幼猫的程度。如果能够研究一下血缘关系更近的猫妈妈们是否会比陌生的猫妈妈们更容易发生这种集中照料幼猫的行为，将会是非常有趣的。

研究人员在流浪猫的社群中也观察到了由超过一个授乳猫来集中喂养幼猫的行为。流浪猫（不在人类家中生活的家猫）被观察到具有集体抚养猫的行为，这种行为的产生似乎有两个原因，一是为了给它们自己的后代扩充生活物资而降低了对良好母性行为的自然选择标准，另一个是非适应性的变通性的出现，使得猫妈妈把自己的母性资源也分给其他猫的后代。不过，这些猫妈妈可能是血缘关系相当近的亲戚，这种行为可以由内含适应性来解释。此外，当食物充足且堆积在一起的时候，这种行为可能会更经常地出现，因为这会帮助猫妈妈减少只喂养自己后代的选择压力（见第四章）。

## 理解偏离正常的母性行为

### 遗弃

在家庭或繁育中心制造问题的猫妈妈的行为通常落在两个极端，从忽视它们的幼崽，听任它们死亡，到杀死和吃掉刚出生的幼猫。一个影响因素，就是猫主人倾向于在问题发生的时候介入，并通过帮助那些母性行为缺失的猫妈妈来拯救幼猫。在本章的开头，我们强调了，在人类帮助母性行为缺失的猫妈妈并使它们的幼猫得以存活的过程中，将糟糕母性行为的基因从基因谱中剔除出去的自然选择会失效。这就使得糟糕的母性行为的基因会一直遗传下去，并且会和模范母亲拥有几乎一样的繁殖率。

如果猫妈妈不去掉胎膜并把幼崽舔干，幼猫有可能会死于体温过低。如果幼猫降生得太快，同时猫妈妈也没有预先准备好清理胎膜，脐带就可能会缠住幼崽的脖子。如果幼猫离开了猫窝，而猫妈妈也没能把它叼回窝里，就有可能出现致命的体温过低症状。如果猫妈妈不像上文提到的那样和幼崽待在一起，那么幼崽就会经常出现体温过低的症状。我们可以温和地给被遗弃在外的幼猫进行保暖，并把它交还给猫妈妈，但有时候即使我们多次把幼猫交还给猫妈妈，它也可能会一直不被接纳。

## 母猫吃幼崽

这是相当令人不安和相当恐怖的事情，对大多数人来说，这个行为并不常见。最令人感到困惑的是，人们观察到，当一只幼猫被杀死并吃掉后，猫妈妈表现得很自然，并和往常一样照料剩下的幼猫。尽管通常情况下，并没有促发猫妈妈这种行为的事件，但也有研究报告表示，在部分案例中可能会存在一些潜在的原因，比如幼崽的数量异常多，一只或几只幼猫生病或者畸形等。不过，之前是否当过妈妈和吃幼崽的行为看起来是没有关系的。

对于吃幼崽现象，最令人信服的解释是：自然环境中，在某些特定的情况下，杀死和吃掉后代可能是适应性的。如果一只幼猫由于抵抗力低、感染病菌而生病，并出现了被感染的迹象，比如体温过低和不活跃，猫妈妈通过杀死并吃掉这个幼猫，就可以防止病菌滋生到可感染抵抗力正常的幼猫的水平。为了让这个疾病控制机制得以良好地运转，猫妈妈必须迅速地把生病的幼猫移除掉，以免数以亿计的病菌在它体内滋生。通过这种方法，猫妈妈保护了同窝的其他幼猫。相比把死掉的幼猫扔在外面，把幼猫吃掉可以给猫妈妈提供额外的营养，并且进出猫窝的次数还能减少一次。为了达到效果，猫妈妈必须在一有疾病迹象时就行动，因此即使是幼猫非感染性的身体不适、新的气味、噪声或者异常的振动，都有可能会引发吃幼崽的行为。

当猫妈妈发现幼猫有先天畸形的时候，吃幼崽的行为也有可能会发生。尽管这并不会导致病菌在易感幼猫中滋生，清除未来不可能繁殖的幼猫也不会影响猫妈妈的健康，也是一种适应策略。吃掉先天畸形的幼猫也有助于为剩下的健康幼猫保存资源，不然这些资源就被浪费了。

把幼猫的父亲考虑进来的话，就会带来这个问题：在一些野生的猫科动物以及家猫中，有时候会出现父亲杀婴的行为。当公猫占领了一个领地，并且发现这个领地中有一只母猫和它的幼崽时，就有可能会发生这种行为。公猫会不加选择地把幼猫全部杀掉。而这种行为可能会引发母猫再次进入发情期，这样公猫就可以在下一轮的后代中留下自己的血脉。正如上文提到的，当猫妈妈看到附近有一只陌生的公猫时，一种避免这个悲剧的方法就是把幼崽搬迁到一个更加隐蔽的位置。因此，在家庭场景中，我们也就有了一个合逻辑的理由，来把陌生的公猫从哺乳期的母猫身边赶走。另外，公猫如果熟悉母猫，并且幼猫是它的后代，它就不太可能去杀死这些幼猫。不过这只是一部分繁育者发现的现象，我们还是建议当附近有公猫的时候要提高警惕。甚至在没有受到任何父亲的照料的情况下，幼猫的性格也经常是和公猫的性格有相关性的。

## 交配行为

在繁育行为中，交配行为在文献中获得的关注要比母性行为少，这可能反映出在这个领域中出现的问题比较少。我们先讨论公猫和母猫交配行为中的几个重要方面，然后再讨论其中的问题。

在自然环境以及我们的社区中，猫大部分的行动都发生在晚上，包括和异性交配。发情期的母猫会呈现出活跃度的提高，而它十分具有辨识度的求偶叫声经常会吸引远近的种猫，母猫尿液中的性信息素会导致公猫在附近徘徊，甚至让陌生的公猫出现在门阶上。当公猫在场的时候，发情期的母猫很有可能会摆出一个接受性的姿势——把骨盆区

域抬高，把尾巴甩到一边，后腿不停地踩踏。当公猫开始打量母猫的时候，母猫的这种行为就会变得愈发激烈。有时候，母猫会很不羁地给主人展现这种接受性的姿势，或者当主人抚摸它的后背或者触碰到会阴部位的时候，也会引发这种姿势。如果在抚摸会阴部位的同时，把母猫后颈的皮肤抓起来，这种反应会更强烈。

　　不管是在后院还是在家中的巢窝区域，如果公猫在周围环境中感到舒适自在，它就会靠近母猫，并对其生殖器进行一番打量。这种打量通常会使公猫张开嘴巴，这也被称为性嗅反应。据推测，性嗅反应使公猫能够确认在生殖器分泌物和尿液中的发情期标记信息。随后，公猫咬住母猫的后颈，骑上母猫的身体，通常还会交替地蹬踏后腿（咬住后颈通常能让母猫保持不动，就和猫妈妈们把幼猫叼去别的地方的动作一样）。公猫爬上母猫的后背后，先是爬向相当靠前的位置，然后一边继续蹬踏后腿，一边往后滑动，直到它能够插入母猫体内。同步进行的后腿蹬踏有助于这个过程的进行。

　　公猫一插入，就开始出现骨盆抽插，不久后就出现一次很深的骨盆抽插，与此同时，公猫会有几秒钟保持不动。此时，母猫的瞳孔逐渐放大，意味着它的情绪开始被逐渐激活。再过几秒后，公猫就会射精，而母猫就会非常突然地把身体抽走，通常还会伴随一次很大的叫声。当公猫往后跳的时候，母猫经常会转过身来，好像是要打公猫。随后，母猫就会做出标志性的交配后反应——舔舐生殖器，并在地板上来回滚动和磨蹭。公猫则在一旁舔自己的生殖器。舔舐生殖器不仅是做表面清洁，公猫会仔细地清洗自己的阴茎并涂抹上具有抗菌作用的唾液。猫似乎很少受到性病的折磨，其中的一个原因就是性病的传播被生殖器的舔舐行为中断了。

母猫在交配后，不管是否怀孕，它的发情期都会持续 4～6 天，并且在这个季节中不会再发情。然而，如果母猫没能交配成功，发情期可能会持续长达 10 天，并且每隔 2～3 周发情一次。这种行为模式意味着，雌性家猫的排卵是由交配行为引发的，这就是所谓的反射性排卵。一旦交配，母猫就不会再容忍求偶尝试或交配行为了。

猫繁育者通常理解这种反射性排卵的机制，于是当他们不想要母猫繁育，或者不想让母猫不停地进入发情期的时候，他们就会把一个光滑的钝器（比如玻璃棒）插入母猫的阴道，这样就可以引发母猫排卵。持续几天，每次间隔 5 分钟，每次插入 10 秒，通常就能引发排卵。猫在被插入后，还会展现出交配后反应。

在野外的场景中（比如能跑到户外的猫或者在户外栖息的猫），只有少量的对家猫交配系统的研究，这些研究由里伯格等整理并总结在本书的第二版中。其中大部分的研究是关于群居生活的家猫的。在猫密度比较低的农村地区，一只占主导性地位的"繁育级"公猫的领地会覆盖多只母猫，甚至在交配季的时候，"繁育级"公猫的领地也会重叠（能接触到户外环境的家猫的社会空间组织往往和食物的丰富度和分布有关——见第四章）。在这项研究中，发情期的母猫通常会被 1 只以上的公猫求偶，在猫密度较高的地方，比如罗马中部的某个猫栖息地，有多达 20 只公猫向同一只发情期的母猫求偶（其中有 16 只公猫是同时求偶）。尽管如此，作者得到了以下结论：公猫会异常激烈地竞争母猫，交配的成功率和公猫的强势地位显著相关，而公猫的地位与年龄和体重相关。此外，作者还总结说，需要做更多的实地研究去发现在这种交配系统中，母猫是不是的确在"挑选"配偶，并提到了几种关于这个行为是如何发生的假说。

## 公猫的问题

在家庭或繁育机构中，公猫对母猫不感兴趣，或者对繁育环境感到不适，会反映为交配行为的缺失。有时候，一只兴致很高的公猫也会因为在插入时的生理干扰而交配失败。

第一个问题——明显缺乏性能力，能用如下的方法解决：给公猫足够的时间来适应繁育环境，甚至是在把母猫放在它身边之前，就让它开始适应起来。繁育者应该让这对猫连续繁育几次。对于常规的繁育者来说，如果一个特定的区域被划定为繁育区，可以让公猫先适应这个区域，适应之后，当公猫被放置在这个区域的时候，它就可能会开始对交配形成预期。警觉性最高的公猫可能会等好几个小时才开始交配，但是在交配几次之后，它适应环境的时间大约只需要 15 分钟。

长毛猫中一个常见的问题，就是在阴茎的根部可能会长出一圈毛，这有可能会影响正常的插入。这些毛发可能是公猫自身的永久性的毛发，也有可能是在频繁的交配过程中，公猫把阴茎放在母猫后背上摩擦的时候沾上的母猫毛发。尽管这种毛发通常会被公猫自己清除掉，但是猫饲主也能通过轻柔地捋阴茎来进行清除。在通常情况下，一旦阴茎上的毛发被清除，公猫就能立即开始交配。

公猫缺乏对交配的兴趣，可能是睾酮水平过低而引发的。由于血液中睾酮水平存在波动，通过在一天中不同的时间段进行血样采集，就可以测出血液中睾酮水平，并和正常的范围进行对比。正常水平一半的睾酮含量就可以使公猫进行正常的交配行为，因此，如果公猫对性行为没有什么兴趣，就说明睾酮水平受到了很大的抑制。

在交配时，如果出现了导致猫痛苦或恐惧的事件，公猫就有可能对交配失去兴趣。在这种情况下，引发公猫恐惧感的事物应该被移除，或者应该把公猫转移到别的区域进行交配。如果原因在于公猫自身的焦虑水平很高，那么这种焦虑行为有可能传给它的后代。

### 母猫的问题

母猫主要的问题包括：（1）难以探测到发情期；（2）即使母猫展现出了对性交的接受性，它还是拒绝公猫的性交行为。正如上文叙述的，用手抚摸母猫的后背或一边抓住后颈的皮肤，一边磨蹭会阴部位，就可以引发母猫表示接受性交的动作，这两种动作公猫或多或少都会去做。然而，不是所有发情期的母猫都会有这样的反应。面对这种问题，把母猫放在一个处于活跃交配状态的公猫附近可能是必要的，即使这个公猫并不是理想中的种猫。

一个不太常见的问题就是，发情期的母猫不接受公猫。通过温柔地限制母猫的行动，

有可能会使它接受一些有经验的公猫。可以把公猫和母猫放在一起过夜，或至少过几个小时。这种方式的缺陷在于你无法知道交配是否已经发生。如果母猫没有被刺激排卵，那么它就会在一周或更长的时间后再次发情。有时候，母猫有可能只会接受某个特定的公猫，而拒绝其他公猫。在这种情况下，一个简单的解决方法就是给这个母猫一只不同的种猫。

另一个可能会影响正常繁育的事情，就是出现引发猫痛苦或恐惧的事件，这和公猫是一样的。繁育者可以尝试把引起痛苦或恐惧反应的物体移开，或者把猫转移到别的区域进行繁育。

## 结语

在所有的家养动物中，猫的繁育有几个很独特的地方。不管是公猫还是母猫，它们的繁育行为都充满了个体特质以及特殊的敏感性，特别是在家庭或繁育机构里。幸运的是，猫的繁育者似乎都能理解如何应对这一点——对于在人类环境中生活的猫而言，人们的坚持和耐心是无价的。

# 第 三 章

# 和家猫的交流

萨拉·L.布朗和约翰·W.S.布拉德肖

## 概述

很多关于家猫之间沟通的研究在很大程度上基于传统的行为学方法。它们发出的信号以及这些信号发生的环境被描述为和环境信号发送者有关，而信号的接受者能在其能力范围内找到这些信号。比如，这种方法解释了家猫使用气味信号的原因：（1）它们可能是为了探测食物而进化出来的敏锐的嗅觉；（2）它们起源于领地动物，需要通过气味信号和几乎很少正面相遇的邻居进行沟通。然而，家猫是两个截然不同的进化阶段的产物，首先作为一个野生的、很大程度上独居的狩猎者，其次作为一个和人类共生的、半家养的社交性物种，与人类的依附关系不断增强。几乎没有人研究过那个古老的物种——非洲野猫的沟通技巧，而现在从非洲野猫的 DNA 分布中，可以很明确地得出，很多野猫（包括那些来自非洲和中东的）都在不同程度上是野生的非洲野猫亚种和家养的田园猫的杂合体。和人类的共生给它们在沟通行为的选择上带来了新的压力，和它们祖先的独居生活相比，它们现在的生活环境中，物种密度比较高，而且需要很多跨物种的沟通。

于是，共生关系带来的影响给"为什么信号是以这样的模式出现"的解释加上了一个新的维度。就猫而言，它的祖先非洲野猫被认为具有排他性的领地意识，因此当它进化为生活在一个高密度的地方并且变得具有社交能力的时候，我们可以推测，它传递信号的技巧就需要有所改变。当个体性的动物紧密地生活在一起，并能从合作中获益的时候，它们就需要一种不诉诸于暴力就能解决争端的能力，特别是在主角是全副武装的猫时。不过，由于非洲野猫的社会生态学几乎还没有被研究过，目前还不确定这种能力是什么时候开始发展的。

大致可推测，那些能有效地和人类饲主进行沟通的动物个体更容易被驯化。此外，鉴于猫被驯化的时间还比较短，并且在驯化的同时就开始进入到比它们领地意识浓烈的祖先更高密度的生活环境中，它们的沟通能力很有可能还没达到进化均衡的状态。因此，任何从进化论的角度对家猫传递信号技巧的研究，都需要把以下两个方面考虑进去：（1）有多种假设性的塑造这些传递信号技巧的自然选择压力；（2）某些特定的同物种和跨物种的信号有可能还在进化过程中。

当一个动物响应了另一个动物发出的信号时，我们就认为沟通发生了。这和人类之间沟通的定义相比，是一个更宽泛的概念。就人类之间的沟通来说，需要假定有信息交换，且信息是合理准确的。不幸的是，这种"传统的"定义通常被应用到动物之间的沟通上，仿佛动物一定能对传达的信息达成一致。在很多情况下，没有理由相信事实就是如此；信号的传递者经常试图以对它们有利的方式来操纵信号接收者的行为，而信号的接收者则会尝试像"读心术"一样去揭开这种骗术。在本章中，我们将介绍关于某些信号的进化起源的推测，比如公猫尿液的气味、呼噜声、对抗性的视觉信号，以及哪些信号或传递信号的能力可能是受驯化过程影响的。

## 沟通中的感官限制

和任何物种一样，猫之间的沟通也只能在它们感官器官的限制范围内发生。感官能力的进化主要是为了让动物能更高效地获取食物，并且在周围环境中，成功地为自己导航，从而一天天地生存下去。沟通能力也在感官能力的限制范围内进化。一些猫感官的特征化会对它们用不同方式进行沟通的能力产生影响。我们将在下文中对此进行总结，关于猫感官特征更为详细的描述可以参考布拉德肖等的研究。

## 视觉因素

猫拥有几乎是人类三倍的视杆细胞（最敏感的视觉信号接收器），加上在视网膜后面的反射层（反光膜），猫能比人类更好地适应光线昏暗的环境。这是对于猫在晨昏进行狩猎的行为的一种适应，但是也有代价，它们的视网膜敏感度较低，用来接受色彩信号的视锥细胞的数量就少了。据此，目前几乎可以确定的是，由于缺乏接受红色信号的视锥细胞，猫只能看到蓝色、绿色，以及它们的混合色。也正因如此，可以推测颜色信号在猫对环境的视觉解释以及信号传递中起到很小的作用。

尽管它们对色彩的感知能力受到限制，但是行为学的研究已经证明猫能区别出物体之间不同的大小、形状和质地，并且能对一部分被隐藏的物体轮廓进行补充想象。我们同样推测这是对于探测猎物的一种适应。

和人类相比，猫从近处的物体聚焦到远处的物体的速度相对较慢，而且它们看起来完全无法聚焦在距离它们 25 厘米以内的物体上。它们对于在视野中缓慢移动的物体的探测能力也相对较弱，而人类能探测到速度慢 10 倍的移动物体。然而，由于猫的视觉高度适应于快速地移动，快速移动的物体很有可能会引起猫更多的反应。通过一种名为快速跳视

的眼睛的快速移动，它们能追踪正在快速移动中的物体（比如老鼠或者其他猎物）。在快速跳视的过程中，物体被持续监控，感官信息被传送到神经系统中进行处理。

视觉中一些能力的下降和一些能力的提升（相比于人类）毫无疑问会反映在猫之间沟通时对视觉信号的使用上。它们对色彩识别能力的降低意味着在沟通过程中，基于色彩对比的视觉呈现是无效的，这和拥有四色视觉系统的鸟类是不同的。相反，一些能产生具有清楚可辨识度画面的行为，比如翘起尾巴（在本章稍后会介绍），可能是由猫需要清楚且不会引发歧义地传达信号而演化出来的。

## 听觉因素

和视觉因素一样，猫听觉中大部分的能力似乎都是为了应对探测猎物的需求而进化出来的。它们能听到的声音的频率范围是哺乳动物中被探测到的最大的之一，并且它们拥有一项令人印象深刻的能力：能听到最高频率段和最低频率段的声音。据推测，对于高频率声音的探测是为了捕猎能发出超声波的啮齿类动物而形成的一种适应能力。

和猫相比，人类能更好地区分相同频率但不同强度的声音，并且当声音频率低于5000赫兹时，人类能更好地区分具有相同强度但不同频率的声音。人类在这个领域内更出众的能力可以解释为什么猫在和人类的沟通过程中，会发展出（而且可能还在持续进化中）大量具有轻微差异的叫声，而这种叫声在猫和猫之间的沟通中似乎并没有什么作用。

猫的耳郭具有高度的灵活性，并且当它们把耳朵转向声音来源的时候，能起到放大声音的效果。由于受皮质下控制，猫耳朵的运动非常迅速。此外，尽管据推测，耳朵的进化是为了协助探测猎物，但这种进化也被利用和发展为一种视觉沟通的形式。耳郭的运动作为一种视觉信号能起到很大的作用，能反映出行为动机上的快速变化。

## 嗅觉因素

正如本章稍后会描述的，猫会通过各种嗅觉信号进行沟通，并且这些嗅觉信号都需要信号接收者进行嗅闻才能被接收到。鉴于它们嗅觉上皮组织和嗅球的规模，以及嗅觉感受器的复杂度，我们似乎可以很确定地认为，气味是猫感官输入中的一个重要组成部分。

显然，嗅闻和追踪猎物是如此精细的嗅觉器官的重要功能。不过，和视觉以及听觉系统不同的是，猫的嗅觉系统还有一个独立的组成部分，被称为犁鼻器（vomeronasal organ）。犁鼻器是专门用来探测和处理社交性气味的。

成对的犁鼻器（VNO）通过鼻腭管连接到口腔和鼻腔通道。犁鼻器被认为是间歇性地被使用的，充当一个辅助的嗅觉器官。当一只猫遇到一个它愿意去调查的新气味时，它第一步会先进行嗅闻。随后可能会出现性嗅反应，表现为上嘴唇抬起，嘴巴保持半开的姿势，这可能会持续半分钟或更长时间。在性嗅反应期间，猫可能会和气味的来源进行身体接触，并且把舌头放在门牙后面来回移动，这里就是通向犁鼻器的输送管入口。这样一来，通过空气传播和液体传播的气味分子就都能被导入犁鼻器中。和正在被调查的物体进行直接接触的必要性，以及刺激物可能自始至终都溶解并留存在唾液中这一事实，都意味着这个过程更有可能产生的是一种味道，而不是一种"闻起来的感觉"。由于只有在对别的猫的气味做出反应的时候才会出现性嗅反应，我们可以推测，性嗅反应是用来收集（以及有可能是储存）社交信息的。

# 家猫之间的沟通

## 气味沟通

和大部分小型猫科动物一样，家猫的祖先非洲野猫很可能具有排他性的领地意识。由于空间间隔比较大的动物很少会面对面相遇，它们倾向于用气味标记来进行沟通，因为在留下气味标记信号和信号被接收到之间可能有几个小时或者几天的延迟。对于全副武装的食肉动物而言，用气味信号进行沟通的优势在于，它们可以通过识别在土层上留下的气味，以及从身体表面直接散发出来并由气流传播的气味，来避免和竞争者直接遭遇，因为这种直接的遭遇很有可能是非常危险的。而这种对气味信号的依赖可能存在的缺点就是：（1）对于信息来源的控制力不足，因为主要看风向；（2）对接收者的控制力不足，因为气味标记无法被任意地消除。这两个缺点都有可能导致这些气味所包含的信息被滥用。尽管有这些潜在的问题，食肉动物家族中的成员还是极为广泛地依赖气味来进行沟通。

许多家猫在生活环境的密度上比野生的同种群生物高出好几个量级。因此，在驯化过程中，它们很有可能调整了气味沟通的方式。在社群中生活的猫不仅能通过气味来交换信息，还能彼此交换气味来形成一种栖息地或种群专有的气味，就像在别的物种中看到的情况一样（比如獾）。尽管人们已经记录下几种气味的来源，但是这些气味在沟通中的功能还大多处于推测状态。

### 尿液

猫会采取两种明显不同的排尿姿势，这意味着至少其中的一种姿势（有可能两者都是）具有传递信号的作用。幼猫、青少年猫和成年母猫通常会蹲下来排尿，然后用泥土或猫砂把尿液盖住。尽管这种行为可以被解释为要把尿液以及尿液中包含的信息给藏起来（据推测），但如果别的猫遇到了这种排泄物，不管是公猫还是母猫，都会去嗅闻。此外，随着和排泄者的陌生程度的增加，猫嗅闻的时长就会增加，这表明嗅闻者正在对气味做出反应并从中收集信息。这种行为可能只会在猫居住在高密度环境中时普遍出现；而当猫生活在间隔空间很大的领地中时，这种隐藏信息的尝试可能是有效的。

猫通过喷尿来进行气味标记。在喷尿时，猫背对着一个垂直的表面，向后排尿，通常还会同时颤动它的尾巴。喷尿行为在成年公猫中出现得最为频繁，不过成年母猫也会喷尿。喷尿发生的频率会呈现出极大的个体差异，比如，费尔德曼记录下来的数据显示，公猫喷尿的次数在每小时 2.8 次到 9.2 次不等。这种差异有可能和年龄或领地意识有关，或者是反映它们为了避免社会冲突而采取的不同的适应性策略。比如，在一个封闭的或密度很高的栖息地中，母猫和年纪比较小的公猫可能会出现喷尿行为被抑制的情况，结果就是，大部分的喷尿标记都是来自少数几个更为自信的成年公猫。发情期母猫的靠近也会增加公猫的喷尿行为，而发情期的母猫同时也会增加喷尿的频率。这种行为导致了每年 2—3 月在英国的喷尿高峰期。

喷尿留下的尿液的气味是刺鼻的，这也支持了这种尿液还携带着其他分泌物的推测，这种分泌物可能来自阴茎包皮或者肛门腺。处于非常恐惧状态的猫排出的肛门腺的分泌物很明显有着独特的气味，闻起来和喷尿留下的尿液气味不一样。在排出之后，喷尿留下的尿液的气味会增强，这很有可能是因为尿液中两种不同寻常的氨基酸的微生物降解和氧化降解而导致的，即猫尿氨酸和异戊烯。主要的降解产物 3- 巯基 -3- 甲基 -1- 丁醇（II）和

3-甲基-3-甲基-1-丁醇（III），以及其他的二硫化物和三硫化物，都具有强烈的"公猫"气味。

研究发现，家猫尿液中含硫氨基酸的成分会根据性别、年龄、健康程度以及繁育状态的不同而呈现出差异。猫尿氨酸的含量水平由羧酸酯酶控制，而羧酸酯酶是一种由血液中睾酮含量水平调节的尿蛋白。未绝育的公猫可以分泌大量的猫尿氨酸，多达95毫克/天，而母猫能分泌的量比较少，大约为20毫克/天，这也解释了为什么母猫喷尿留下的尿液的气味没有那么刺鼻。享德里克斯等表示，由于猫尿氨酸是由半胱氨酸和牛磺酸（可能）生物合成的，猫尿氨酸的分泌有可能对未绝育公猫的含硫氨基酸的需求量有重要影响。因此，尿液中猫尿氨酸的含量，以及随之而来的气味的浓烈程度，能对公猫是否成功获得了高质量的食物进行准确的衡量，也因此能作为一种"可靠"的信号，将它作为适合的交配对象的信息传达给母猫，并将它作为强劲竞争者的信息传达给其他公猫。这也有助于解释，为什么处于毗邻的领地的公猫出现对抗性相遇的时候，它们会采取喷尿行为。

喷尿在划分领地界限中的作用（如有）是不明确的。我们几乎观察不到喷尿标记单独作为威慑的现象，但领地性的气味标记却是如此，包括那些标志着领地边界的气味标记。特纳和梅尔滕斯发现，在农场中，公猫和母猫的尿液标记在它们的生活范围内是分布得相当平均的，并不仅仅是在边界上。研究人员还表示，由于气味标记的气味会随着年龄改变，当猫外出捕猎的时候，这些气味标记有助于猫之间形成一定的空间距离，这样它们就能不去那些最近已经被侵扰过的地方了。然而，这不太可能是一个稳定的策略；不喷尿的猫会处于一个有利的地位，因为其他的猫会把捕猎的时间和精力，浪费在那些由于近期出现过捕猎者而导致猎物仍旧处于警觉状态的地方。

所有的猫，特别是成年公猫，会非常专注地调查喷尿标记，特别是当这些标记是由发情期的母猫留下的时候，这意味着喷尿标记中的确包含相关的信息。猫起初是通过嗅闻进行调查，通常紧接着是性嗅反应，而正如本章所述，在这个过程中，信息被传送到犁鼻器。

## 粪便

很多食肉动物都会使用粪便来传递信息，而且通常会往粪便中添加腺体的分泌物。有研究显示，家猫嗅闻陌生猫的粪便，会比嗅闻自己的或熟悉的猫的粪便，花的时间更长，这就表明它们从粪便中也能得到社交信息。粪便经常会被埋在靠近生活范围中心的地方，但是在其他地方，猫可能会让粪便暴露在地上。猫通常会嗅闻它们刚刚掩埋粪便的区域，但当它们把粪便留在地上不掩埋的时候，它们往往不会再去嗅闻。这表明，掩埋粪便的一个功能，就是将粪便中包含的气味信息被其他猫探测到的可能性降到最低，而出于卫生的目的可能是一个更为简单的解释。

有一些研究发现了猫的生理、社交特征和它们掩埋粪便的行为之间的潜在关系。比如，石田和清水发现在公猫中，体重较重的个体并不会比体重较轻的个体更经常地把粪便暴露在地上，但当它们掩埋粪便的时候，和体重较轻的个体相比，它们倾向于把排泄和掩埋的地点选在更靠近生活范围中心的地方。然而，对于母猫来说，情况并不是如此。对这种现象可能有如下解释：公猫感知到的对于生活中心区域的受威胁的程度，会影响到它们的排便行为。但是总体而言，试图去证明未被掩埋的粪便具有标记领地作用的研究，都得出了模棱两可的结果。

## 磨爪

尽管磨爪毫无疑问地起到修整前脚脚爪的作用，但不可避免的是，磨爪一定会留下自趾间腺（interdigital gland）的气味。同一个磨爪区域通常会被一遍遍地重复使用，从而产生清晰可见的视觉标记，可想而知，这种视觉标记也会引起其他猫对气味信息的关注。尽管已发表的研究还没有证实过被抓过的地点在多大程度上会被嗅闻，但佩吉特和高提耶观察到，当猫遇到由一只处于恐惧状态的猫分泌的汗液的时候，它们的回避行为（avoidance behaviour）会加强。

　　磨爪的地点分布在常用的路径上，而不是在领地或者生活范围的边界处。树木的材质似乎也会影响到抓痕的分布，相比树皮较硬的树木，猫更倾向于抓树皮较软的树木。可想而知，在质地更软的树皮上磨爪能留下更明显的抓痕来作为视觉标记。

　　研究人员还观察到，与独处时相比，有其他猫在场的时候，流浪猫会进行更多的磨爪行为，因此磨爪也可能起到在同种生物在场的时候进行视觉展示的作用。

## 皮肤腺

　　除了上文中提到的趾间腺，家猫似乎也会通过其他皮肤腺产生的分泌物进行沟通。正如下图所示，在头部区域中，有嘴角的口周腺（perioral glands）、前额两侧的颞腺（temporal glands）、脸部两侧的脸颊腺（cheek glands），以及下巴处的颌下腺（submandibular gland）。整条尾巴上都散布着皮脂腺，被称为尾腺（caudal glands）。此外，在尾巴基部的一个腺体随着猫的发育成熟会变大——对于未绝育的公猫，这个腺体可能会过度分泌，造成一种叫"种马尾（stud tail）"的症状。耳郭（外耳）也会产出一种蜡质的分泌物。

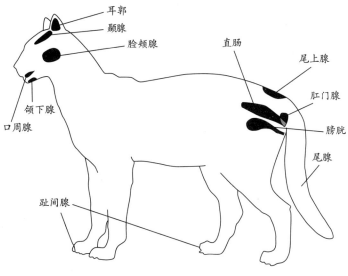

家猫（公）的主要气味产生结构

目前尚不清楚是否每一个腺体都会产出一种独特的、具有明确功能的分泌物。头部腺体的分泌物会由一种名为"顶撞"的行为，被蹭到处于显著位置的物体上。这种行为的精确模式似乎取决于被蹭物体的高度，高的物体主要是由前额和耳朵来标记，和头一样高的物体是从嘴角开始蹭，一直蹭到耳朵，而较低的物体则是由下巴的下面以及喉咙侧面来蹭。这种适应性意味着整个头部留下的气味可能都具有相似性：或是头部腺体的分泌物都具有相似的效果，抑或是因为猫舔毛的时候，这些分泌物被充分混合在了一起。

未绝育的公猫比间情期（anoestrous）的母猫或少年猫有更频繁的磨蹭标记（rub mark）行为，并且有时会在自己的磨蹭标记之上进行喷尿，或反之亦然。其他的磨蹭标记，尽管留在了很显眼的物体上，比如突出的树枝或者人造物体的边角，但和任何其他视觉或明显的嗅觉线索都没有什么关系，从而使人们难以察觉。而猫似乎很容易就能定位到这些被磨蹭标记过的地方，这意味着这些分泌物对于猫的鼻子来说是具有强刺激性的。此外，猫还会用自己头部的腺体频繁地反复标记。未绝育母猫的磨蹭标记中包含关于发情周期的信息，这点是通过公猫对这些气味的兴趣程度而发现的。

互相磨蹭头部的猫

猫和猫之间磨蹭时，两只猫把头靠在一起互相磨蹭（见左侧图），并且经常会用身体的侧面继续磨蹭（见第 55 页图）。这一种视觉和触觉上的展示行为一定也会导致猫毛发上气味的交换。目前尚不清楚这种气味交换是否具有任何社交关系性，比如是否是为了建立起一种在互相友好的猫间的"群体气味"。当猫嗅闻彼此时，它们倾向于集中关注头部区域，而不是身体侧面和尾巴。猫身体的侧面和尾巴正是共同的气味聚集和累积的地方，这也就表明，即使群体气味的确存在，个体的气味包含着更有价值的信息。

互相磨蹭身体或身体侧面的猫

猫也会与人类主人进行磨蹭，而人类用抚摸做出的回应可能是最接近猫之间"礼尚往来"磨蹭的行为了。猫对于哪些地方喜欢被主人抚摸似乎有着明显的偏好，一般来说，它们最喜欢被抚摸的地方是脸颊腺，也就是在眼睛和耳朵中间的区域，而它们最不喜欢被抚摸的地方则是尾巴上的尾腺区域。它们可能会通过肢体语言来表明对特定区域的偏好——待在那儿不动，或者闭上眼睛，或者改变身体的姿势来鼓励主人去抚摸特定的区域。猫还可能会发展出更加复杂的仪式，比如当它们跳上主人的大腿，或者磨蹭主人的腿时，它们显然就是在邀请主人去抚摸它们。有一些猫在主人附近的时候，也会反复磨蹭物体，这可能是一种替代性的猫—人磨蹭行为（cat-human rubbing）。

研究人员已经对家猫脸部的分泌物做出了一些较为详细的描述。目前已经识别出 5 种不同的脸部"费洛蒙（pheromones）"，其成分也已经阐明（见表 3.1）。

表 3.1　猫脸部分泌物的化学成分

| 分泌物 | 成分 |
| --- | --- |
| F1 | 油酸、己酸、三甲胺、5-氨基戊酸、正丁酸、α-甲基丁酸 |
| F2 | 油酸、棕榈酸、丙酸、对羟苯乙酸 |
| F3 | 油酸、壬二酸、庚二酸、棕榈酸 |
| F4 | 5β-cholestan acid 3β-ol、油酸、庚二酸、正丁酸 |
| F5 | 棕榈酸、异丁酸、5-氨基戊酸、正丁酸、α-甲基丁酸、三甲胺、壬二酸、对羟苯乙酸 |

F1 和 F5 的功能还没有被阐明，但我们已知，当公猫在向发情期母猫求偶期间磨蹭物体时，会留下 F2 型费洛蒙。在猫用脸部标记物体的时候，会留下 F3 型费洛蒙，而猫在它自己家的范围内巡逻的时候也会这么做。F4 型费洛蒙和猫之间互相磨蹭的行为有关，并且被认为（尽管没有被证实）能减少猫之间的攻击行为。F3 和 F4 型费洛蒙已经成功地被人工合成，并且被制成商业产品用于行为治疗。

## 听觉沟通

众所周知，猫发出的声音是非常难以被分类的，一部分的原因在于，要区别一个声音和另一个声音之间真的有不同还是仅仅是另一个声音的一种变体，是相当困难的；而另一部分的原因在于，不同的猫发出的声音之间的个体化差异较大。品种之间的差异性也进一步增加了迷惑性，比如很多东方品种的猫普遍要比非东方品种的猫更喜欢叫。

令人惊奇的是，和猫向主人发出声音相比，猫之间发出声音的数量非常少。事实上，只有在对抗、性相关和母子之间的情形下，人们才能听到人猫关系之外的猫叫声。

大部分攻击性的和防御性的声音（见表 3.2）都是紧张强烈的叫声，因为在这些情形下，猫很有可能为了做好战斗的准备，使整个身体都处于紧张的状态。喉咙部位的紧张有可能是猫经常在

战斗中流口水，及猫不得不暂停发出声音、并反复地吞咽口水的原因。低吼声的低音以及号叫声的长持续时间可能传递了发出这些声音的猫的体型和力量的信息。因疼痛而发出的尖叫声的突然性和强度，可能是为了惊吓攻击者，从而使得攻击者放松对它的控制。公猫和母猫都会发出发情期求偶的叫声，这是繁殖季节专有的（见表3.2），这种叫声强度很高，据推测可能是为了向潜在的交配对象和同性竞争对手宣传自己的健康水平。公猫和母猫都能发出非繁殖季节专有的、具有识别度的号叫声和咪咪声。

表 3.2　成年家猫声音信号的特征

| 叫声类别 | 典型的时长（秒） | 基本的音调（赫兹） | 音调变化 | 发生场景 |
| --- | --- | --- | --- | --- |
| 当嘴巴闭上时发出的声音 | | | | |
| 呼噜声（purr） | 2+ | 25～30 | — | 接触 |
| 颤音（trill）/吱吱声（chirrup） | 0.4～0.7 | 250～800 | 升高 | 打招呼、接触幼猫 |
| 当嘴巴张开并逐渐闭上时发出的声音 | | | | |
| 喵叫声（miaow） | 0.5～1.5 | 700～800 | — | 打招呼 |
| 母猫求偶声（female call） | 0.5～1.5 | ？ | 可变的 | 求偶 |
| 公猫求偶声（mowl, male call） | ？ | ？ | 可变的 | 求偶 |
| 嚎叫声（howl） | 0.8～1.5 | 700 | — | 攻击性 |
| 持续处于张口状态时发出的声音 | | | | |
| 低吼声（growl） | 0.5～4 | 100～225 | — | 攻击性 |
| 号叫声（yowl） | 3～10 | 200～600 | 升高 | 攻击性 |
| 咆哮声（snarl） | 0.5～0.8 | 225～250 | — | 攻击性 |
| 嘶嘶声（hiss） | 0.6～1.0 | 无调的 | — | 防御性 |
| 吐口水声（spit） | 0.02 | 无调的 | — | 防御性 |
| 因痛苦而发出的尖叫声（pain shriek） | 1～2.5 | 900 | 略微升高 | 恐惧/疼痛 |

注："发生场景"中选取的是最为常见的场景。

　　小于 3 周龄的幼猫能发出的声音局限于防御性的吐口水声音、呼噜声，以及在听觉特征上和成年猫的叫声相似的（见第 58 页图）求救呼号。当幼猫被孤立、感到冷或者被困住的时候，它就会发出求救呼号声，比如当猫妈妈不小心压在幼猫身上的时候。由寒冷引发的叫声会显著地比另外两种情况的音调高，不过这种区别会在幼猫大约 4 周龄能够自己进行体温调节之后消失。被限制行动时幼猫发出的叫声，在音调上与被孤立时发出的叫声类似，但是持续时间明显更长，而被孤立时发出的叫声一般来说是最响的。因此，猫妈妈很有可能能够分辨出这些叫声，并相应地做出反应。

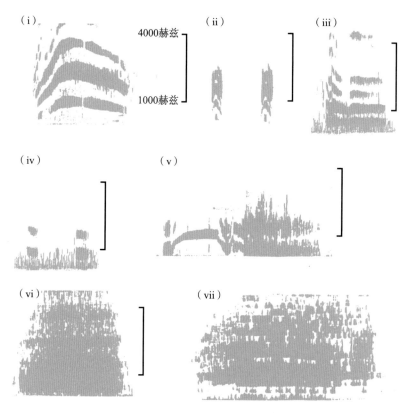

典型幼猫的声纳及猫的发声

注：（i）幼猫在孤立状态下的叫声；（ii）猫妈妈的吱吱声；（iii）喵叫声（典型的）；（iv）喵叫声（非典型的）；（v）嚎叫声；（vi）嘶嘶声；（vii）因痛苦而发出的尖叫声。

呼噜声（purring）是猫普遍存在的声音，但是我们至今无法完全理解呼噜声的功能。仅 20 年前，研究人员才最终阐明了发出这种声音的机制。除了在换气时的一小段间

歇期，呼噜声在吸气和呼气时都能被发出，
因此听起来就像是一种连续不断的声音。当
声门（glottis）关上和开启的时候，气压突
然升高和释放，导致声襞（vocal fold）突
然分开，从而发出呼噜声。控制声门的喉部
肌肉由一个自由运转的神经元控制器（free-
running neural oscillator）所驱动，产生每
30 ～ 40 毫秒一次的收缩和释放循环。

　　尽管传统上我们把呼噜声解释为猫表示
"愉悦"，但其实呼噜声在很多不同的情境下
都会被发出，而其中大部分的情景都包含有
猫和人或另一只猫的接触。幼猫几乎一出生就能发出呼噜声，并且主要是在吸奶的时候发
出，这有可能会引导猫妈妈继续给它们哺乳。当接触到一个熟悉的伙伴，以及受到无机物
体的触觉刺激（比如当它们翻滚或磨蹭）的时候，成年猫也可能会发出呼噜声。

　　更加细致的调查研究发现，在猫用呼噜声去请求食物的情景中，呼噜声内还包含像喵
叫声的声音元素。人类观察者能够区分"正常的"和"请求食物"的呼噜声，并能对这两
种声音给出相当不同的评价（见第 60 页图）。猫在请求食物的情景下使用呼噜声，意味着
猫似乎通过加入其他的声音来对呼噜声进行改编，使得呼噜声很难被忽视，从而能更为成
功地从主人那里获得照料。这种寻求照料的功能可能也可以解释，为什么当猫感受到剧痛
时，人们有时也能观察到猫发出呼噜声。因此，呼噜声可能充当了一种"操纵性的"寻求
接触和照料的信号，而这种信号可能在主人积极的回应下得到进一步鼓励。

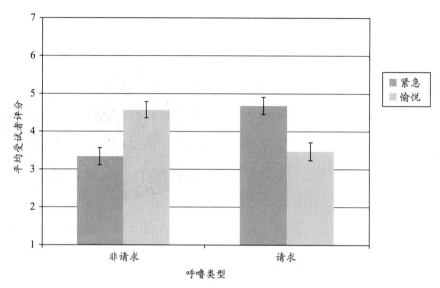

人类对相对紧急的（在猫积极主动地请求食物的时候录下）和
愉悦性的（在猫处于平静状态的时候录下）呼噜声的判断

注：带有请求性质的呼噜声被认为是更紧急的，而且比非请求状态下录得的声音的愉悦度要更低。

　　除了呼噜声，人和猫的互动中最常见的声音就是喵叫声。在猫和猫的互动中，我们几乎听不到喵叫声。因此，鉴于喵叫声能使猫有效地获得人类的关注，它可能是一种习得的反应。很确定的是，在被剥夺食物的猫中，这种喵叫声的训练是十分容易的，能在2小时或更长的时间内，每分钟引发2次喵叫声。在同一个个体和不同的个体之间，喵叫声的频率、时长和形式都会出现相当大的变化〔见第58页图（iii）和（iv）〕，而且喵叫声中可能还会包含其他的噪声，比如低吼声、颤音和滴答声，这些噪声会改变最终发出的声音。该论述反驳了这个观点：不同的喵叫声明显有区别物种和跨物种意义。因此，猫有能力去了解这种声音是获得人类关注的一个有效手段，而这种能力很有可能是驯化的产物，尽管这个声音本身可能不是驯化的产物。在这个背景下，研究人员证明了对银狐温顺度的人为选择会导致银狐的发声技巧发生巨大的变化，特别是在跨物种沟通的背景下。

　　另一个发现也证明了喵叫声的使用主要是面向人类的：在人类家中生活的猫和流浪猫

相比，能发出更短促、更高音调的叫声，而和家猫的野生祖先进行对比时亦然。即使在没有听过猫叫声的人听来，家猫的叫声也远比非洲野猫的声音更为悦耳。

　　有一点也许会很令人惊奇，当研究人员播放陌生猫的不同的喵叫声时，人们很难准确地辨别这些声音的含义。尼卡斯特罗和欧文播放了 12 段陌生猫的叫声，这些声音是在 5 个不同的场景下被录下的，即食物相关的、对抗性的、亲近的、遇到障碍的和悲伤焦虑的。他们发现，尽管人们能区分出这些声音，但是准确性相当低。不过，有和猫打交道经验的人（和猫一起生活过、互动过，或对猫很喜爱）的成功率会更高。但是即使如此，这些有经验的人展现出来的更高的辨别能力也只局限于对抗性和亲近性的叫声。这在一定程度上是由于缺乏视觉性的提示，比如尾巴的姿态以及猫的身体活动，而这些视觉性的提示通常是和声音有关联的。

由于上述对功能指称性的实验研究只找到了不精确的证据，尼卡斯特罗和欧文指出，家猫的叫声并不是主要用来引起人类的某一个明确的反应。通过持续不断的互动，猫和主人可能会发展出一个由不同叫声组成的系统，这些叫声是可识别的，并且总是能指向一个明确的特定场景。在其他物种中，研究人员用"个体发展性的仪式化过程"这个术语来定义这个过程，而我们需要更多的研究调查来判断猫是否也存在这个过程。

## 视觉沟通

野生型（条纹虎斑）家猫具有适用于隐藏的毛发颜色和花纹，并且没有明显的专门为传递信号而进行适应性改变的结构。尽管猫有着相较于狼更面无表情的扁脸，但它们实际上拥有很多用来传递视觉信号的技巧，这些技巧主要被用来管理攻击性的行为。没有证据表明，在驯化后出现的任何毛发上的变化（比如橘红色、白点、长毛等）对猫传递信号的能力有任何显著的影响，这和一些狗类品种的情况有所不同——在一些狗类品种中，毛发的改变造成了极大的视觉信号结构的丢失。

猫在很多对抗性遭遇中采取的姿势可以解释为改变它的表观体型的尝试，从而对互动的结果造成影响。一只具有攻击性的猫会把毛发立起并站直，而一只想要退出竞争的猫则会蜷缩在地上，把耳朵拉平［见第 63 页图（i）］，并把头缩向肩膀处，表明它并不准备发动撕咬进攻。如果最终还是受到威胁，处于防御状态的猫可能会转变为一个更加具有攻击性的姿势，它可能会把耳朵转动到一个更加具有威胁性的向后的位置，正如第 63 页图（ii）所示。从防御性转向攻击性时，猫的耳朵和身体姿势的变化可能是渐进式的，而且通常会展现出一种矛盾的情绪——纠结到底是要进攻还是防御。雷豪森表示，弓背就是这样的一种矛盾的行为［见第 63 页图（iii）］。猫通常是在敌人侧面的时候采用这种姿势，毫无疑问，这是为了使视觉冲击最大化。尽管更为极端，但是这种姿势实际上和幼猫玩耍时采用的"横跨一步避开"的姿势很相似，而幼猫的这种姿势往往意味着它想中断这一次的社交玩耍。研究者认为，其中一个姿势很有可能是另一个姿势的前身。

不同情绪下耳朵的姿势

注:(ⅰ)防御性;(ⅱ)攻击性;(ⅱ)弓背的姿势表示一种矛盾的情绪。

　　这些姿势想必都会由猫的对手自己去理解，并且用来决定这次的遭遇应该如何继续进行，但是我们几乎没有证据来说明每一种姿势是如何对结果造成影响的。同物种生物在发生竞争性遭遇时，通常会出现显而易见的、企图操纵信号接收者行为的信号，而信号接收者往往会试图用"读心术"来进行对抗。猫的对抗性行为无疑是很容易被观察到的，但是这些姿势到底是多大程度上的虚张声势，以及这些姿势对于欺骗它的信号接收者是否有效，对于这些问题我们仍然需要进行更多的研究。

　　翻滚是母猫性行为（发情前期）的一个组成部分，往往同时还伴随着呼噜声、伸展以及有节奏地张开和收拢爪子，并夹杂着多次对物体的磨蹭。公猫面对另一只公猫时的翻滚行为似乎是一种表示服从或求和的行为，因为成熟期的公猫从来不会向未成熟的公猫做这个动作，并且在翻滚行为之后，通常接着的情况是成熟期公猫对未成熟公猫视而不见，或容忍它的存在。

　　猫尾巴具有高机动性，并且尾巴尖部可以独立移动，除了协助身体保持平衡，还非常适合用来当作一种传递信号的器官。在防御性的姿势中，猫的尾巴会夹在后腿中，不过在这种情况下，由于身体的姿势已经传递了大量的信号，尾巴的姿势就不太可能传递更多额外的信息了。把尾巴不停地从一边甩到另一边，是猫的攻击性行为的一个组成部分，不过我们还不知道这个姿势到底有什么信号层面的价值。

垂直举起的尾巴（TU）和友好行为有关，并且在猫—猫互动中起到重要的作用。在一个绝育流浪猫社区中，卡梅伦－博蒙特发现，TU 和磨蹭及嗅闻社区中的另一个成员的关联度尤其密切（TU 在 80% 的这种互动中都出现了）。几乎所有的猫与猫之间的磨蹭行为发生之前，都会出现发起者把尾巴举起并走近的现象，而且如果接受者也同样举起尾巴，那么磨蹭行为出现的可能性就会进一步提升。通过给宠物猫展示只有"尾巴"处于不同姿势的剪影，她确认了 TU 具有传递信号的功能，而不仅仅是与友好行为存在关联这么简单。当猫第一次看到 TU 剪影的时候，猫明显地更可能也举起尾巴。和尾巴下垂的剪影相比，猫看到 TU 剪影的时候，靠近的速度会更快。而尾巴下垂的剪影有时会引发一些尾巴来回抽动或尾巴夹起的姿势。因此，垂直举起的尾巴传递着想要友善地进行互动的信号。这想必是必要的，因为如果让一只意图不明确的猫靠近，有可能会造成悲惨的后果。

## 触觉沟通

一些简单的身体接触，比如当两只猫在一起休息的时候，可能具有社会意义，但两种最显著的通过触觉进行沟通的形式是：（1）猫用头、身体侧面和尾巴互相磨蹭；（2）一只猫舔另一只猫。

尽管麦克唐纳等人提出，对磨蹭行为有"净接受"的猫

会享有占据支配地位的好处，并且在同性中享有更大的包容适应度，但是之后几乎没有任何证据对此进行证实或反驳。在一个养殖场的社群中，他们发现磨蹭的指向在大部分的双边关系中都是不对称的，并且倾斜情况有：（1）成年母猫向成年公猫；（2）成年母猫之间；（3）幼猫向成年母猫（见下图）。布朗也在绝育的流浪猫中发现了双边关系中磨蹭指向的非对称性。她也发现坐在一起和互相梳毛的行为不太可能在磨蹭前后发生，这也支持了麦克唐纳等人的观点——磨蹭行为往往发生在体型或地位不平等的猫之间。我们需要进一步的研究来全面阐明磨蹭行为的社会意义，包括磨蹭必然导致的气味转移是否有任何重要意义。

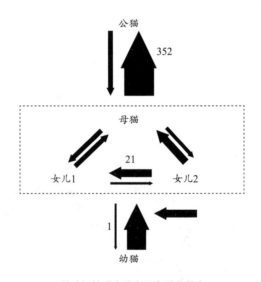

养殖场社群中猫之间磨蹭的频率

注：包含5只猫，1只母猫，它的2个女儿，1只成年公猫，和1只雄性幼猫。箭头的宽度和在8个月的期间内（幼猫是在6个月的期间内）不同个体之间磨蹭行为的数量的平方根成比例。图中展示了最大、最小和一个中间的实际互动数量。除了母猫和女儿1，所有成对的箭头都表明存在非对称的磨蹭行为。

尽管在很多物种中，由社群中的一个成员来给另一个成员梳毛具有重要性，但只有一个研究试图阐明家猫互相梳毛行为的作用。在一个有14只绝育的公猫和11只绝育的母猫的室内猫栖息地中，研究人员发现攻击性更高的个体去舔攻击性较低的个体的次数要比反过来的情况更多。在大约 1/3 的互动中，舔毛者也会对被舔毛者展现出攻击性，通常是在梳毛刚完成的时候。研究人员认为，家猫之间互相舔毛的行为是一种重定向的攻击性行为或支配性行为，而实验结果和这个猜想是一致的。他没有发现任何证据表明亲属关系对互相梳毛对象的选择有任何影响（在这个栖息地中亲属关系的系数为 0 到 0.6 不等），这个结论倾向于反驳互相梳毛有助于保持亲属间纽带这一论点。然而，互相梳毛这一行为在散养的繁育地中有其他作用的可能性依然存在。

## 家猫之间的信号的功能性组织

研究者们使用了各种不同的技术来把功能重叠的沟通模式合并到同一个组里，包括主观法，对两两之间关系的区分度的研究，以及研究在单次互动中猫展现不同沟通模式的概率。由于采用了不同的行为谱以及观察的社群的社会组成不同（克比：自由散养的农场猫。凡·丹·波干和德·瓦里斯：室内栖息地中的繁育期母猫。布朗和卡梅隆－博蒙特：室内和自由散养栖息地中的混合性别的绝育猫），我们无法简单地直接对比这些研究。我们从 3 个绝育猫的栖息地、2 个自由散养的栖息地以及 1 个室内栖息地里获得的数据中，发现有 5 个主要的分组：互相梳毛、磨蹭、攻击性、防御性和玩耍（见第 69 页图：性行为和母性行为不可避免地没有被包含在内）。尾巴垂直举起（TU）的行为与梳毛和磨蹭组及攻击性组都呈现相关性，这似乎是决定互动行为走向的关键信号。在 3 个完全由母猫组成的栖息地中，研究人员探测了攻击性组、防御性组和接触组（包括互相梳毛）的行为模式；互相磨蹭和性行为（翻滚、脊柱前凸）被分在同一组。

这些分组很有可能会被社群的成员组成影响，特别是猫个体的年龄、性别以及生育状态。也有可能会被基因遗传和早期生活经历影响，麦克库思用来衡量猫对熟悉和陌生人类反应的信号传递模式表明，会受到父亲（遗传性的）和早期社会化的影响。在防御性的声音中（指向人类），低吼声被社会化所抑制，但是不会被父系遗传因素影响，而嘶嘶声则展现出了更强的父系遗传影响。在拥有友善的父亲和接受过社会化训练的猫中，TU 的频率都是最高的，但是呼噜声的频率并不受父系遗传影响，并且只有在熟悉的人类在场的情况下，才会展现出和社会化程度的正相关性。

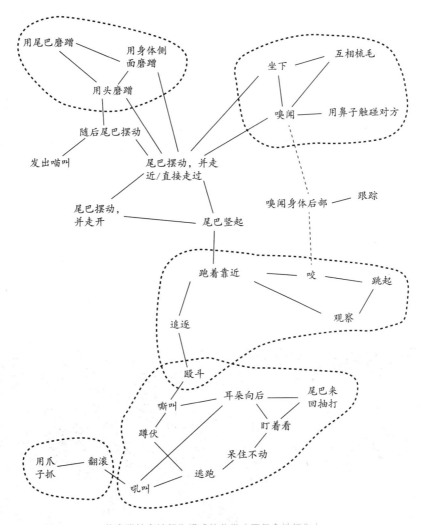

绝育猫社交性行为模式的分类（不包含性行为）

注：1. 我们用实线来标识在与另一只同社群猫的单次互动中，猫很有可能会做出的行为模式。这些模式被分为几个群，其中大多数的群都有不证自明的功能。友好性的互动（顶部）通常会由尾巴举起的信号（图中中心位置）发起，不管尾巴的动作是静止的（TU）或者在摆动的（TR）：这个行为会分为两种类型，一种包含相互磨蹭（上左），另一种是互相嗅闻和梳毛（上右）。在底部右侧的是一个防御性行为的群集，在这之上的是一个攻击性行为模式的群集，殴斗行为把这两个群集连在一起。在防御性行为的左边是两个行为模式，抓和翻滚（roll），它们通常是和玩耍行为联系在一起的，这两种行为可能是猫通过表现得和幼猫一样来转移攻击性的尝试。在和这些集群都没有什么关联性的行为中，喵叫声可能是猫让别的猫提高警惕的一种尝试，喵叫声是在发起磨蹭的意图之下的一个行为。在跟随、嗅闻身体后部（和其他行为模式弱相关，用虚线表示）行为之后，可能会友好地坐在一起，或是出现攻击性行为，这大概取决于被嗅闻的猫的反应。

2. 数据由 Sarah Brown 收集，并且由夏洛特·卡梅伦-博蒙特分析，从来自3个永久性社群的42个绝育猫的2044个互动序列中获得。实线代表两两之间的正相关性，卡方检验 P<0.001。）

## 幼猫与妈妈以及幼猫与幼猫之间的沟通

和成年猫之间间歇性的、有时还是长距离的沟通不同，从出生到断奶期，幼猫和猫妈妈之间的关系要强烈得多，并且还会有更多的近距离接触。起初，为了至少确保幼猫的安全和营养水平，它们之间就需要几乎不断地进行沟通。在出生后的前 4 周，和猫妈妈的社交接触对幼猫在情绪上的正常发展是必要的。

从幼猫一出生，猫妈妈就会和它进行沟通，起初只是简单地侧躺下，并用鼻子蹭和舔舐幼猫来鼓励它吸奶。在前 3 ～ 4 周，猫妈妈 70% 的时间都会和幼猫一同待在窝里，和幼猫躺在一起，给它们喂奶，帮它们理毛，尤其是对会阴部位进行舔舐，来刺激幼猫排尿和排便。

　　很快，幼猫就会对猫妈妈的某个特定的乳头形成偏好，并且似乎能过嗅觉信号来找到这个乳头。有研究表明，尽管幼猫也愿意从其他哺乳期的母猫那里吸奶，但是它们并不能像在自己妈妈那里那样轻易找到自己偏好的乳头。这表明，出生的时候，幼猫起初是通过由荷尔蒙产生的嗅觉信号来找到泌乳的乳头，不过很快它们就会对气味信号做出反应，而这些气味信号会把它们引导到妈妈身上的它们最喜欢的乳头那里。这些气味信号可能是通过它们自己的唾液而留下的。

　　出生几天后，幼猫就会发出呼噜声，并在吸奶的时候揉捏妈妈的腹部。在如此近距离的接触中，它的妈妈和兄弟姐妹都能感受到或听到呼噜声，呼噜声很可能意味着幼猫满足于获得了足够的乳汁。这种行为可能会延续到成年，而且通常是在猫感到愉悦或表示友好的情形下产生的。

　　当幼猫的活动能力变得越来越强，并开始在猫窝外游荡时，它们就开始用上文中提到的叫声来和猫妈妈进行沟通。当幼猫发出叫声的时候，猫妈妈做出的回应就是去找到幼猫，并咬着幼猫后颈把幼猫叼回来。慢慢地，幼猫开始自己主动向妈妈寻求哺乳，而猫妈妈在窝里待着的时间变得越来越少，并最终会阻止幼猫吸奶。为了做到这一点，它主要是用姿势性的信号来表达它对哺乳没什么热情，这种姿势主要有两种：（1）蜷缩在地上，四只脚爪都接触地面；（2）躺在地上，把脚爪都盘在身下。在阻止幼猫吸奶的同时，猫妈妈还会通过鼓励幼猫捕猎来启动断奶过程。幼猫通过观察来学习捕猎技能——猫妈妈一开始会把死掉的猎物带回猫窝，然后开始带回活的猎物，让幼猫练习捕猎技能。

　　在接受猫妈妈的哺育和教育的同时，在同窝有两只或更多幼猫的情况下，幼猫和它的兄弟姐妹总是凑在一起，并且学习如何在彼此之间进行沟通。幼猫之间的社交性玩耍需要大量的身体接触，而这些玩耍行为中包含了很多在成年生活中会被观察到的行为模式。

## 驯化对同物种内和跨物种间交流的影响

如果只是基于猫从被驯化至今的代际数量，人们可能会作出以下推测：和它的原始祖先——非洲野猫相比，家猫传递信号的技巧应该没什么改变。然而，随着驯化过程的发展，家猫对适应与人类共存以及群居环境的需求日益增长。因此，它们对于同物种内和跨物种间的社交沟通的需求也不断增长。

把家猫展现出来的行为信号和类似于家猫祖先的野生猫科动物的行为信号进行对比，我们就能检验驯化对特定的信号可能会有哪些影响。家猫和野生猫科动物的区别来源于：（1）驯化改变了同物种内行为表达的环境（比如高群体密度）；（2）跨物种间的沟通需求

的提升（比如猫和人的互动）。

　　"尾巴举起"可能是唯一一个在这个层面被详细研究过的行为。作为喷尿程序中的一个环节（喷尿时，尾巴垂直地举起，然后马上放下），所有猫科动物似乎都会做出"尾巴举起"这个行为，不管它们是否被驯化。在这种情形下，把尾巴举起是使得猫更高效地喷尿的一种功能性行为，而不是一种实际的信号。

　　在家猫中，尾巴举起似乎还是一种传递友好信息的信号，并且和其他友好行为存在联系，比如互相磨蹭。在这种情形下，尾巴保持举起状态的时长通常会比喷尿时更长。除了狮子，在其他野生猫科动物中，人们还没有发现任何和社交性磨蹭或物体性磨蹭有关联的尾巴举起行为，而当家猫进行社交性磨蹭或物体性磨蹭时，它们的尾巴几乎总是垂直举起的。这就说明，尾巴举起这个行为的社交性用法可能是在驯化过程中演化出来的，因为在这个过程中，家猫可能需要对社会性的提升做出响应，以及需要更清晰、不含糊的视觉信号。狮子中也出现了这种把尾巴举起的行为当作社交信号的现象，这可能也是由类似的自然选择压力所导致的（参见第十五章）。

　　在和人类互动的时候，家猫也会把举起尾巴当作一种表示友好的信号。然而，在这种人猫互动的场景中，当人们谈起驯化对家猫行为产生的显著影响时，第一反应很有可能是各种各样的叫声，而猫正是通过这种喵叫声来尝试和人类进行沟通。正如上文中详细介绍过的那样，我们极少能在猫—猫互动中听到这种本质上是从幼猫的咪咪叫发展出来的声音。在一项对动物园管理员的调研中，卡梅伦–博蒙特发现，圈养的成年野猫对人类发出喵喵叫的可能性非常小，这表明成年的野猫并不能通过自发对幼时的声音进行适应性的改造来和人类进行互动。这也意味着，在驯化过程中，猫在文化环境和基因的综合作用下，发展出了把一些幼猫时期的行为保留到成年期的能力以和人们沟通，这是一种幼态持续的形式。踩奶和呼噜声就是典型的家猫把幼年时期的行为保留到成年期，并用来和人类进行沟通互动的行为。

## 结语

    对于家猫在物种内和跨物种间（特别是和人类）如何进行沟通这一课题，尽管我们已经发现了很多信息，并且还在持续进行探索，但是我们很有可能永远都不会获得绝对完整的认知。作为人类观察者，我们只能记录到我们能识别出来的嗅觉的、听觉的、视觉的或触觉的信号，这些信号似乎是用来向其他猫或人类寻求回应的。而实际上，猫有可能还产生了一些非常不易察觉的信号，以致于我们至今还没有发现或记录到。此外，我们还有可能给一些信号赋予了额外的信息传递的价值。以猫在各种场景下向人类发出的喵叫声为例，尽管家猫经常能成功地向主人传递各种有着特殊需求的信息，但尼卡斯特罗和欧文

证明了，当面对一个陌生人的时候，猫的叫声实际上只能准确地传递"我有需求"的信息，而不是更具体的"我想要吃东西"或者"我想要被抚摸"这样的信息。

从进化的角度上看，社交性对家猫来说属于相当新的能力，并且可能是在和人类打交道的过程中演化出来的。在现代社会中，人猫之间的关系以及猫群居生活的机会和必要性正在持续地变化。不过幸运的是，家猫拥有一种令人羡慕的能力，让它们几乎能适应任何水平的群居状态以及任何程度的对人类的依赖性。因此，群居猫之间的沟通信号以及猫和人类之间的沟通信号，会在持续的自然选择压力下不断演化，以适应不断变化的生态和社会环境。未来的家猫可能会发展出能让它们进行更高效沟通的新的信号。

社会生活
和生态学

# 第四章

# 处于自由放养状态的家猫的社会组织和行为生态学

丹尼斯·C. 特纳

## 概述

本章讲述了一个令人惊叹的"成功故事"，故事的主人公是一种食肉动物——家猫，在几千年的时间内，它就差不多征服了全世界——在一定程度上是因为得到了人类的帮助，但最主要的原因是它们神奇的适应能力。这已经是老生常谈了，因此总结起来相对比较容易。这里的总结是基于本书第二版的三个章节中，麦克唐纳、利伯格、菲茨杰拉德和特纳等人的观点形成的，当然我们也把一些最新的研究结果更新到本章内容中。这个成功故事并不是没有生态学上的后果的，而这个后果也持续地引发着猫的朋友和猫的敌人（或至少是猫爱好者和自然环境保护主义者）之间的激烈辩论。不过，在做出任何判断之前，辩论的双方都应该看看实际的证据。

## 独居生活对比群居生活：一个关于资源可得性的问题

家猫在物种层面，以及很有可能在个体层面，都展示出了惊人的对同种个体的社交适应性。它的祖先非洲野猫，一直以来都是领地意识很强的独居物种。在人类早期农业部落中的储粮设施区域内，啮齿类动物比较集中，而非洲野猫很好地利用了这一点（见第六章）。故事正如预想的那样发展，由于非洲野猫对老鼠的捕捉会让农夫们获益，于是，他们开始给"野"猫提供额外的食物。野猫开始集中在人类定居点和储粮设施周围活动，从而导致它们的生活半径变小，而且和其他野猫的活动范围有重叠的部分。这就是野猫走向驯化的第一步。资源分散假说提出，资源的分散情况可能是这样的：能为基础社会单位（母亲和后代）提供充分保障的最小领地，可能也能够供养额外的社群成员。对雌性哺乳动物而言，食物和避难所往往是稀缺资源，而对雄性而言，雌性往往是最稀缺的资源。在下文中，我们将介绍支持这个假说（就家猫而言）的田野数据。这项研究的作者还搭建了一个理论模型，来预测雌性猫科动物在什么情况下会和其他同种动物共享食物来源：只有狮子和家猫在一定的条件下会这么做，并成为社会性的猫科动物。

随着时间的推移，富集的食物资源条件影响了猫传递信号的行为、空间格局和种群密度、与之相应的猫社会组织、出生扩散现象和交配系统、幼猫对同种以及人类的社会化、捕猎行为及其对猎物种群数量的影响。

## 活动范围的大小、重叠以及猫的密度

利伯格等人在十多年前对猫的空间组织和密度进行了最为广泛的分析，自那以后，人们尚未有任何新的发现。研究人员发现，户外猫的活动范围在很多不同的研究点都展现出了相当大的差异：对母猫来说，其活动范围最小为一个城市观察点中的 0.27 公顷，最大为澳大利亚丛林中的 170 公顷；公猫的活动范围平均要比母猫大很多，范围是 0.72 公顷到 990 公顷。有很多因素影响着个体动物的活动范围大小，但是文章的作者们成功地论证了母猫的活动范围大小取决于食物的丰富度及其分布情况，而公猫的活动范围大小主要取决于母猫的密度及其分布情况（至少并不是直接由食物丰富度及其分布情况所决定的）。在任何给定的区域内，公猫都在争夺和母猫接触的机会。

第 82 页的图来自利伯格等人在 2000 年的研究，说明了野外研究点观察到的猫活动范围大小与该研究点的猫密度之间的关系。图中的数字参考了 28 项已发表研究中关于母猫和公猫活动范围大小和猫密度的数据；线条和公式是对母猫（下面的线）和公猫（上面的线）做的回归分析。

尽管在这种实地研究中，猎物丰富度及其分布情况的数据通常是缺失的，但作者们还是能给这 28 项研究中食物的情况进行大致的分类。当猫密度超过 100 只 / 平方公里时，食物呈现出丰富的堆积态，比如垃圾箱、大量丢弃的鱼或者猫爱好者的施舍。当猫的密度

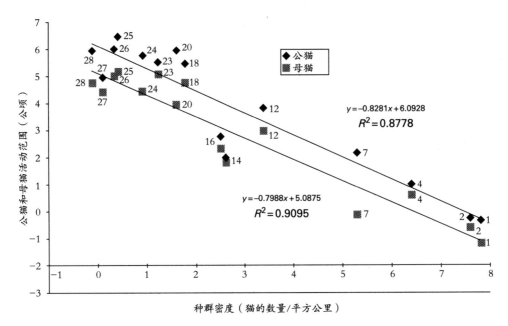

公猫和母猫活动范围大小与种群密度的关系

注：数据参考表7.1中利伯格等人（2000）的数据。对数据取对数处理。

在5～50只/平方公里时，食物的聚集程度就相对较低，比如在农场或其他家庭场景中、岛屿上的鸟类栖息地或者是丰富且较为分散的猎物。当密度低于5只猫/平方公里时，天然的猎物是很稀少的，并处于非常分散的状态（尽管有时也会成批出现），没有任何食物具有丰富的集中度。

　　活动范围的重叠或不重叠（排他性）的程度显示出同一种群的动物是如何相互分配资源的。该论文大部分的作者都认为，食物对于母猫来说是最关键的资源。群居的母猫依赖于在时间上具有可预测性的、富集的食物来源。稳定而富集的食物来源可以由群体进行守卫，而这种守卫食物的行为可能是轮流进行的，而非同时。论文的作者们论述了当母猫群居时会采取的行动：在社群（原始家庭）中，母猫的活动范围之间有相当大的重合度，尤其是在主要的进食区（谷仓、垃圾场、猫爱好者定期放置食物的城市公园角落）；甚至周围的捕猎区也有相当大的重合度，哪怕这些区域很少被同时使用。而母猫分别来自不同的原始家庭或者核心生活区域时，它们的活动范围很少有重叠，特纳和梅腾斯（1986）还目睹了外来的母猫在边界就被本地母猫赶走的情景。成年公猫的活动范围不仅更大，还展现出了明显更高的重合度，甚至在繁育期（公猫外出寻找接受求爱的母猫）亦然（见第二章）。

## 户外社区中的社会组织

食物资源的丰富度和聚集度与猫的密度和社群的聚合度呈正相关性，但这些群体只是单纯地聚集在食物来源的周围吗？还是说它们形成了真实的社会结构？实际情况是，猫形成了真实的社会结构，这再一次证明了家猫极强的适应能力。麦克唐纳等报道了他们对不同大小的栖息地中的农场猫进行的研究：在这些栖息地中，猫在社群中有偏爱的社交伙伴，而在大型的栖息地中，母猫倾向于和有血缘关系的猫进行互动。血缘关系是猫社会的基础。在更小的栖息地中，母猫之间通常都有血缘关系，并且也时常能观察到共同照料幼猫的情况，表明在这种情况下，具有血缘关系的母猫之间的社会化程度很高。在一个栖息地中生活的成年公猫似乎并不会和某个家族形成稳定的社交关系，因此被描述为具有"中心性"（频繁地靠近资源中心地带）或者"周边性"（大范围地游荡）。在下文中，我们会对"中心性"和"周边性"公猫对成年母猫造成的影响进行更多的介绍。

## 出生扩散

当一只动物从它长大的地方迁徙到一个新的地区，继而在该地区建立起自己的活动范围并开始繁育，我们称之为"出生扩散"。这在母猫中的发生频率是相当低的（可能是由于出生地的资源很充足），而且由于年轻母猫的归家冲动，母猫往往能维持它们的社群。

公猫发生出生扩散的频率则相对较高，而且研究人员在群居种群和独居的情景下，都发现了这种现象。公猫在 2～3 岁时，这种现象尤其频繁；而当年轻公猫受到了更强势的外来公猫的骚扰，却无法受到养宠家庭的保护（至少在一些程度上）时，扩散行为发生的频率也会很高。当年轻公猫开始扩散，并穿过不熟悉的领地时，它们就会更容易受到周围环境威胁，比如交通事故。尽管在 1 岁前就已经达到性成熟的状态，但它们要到 2～3 岁，才会在空间层面和社交层面融入一个本地的猫社会；也只有到那时，它们才真正开始积极主动地进行繁育，成为所谓的"育种级"公猫。

## 群居生活的后果

关于上文中提到的群居猫的母系血缘关系，麦克唐纳等人还发现了另一个有趣的事情：在一个栖息地中，最大的猫家族会占据资源中心附近最好的中央区域，而规模较小的家族则往往离散地分布在周边区域，不过它们还是能前往中央喂食区域。这种情况会对母猫的繁殖成功率造成影响。柯比和麦克唐纳早年报道过，在中型和大型的猫栖息地中，处于中心位置的母猫比处于周边位置的母猫每年能繁育更多的幼崽，并且它们的幼崽活过第一年的比例也更高。

群居生活会对动物的健康造成负面的影响。亚马古基和麦克唐纳等人是第一批对群居社会中猫的健康状态和流行病学进行研究的学者。他们的结论是，当家猫的社会系统发生变化的时候，病菌感染猫的策略也相应地发生了变化，这就给这些动物的群居行为带来了更大的代价。也许在家猫相对较短的驯化时间内，其社会系统的适应能力比免疫系统的适应能力更强。社会空间状态（处于中心或周边的）和性别会影响到病菌感染动物的方式。特别是那些在周边游荡的雄性，可能会对同区域的野生猫科动物造成威胁（取决于它们的流行病学状态）。

## 捕猎策略

　　如今，群居的猫比以往任何时候都要多，但是它们依旧独自捕捉猎物，也就是说它们不会像狮子那样合作捕猎，这也限制了它们能捕捉到的猎物的体型。来自同一个原始家庭的猫可能会使用相同的捕猎区域（在它们活动范围的重叠区域内），但几乎不会同时捕猎。尽管看起来猫好像要在一个洞穴前等待好几个小时才能抓到猎物，但实际上，为了往返于它们活动范围内的捕猎区域，它们的移动频率和速率还是相当高的。而猫妈妈的压力尤其大，因为它们需要给后代供给猎物（见第一章）。尽管所有的家猫都是机会型的捕猎者，但观察结果显示，公猫会更多地在四处游走时捕猎；而母猫倾向于直接前往一个潜在的狩猎区域并在那里等待，但不会在同一个位置等待太久。

　　猫各种方面的行为意味着它们已经进化成了以小型啮齿类动物为主的捕猎者，这些小型的啮齿类动物生活在洞穴中，并且广泛散布。正如保罗·莱伊豪森在几十年前注意到的，猫会被黑暗的缝隙、洞穴以及任何移动中的（或移动过的）不大不小、不快不慢的物体所吸引。猛扑向猎物的时候，它们一般会咬向猎物头骨后面狭窄的颈背部，而这一咬是相当致命的，通常会马上杀死猎物。

## 猫在何时何地捕猎

　　尽管家猫的祖先是夜行动物（或最多就是晨昏型动物），如今的家猫很明显已经适应了人类昼行性的行为模式。它们大部分的睡眠时间都在晚上，而活动时间则大多在白天。在一项对于捕猎行为的研究中，家猫白天捕捉到的猎物最多，其次是在黄昏或黎明，而夜晚捕捉到的猎物最少（约占30%）。

猫是以机会型捕猎者的身份不断进化的，由于它们的猎物体型很小且通常是广泛散布的，因此不管猎物在何时何地出现，它们必须要时刻准备跟踪、猛扑并抓住猎物，即使是在它们并不饿的时候。这在一定程度上解释了为什么很多猫在吃完一整盘富含营养的猫粮后，还会马上去捕猎，以及为什么它们有时候只是玩弄它们的猎物，而不是直接把猎物吃掉。该论文作者的两个研究生在两个瑞士农场中进行了补充的喂食实验（给猫喂食两倍于每日最低需求量的市售猫粮），但是并没有发现喂食食物对猫的捕猎行为或捕猎的成功率有任何影响。（有些农夫错误地认为，给猫喂食就能减少它们的捕猎活动。而事实上，当他们遇到一只出色的老鼠捕捉者时，给它提供充足的食物很有可能会让它留在自己的农场中！）

据报道，猫会一次次地回到它们最近成功捕捉到猎物的田野（比如割完草的草场，或收割完的谷地）或其他地方，但事实是否如此，还需要进一步的调研。对在森林中被射杀的猫的肠道做检测时发现，它们的肠道中含有在田野中栖居的物种，或是市售的猫粮（这在猫主人看来是最糟糕的），而几乎没有在森林中栖息的物种，这意味着这些猫通常并不在森林中捕猎。

## 捕猎的成功率

猫确实是非常成功的捕猎者，只需要 2～5 次"猛扑"就能抓住猎物，尝试的次数取决于猎物的物种——从老鼠到兔子，平均次数逐渐增加。另一种评估方法就是看每一次成功的捕捉所花的时间，当然，这会出现季节性的变化（从不到 40 分钟到 3 小时不等），以及会受捕猎动机影响［猫妈妈 1.6 小时，其他猫 11.2 小时（公猫和母猫一并考虑）］。莱伊豪森很早就注意到，猛扑前的等待是猫捕猎行为中一个必不可少的组成部分，我们可以推测，在一段时间的等待后，老鼠会移动到离洞穴足够远的位置而无法直接转身逃跑，这样猫的捕猎成功率会更高，而采取这种策略的猫也会更受自然选择的青睐。我们尚不清楚这种策略是否会导致一部分鸟类逃脱猫的捕猎。

## 家猫的捕猎行为及其对野生动物/猎物物种的影响

当我们在分析关于猫捕猎对象的研究文献时，有三点非常重要：（1）有一些研究提供的数据是猎物出现频率的百分比，而另一些研究列出的是猎物数量（或重量）的百分比；（2）研究调查的地点 (北半球、南半球、纬度；在大陆上还是在海岛上）会对结果产生影响；（3）如果该研究是基于猫带回给后代或主人的猎物，那么这不一定代表着它们在田野中吃掉就是这些食物。而当我们在分析猫的捕猎对于猎物种群的影响的量级时，更重要的是，我们要意识到在某个地区观察到的现象在更大的范畴内不一定具有代表性，比如在不同的栖息地之间或对于其他物种；而除非能把被杀死猎物的数量和这个物种的种群数量以及它每年的出生率进行对比，不然从生态学的角度来看，那些对于整体捕猎量的估测（比如一年内所有猫捕杀的猎物总数）是没有任何意义的。菲茨杰拉德、特纳、梅斯特、菲茨杰拉德等都把这些因素考虑在内，并得出了以下结论。

正如表 4.1 所示，在大陆上，哺乳动物出现在 70% 的自由放养的猫的肠道或粪便中，而鸟类只有 21%。和澳大利亚相反，在北半球，爬行动物占比很低。而当我们考察海岛以及海岛上是否有海鸟时，情况出现了相当大的变化。当岛上有海鸟时，60% 的猫的肠道或粪便中都发现了鸟类；当岛上没有海鸟时，84% 的猫的肠道或粪便中都发现了哺乳动物的残骸。海岛的数据再一次证明了家猫极强的适应能力，也告诉我们，在一个小型海洋岛屿上，如果岛上的物种都是在没有自然天敌的环境下进化发展的，那么过去由人类带到这个岛屿上的猫就应该被清除掉，或者是被严格限制在室内生活。

表4.1　哺乳动物、鸟类和爬行动物在猫食谱中的平均出现频率

| | 哺乳动物 | 鸟类 | 爬行动物 |
|---|---|---|---|
| 大陆 | | | |
| 北半球 | 69.6(10) | 20.8(14) | 1.6(16) |
| 澳大利亚 | 69.1(14) | 20.7(15) | 32.7(14) |
| 岛屿 | | | |
| 没有海鸟 | 84.1(11) | 21.2(15) | 19.5(15) |
| 有海鸟 | 48.7(13) | 60.6(16) | 11.8(13) |

注：基于在北半球（欧洲和北美洲）、澳大利亚和海岛（有或无海鸟）对猫肠道或粪便的分析（括号中的是研究的数量）。

　　一项被广泛引用的关于猫捕猎鸟类的研究正是在方法论上犯了上述的错误。这个研究并没有考虑到鸟类种群数量的整体变化。在我们谴责猫并把猫强行限制在室内活动，或是禁止把猫当作宠物饲养之前，我们还需要做更多细致的研究。韦格勒和洛伊对赭红尾鸲的研究是这个领域中为数不多的没有错误的研究之一。赭红尾鸲被认为是一种极易受到鸟巢捕猎者（比如猫）攻击的鸣禽。这项研究是在一个流浪猫密度很高的村庄中开展的。这项持续 3 年的研究是为了发现到底有多少鸟类的死亡是由猫造成的。结果发现，猫的捕猎行为导致了 33% 的鸟蛋死亡、20% 的雏鸟死亡、大约 10% 的幼鸟死亡，以及大约 3% 的成年鸟死亡。猫确实导致这个种群的生育率下降了 12%（从 1.20 到 1.06），但是没有导致种群数量的持续下降。尽管如此，猫行为对生态造成的两个负面影响是值得注意的：（1）即使猫对于猎物种群的濒危并不负主要责任，但是它们的狩猎行为会怎样影响被捕猎动物个体的动物福利（比如那些受伤但没有被吃掉的）依旧是未知的；（2）家猫会和其他小型的野猫物种进行杂交，而这些野猫中有不少是处于濒危状态并需要保护的。当这些成为严重的问题时，就应该在确保家猫的福利受到最小的影响的情况下，严格限制家猫的户外活动。对于由于其他原因（比如担心被野生动物传染狂犬病，或遇到交通事故等）而被严格限制在室内生活的猫，我们也要同样地考虑到它们的福利。实际上，猫在室内也能生活得很好，但是由于室内猫出现行为问题的频率更高，不是所有人都能把它们养好。

# 第 五 章

# 人类家中的家猫的社会行为

彭妮·L.伯恩斯坦[1]和埃里卡·弗里德曼

---

[1] 2012年7月，彭妮·L.伯恩斯坦去世，这对于猫研究界来说是一个令人悲痛的损失。但是彭妮已经草拟了关于室内猫社交生活的章节，并和她的好朋友埃里卡·弗里德曼进行了多次讨论。埃里卡在征得彭妮儿子的同意后，和彭妮的电脑文件"一起"写作了本章。本书的编辑对彭妮的贡献表示由衷的感激。

## 概述

在这么多人拥有猫的情况下，理解猫在人类家中的行为具有重要性。猫是美国数量最多的宠物。2011 年，美国 3.74 亿只宠物中，有 8640 万只是猫，而狗的数量是 7820 万只。2010 年，在美国，多达 220 亿美元花在了猫粮上。大部分对家猫的认识都是通过对收容所中、实验室场景中或是在自由散养的环境中（流浪状态）的猫的研究而得到的。一直以来，兽医和猫行为学家要想了解正常的家猫行为，就必须从对这些猫群体的研究中得到信息。人们和猫之间大部分的互动都发生在家里。家猫极少陪主人外出。根据美国宠物产品制造协会（American Pet Products Manufacturers Association）最近发布的一份宠物主人调研报告，在美国，只有 3% 的猫主人在他们出差 2 夜以上的时候，会带他们的猫一起出行，相比之下，有 19% 的狗主人会这么做。在最近的一项重复测试研究中，主人的外出时间中有 19% 是和狗在一起的，而只有 6% 的时间是和猫在一起的。然而，我们对猫在家中的行为知之甚少。

我们对在家中的猫到底知道些什么呢？猫主人很喜欢观察他们的猫。人们对猫的着迷一部分来自它们的不可预测性。不同的猫有着不同的行为模式。猫可能会独来独往，也可能会和人类或其他猫进行社交互动。片刻之间，猫的行为就可能会快速地改变。猫的这些行为特征我们都很熟悉，但还是有很多方面需要进行大量的研究。

研究人员现在才开始一点点地对家中猫的正常社交行为进行分析。对猫正常行为的理解能帮助我们告诉猫主人，他们能对猫有什么样的期待，以及在猫和人类之间以及猫和猫之间的互动中，他们能扮演什么样的角色。关于猫正常行为的知识也有助于阐明猫在家中的行为问题，我们将在第十三章中介绍这些问题。这些知识也有助于我们制定策略来减少或消除猫的问题行为。

若干基于调研的研究已经获得了一些关于主人如何理解猫行为的信息。这些研究提供了一种理解猫行为的语境，但这并不是一种详细检视猫行为的系统性尝试。事实上，在某些案例中，行为学数据和调研数据是矛盾的。只有少量的研究含有对家中猫的社交行为的实际观察。下面我们会按照时间顺序来论述其中最重要的一些研究。

## 我们知道什么

米勒和拉古研究了 46 名居住在社区的老年（60～91 岁）女性的 15 只猫和 31 只狗的行为，这些宠物主人居住在美国一个主要为农村的地区，她们在自己家里接受研究人员的访谈时，它们的宠物也在场。在访谈期间，研究人员还观察了宠物与主人之间的互动。他们把这些行为分成三类：宠物和主人之间的互动；宠物向主人做出的行为；宠物向访谈者做出的行为。在离开宠物主人的家后，采访者对每一只宠物在每一个分类中展现不同类型行为的频率进行了总结。猫在访谈期间展现出来的社交行为比狗要少。猫不会"加入"到访谈中，而狗会这么做。猫不会模仿主人的行为，而狗会这么做。比如，如果主人站起来，那么狗也会站起来。猫往往很安静，而狗会发出叫声。宠物主人会给狗以指令（"坐下！"）而并不会给猫指令。猫通常会被采访者描述为"平静、庄严、冷漠或不理不睬"。在访谈期间，猫被主人抱起来的频率比狗高。和狗相比，主人会讲起更多有关她们的猫的故事。论文的作者们得出的结论是，猫和狗作为伴侣动物的功能是不同的。

马腾斯观察了在家中的人猫互动，以及这些互动中的复杂性。她观察了 51 个瑞士养猫家庭中的 72 只猫与 162 个人之间的互动。对每一个家庭的观察总共 210 分钟，并且在一年的时间内完成。所有被观察的猫都是成年猫，并且至少已经在这个家庭中待了 3 个月。她对每一个家庭都进行了两次观察，一次在早上，一次在晚上。马腾斯尝试假装成一个普通的客人，让猫和主人尽可能放松。她和猫主人一同坐下，站起并进行交谈，如果被邀请的话，她甚至还会和这家人一同吃饭。她并没有和猫进行互动，或是对猫做出任何回应。在这之前，她还做了一个初步研究，并据此制作了一张猫和主人之间可能会出现的"社交事件"的列表。她制作了一个行为模式清单，以便于她观察这些行为模式并给这些行为计时。她识别出来的行为模式包括猫磨蹭主人的腿、主人抱起或放下猫、猫前进到离主人不到 1 米的地方或是从离主人不到 1 米的地方开始撤退、主

人对猫说话、猫对主人喵喵叫以及大量其他的行为模式。她就每一只猫、每一个主人以及每一对主人和猫进行了结果检验。

被观察到的行为模式列表中包含了大部分主人在谈论他们的猫的行为时都会提及的常见互动模式。总体而言，在数量上，互动的次数是相对少的；大部分互动的持续时间少于 1 分钟。平均而言，在 210 分钟的观察期中，人和猫相隔 1 米以内的时间不到 6 分钟。人类主动靠近猫（走到距离猫 1 米以内的地方）的频率比猫主动靠近人类的频率高。而当猫主动靠近人类时，人和猫之间处于 1 米以内的距离的持续时间会更长。猫和主人之间互动的次数取决于主人在家的时间——主人在家的时间越长，和猫之间的互动就越多。由于女性在家的时间更长，因此她们和猫的互动也就更多。青少年（11～15 岁）与猫距离 1 米以内的可能性最低，互动次数最少。家庭中猫的数量越多，猫和人类的互动就越少。住在室内的猫和住在室外的猫之间的行为差异并不明显，不过，住在室外的猫不出所料地会花更少的时间待在室内。目前还没有人做过与之相似的后续研究。

伯恩斯坦和斯特拉克研究了猫是如何利用空间的，以及家猫之间的互动模式，他们的研究对象是 14 只住在同一个家庭中，没有血缘关系的、绝育过的家猫。猫的年龄从 6 个

月到 13 岁不等。这些猫住在一个单层的美国家庭中，家里有 7 个房间、几个衣橱以及 2 间浴室。从 1981 年 1 月末到 4 月，研究人员对这些猫的行为进行了每天至少 4 小时，总计 336 小时的观察。研究人员主要是在早上或晚上的喂食时间前后进行观察。在研究中，猫主人也同时在场，并且随意地和猫进行互动。这项研究的关注点在于猫本身，以及它们在家里都做些什么：它们使用哪些房间、它们最喜欢的位置以及它们和哪些猫在一起的时间更多。两个人类住户和这些猫的互动并没有被系统地记录下来。

这项研究最重要的发现是：（1）行为模式是如何随着时间的推移而改变的；（2）行为模式是如何随着猫社群组成的变化而改变的。一般来说，每一只猫都有自己固定的一些位置，使得人们在一天中不同的时刻可以不出所料地找到它们。并非所有的猫之间的关系都是明显的。一只占主导地位的猫的去世会影响到那些几乎不和这只猫互动的猫的活动空间以及行为。母猫更有可能会待在更少的房间中，而公猫更有可能会在不同的房间中游荡。幼猫会比年长的猫使用更多的房间，在研究人员的观察期中，幼猫使用的房间的数量会随着年龄的增长而减少。每只猫都有自己固定使用的特定房间——平均而言，每只猫会使用 10 个可用空间中的 5 个。对于大家都偏爱的地点，猫之间更有可能是分不同的时间去使用，而不是同时去共享。这种使用模式大部分发生在同性别的猫之间：母猫和母猫，或公猫和公猫。在同性别的猫之间，特定的个体会按时间来分享特定的位置。只有一对成年公猫和成年母猫之间出现了按时间来分享的行为。这种行为始于这只公猫在幼年期被这只母猫收养的时候，尽管此事发生在 8 年前。这些猫之间没有明显的攻击性行为，并且它们似乎已经建立起了稳定的关系，也知道自己的区域。有一些特定的个体似乎是占据主导地位的，它们控制着哪只猫去哪里，谁应该躲着谁，谁应该把位置让给谁，以及谁能接管空出来的位置。不过，在这一只或两只占主导性地位的猫之下，研究人员并没有发现等级制度存在的证据。当动物之间有亲属关系或者当一只猫被引入社区时，空间使用和攻击性行为之间的动态关系就会很不同。猫与猫之间是如何形成这种社会结构的，以及在这个多猫家庭中呈现出来的社交平衡，是猫主人和从业者都关心的话题。对这个研究进行后续跟进将会是一项有趣且有意义的事业。

布拉德肖和库克挑选了一个很有可能发生人猫互动的场景——在家中喂食前后，来描述家猫是如何和人类进行互动的。他们对来自29个英国家庭的36只猫（其中一只是未绝育的公猫）进行研究，这是第一项针对猫喂食行为的家庭研究。他们对每只猫包含8个一连串事件的喂食行为进行了研究，包括喂食前女性主人打开罐头，猫进食时，以及猫吃完后的5分钟。尽管一些家庭中有多只猫，这些猫也是单独进行喂食的。每一个一连串的事件都始于

研究人员递给主人一个罐头，让主人用他自己平时的方式来喂猫。分析中总共包含288个行为序列。

这项研究的主要发现和猫主人通常的描述是一致的。在主人喂食猫之前，猫很有可能会和主人互动，最常用的是喵喵叫、把尾巴保持举起的姿势并不停走动、蹭主人的腿。它们也有可能会磨蹭静止的物体，比如家具或墙。在食物准备阶段完成后，猫通常会把尾巴举起来并跟在主人后面走，直到食物被摆放在通常的位置。一般来说，舔毛的动作序列始于舔嘴唇，之后再转向其他身体部位。在5分钟的进食后观察期结束前，大约1/3的猫离开了房子。猫具有个性化的行为风格，不同的猫的行为存在相当大的差异。主人和猫的特征和这些行为风格并没有什么相关性。论文的作者们得出了以下结论：猫个体的行为风格有可能与发展因素和／或遗传因素有渊源。

巴里和克劳威尔－达维斯检验了在 60 个美国双猫家庭中的猫行为。研究人员按猫性别把研究对象平均分成三组：20 对母猫、20 对公猫以及 20 对一公一母的组合。这些猫都是已绝育的成年猫（6 月龄到 8 岁），并且只在室内生活。在主人不在家期间，研究人员对每一对猫都进行了每天 2 小时，总共 5 天、10 个小时的观察。所有的观察期都是在早上 7 点到晚上 9 点之间。在每一个家庭中，观察人员每隔 15 分钟换观测对象，并且每 60 秒记录下它的位置、高度以及和另一只猫的距离。不管当前是在对哪一只猫进行观察，研究人员都会把出现的互动性社交行为记录下来。如果一个行为持续时间超过 30 秒，就被认为是一个新的社交互动回合。

这项研究中最重要的发现就是大部分的猫都能和睦相处。研究人员观察到了少于预期的攻击型行为和多于预期的友好型行为，该预期是基于以往对其他场景下猫行为的研究。猫的性别与友好型或攻击型行为发生的频率都没有相关性。猫并没有展现出典型的不合群的行为（和其他猫保持比较远的距离）。尽管房间中有足够的空间让它们能相隔 5 米以上，但是猫在超过 1/3 的时间中，彼此距离不超过 3 米。公猫和公猫之间保持 1 米以内的距离的时间要多过其他两组。研究人员观察到了很多不同种的友好型行为模式，比如互相磨蹭、舔毛以及嗅闻。这些行为显示，在这些双猫家庭中，猫更像是一个典型的社交型物种，而不是一个没有社交的物种。这些发现挑战了我们关于猫行为的假设，并表明在家中生活的已绝育家猫的行为非常不同于在户外生活的家猫以及其他猫科动物。

特纳调研了人和品种猫与非品种猫的互动之间的差异。这项研究的内容包括在猫主人家中对猫行为和人猫之间的互动的观察，以及猫主人对他们的猫的行为特点的评估。这些评估包含一系列语义上的猫特性量表，在这些量表中，主人会对猫具有这些特性的程度进行打分，同时还会对理想中的猫具有这些特性的程度进行打分。调研对象是 117 个欧洲人，他们拥有 117 只猫，其中 61 个人拥有非纯种猫，21 个人拥有暹罗猫，35 个人拥有波斯猫。两名观察者对每一个家庭都进行了连续三天的访问，并记录下了猫和成年主人之间的所有互动。

　　和非纯种猫相比，暹罗猫和波斯猫会花更多的时间和主人进行互动，并且会更多地待在离主人很近的地方（1米以内）。研究人员也观察到了室内猫和室外猫与人类的互动行为之间的不同。当人和猫相隔很远的时候，猫主人和室内猫之间的互动会更频繁且持续时间更长，

猫主人也会更经常地对猫说话。女性会花更多的时间抚摸猫，并且在和猫互动的时候，有更多时间是在远处和猫互动，她们还会更频繁地对猫说话。调研的结果和行为观察的情况是一致的。纯种猫的主人表示他们的猫更乖、对主人更感兴趣、可预测性更强，换句话说，他们的猫更符合他们对理想中的猫的要求。这个发现对于想要拥有具有特定特点的猫的人们来说是有意义的。正如人们可能预料的那样，纯种猫要比短毛混种家猫在行为上更具有一致性和可预测性。

　　特纳和赖格发表了包含三篇论文的一项系列研究，来讨论猫在为主人提供情感支持上扮演的角色。前两个研究包含了来自 47 位女性和 45 位男性的数据，他们都独居并且拥有 1 至 2 只猫。第三项和吉盖克斯一起做的研究囊括了额外的参与者：31 对没有猫的情侣 /夫妻，以及 52 个单身且没有猫的人（43 位女性、9 位男性）。调研中的猫都至少为 6 月龄，并且在它们的欧洲家庭中生活了至少 6 个月。猫主人填写了标准的情绪问卷和猫依恋情感问卷。研究人员只在一个地点对猫主人的行为进行观察，观察时间是晚上 7 点到 9 点。没有猫的人（先前养过猫）则只填写了情绪问卷。

　　整体来说，猫对主人的情绪没什么影响。猫的存在和主人负面情绪（比如忧郁或者恐

惧）的减少有一定的相关性，但和正面情绪的增加没有显示出相关性。主人的情绪对于猫的行为也没什么影响。值得注意的是，主人越是外向，猫靠近他们的频率就越高。

韦德乐及其同事观察了40个欧洲单猫家庭，他们对人猫之间的互动进行了录像，并分析了人猫互动的时间模式。研究对象包括7个公猫／男性主人、12个母猫／女性主人、18个公猫／女性主人以及3个母猫／男性主人的组合。其中38只猫已绝育，一半的猫能使用户外空间。两名观察者差不多以每周访问一次的频率总共访问4次，每次访问都大约是在猫的喂食时间。其中一名观察者和猫主人交谈，让猫主人填写问卷并回答关于他／她自身性格、猫饲养史以及和猫之间关系的问题。另一个观察者从喂食前的5分钟开始对猫主人、猫以及他们之间的互动进行录像，直到猫停止进食后的5分钟。研究人员利用电脑编程对互动行为的时间模式进行识别。

相比起男性，女性猫主人和猫之间的互动更为频繁，并且会有更复杂的时序性互动模式。猫的性别是无关紧要的。猫主人的性格特点则会对时间模式造成影响。在神经质上得分较高的人和猫之间的互动模式更少、更简单。这项研究给理解人猫之间的互动提供了重要的线索。互相关注以及友善地触摸彼此是这些跨物种的社交互动中的重要组成部分。

基于这些对在家中生活的家猫的行为学研究，我们了解到，尽管家猫和主人之间的关系受限于家庭环境的设定，但它们和主人之间很明显有着重要的社会关系。观察型的研究只覆盖了有限数量的场景和机会来让猫展现它们的行为。这种关系是如何建立和维系的，以及这种关系提供了哪些帮助，都需要进一步的研究和阐释。

## 社会化

　　几个在猫栖息地中开展的研究都提出了早期社会化——和人类接触/被照顾——对于猫行为的影响。对于动物栖息地的研究证明了遗传因素和早期社会化会影响动物对人类的友好程度。麦克库里在研究中把早期社会化（出生后的前12周）以及遗传因素的影响进行了综合考虑。这项研究的对象是12窝总计37只幼猫，它们来自2个父亲，其中1个对人类友好，另一个对人类不友好。在这些猫一岁的时候，早期社会化和友好的父亲都对它们对人类的友好程度有着正面的影响。幼猫对一个陌生物体的胆量和父亲有关，但和社会化没有相关性。经过早期社会化的猫以及有一个对人类友好的父亲的猫会对陌生人更加友好，并且当陌生人抚摸它们的时候，它们会显得更为放松。

　　一项在家庭环境中的跟踪研究确认并扩大了这个发现。这项研究的对象是来自9窝的29只家养猫，具体内容为让2、4、12、24和33个月的猫在人喂完食后，在自己家里由一个陌生人抱1分钟。该研究识别出了猫行为的4个元素——待在室内、磨蹭、侦察行为以及大胆行动。随着猫的年龄增长，这些行为特点并不会发生变化。同窝的猫往往会有相似的磨蹭和大胆行为，意味着这些行为可能和遗传因素有关。2月龄时，没有猫在被抱起来的时候会呈现焦虑或紧张的情绪，意味着它们都已经接受了充

分的社会化训练。猫在出生后的前 8 周被人类照顾的时间和其大胆行为存在关联。这项研究的发现和之前的研究结论是一致的，即遗传因素和社会化都会对猫的行为产生影响。猫个体行为的一致性是非常惊人的。尽管如此，对于一些猫，不管是否被人类照顾过，它们都会喜欢人类；而对于另一些猫，即使被人类照顾过，它们也还是会显得很冷淡。

## 发声行为

　　猫对人类发出叫声是另一个能被解释为猫在家庭中和人类进行沟通的社交性行为，至少从猫的角度来看是如此的。对猫发声的理解能帮助我们更好地理解猫和主人之间的社交互动。几乎没有研究调查过在家庭设定中的猫的发声行为。在没有具体情境的情况下，人们并不是很善于理解猫的声音所传递的信息（见第三章）。在实验室条件下，研究人员给测试者播放了两组声音，一组每次只包含一声喵叫，另一组每次包含多声喵叫，在后者的情况下，测试者对家猫处于正面或负面情绪的判断成功率更高。和猫有更多打交道经验的人在对猫的声音表达的是正面或负面的情绪进行判断时，准确率会更高。在人为的实验室环境中，人们会认为家猫的声音比它们在猫科动物家族中血缘关系最近的物种的声音更为悦耳，这意味着家猫进化出了更容易被人类接受的声音。一项机能性磁共振成像的研究显示，尽管人类在行为学反应测试中并不能准确地分辨动物叫声中的正面和负面情绪，但人类的中央血管血流会对正面或负面情绪的猫叫声做出不同的反应。

　　为了提升和人类之间的跨物种沟通能力，猫可能改变了它们的声音。在一定的控制条件下，人们的感知系统至少能够分辨出猫的某些声音。和猫打交道的经验能提升人们对猫声音的敏感性。这些研究结果表明，通过一定的努力，对于某些叫声，人们能分辨出猫到底是在传递正面还是负面的情绪。其他声音在沟通中的作用还没有被检验过。家庭中猫的正常发声行为仍然有很多值得探索的地方。在第三章中，我们就介绍了有关猫之间沟通时的发声行为的研究。

## 抚摸行为

抚摸猫是人和猫之间最常见的互动行为之一。大量的研究检验了抚摸猫对人类获得情感支持的帮助。大部分提出抚摸是猫社交性行为的研究都是在实验室环境下进行的，而非自然环境下。有两项研究对家庭中抚摸猫的行为进行了分析。在一项基于调研的初步研究中，博恩斯丁发现有 90 只猫的主人能识别出自己的猫喜欢哪些部位被抚摸，以及喜欢在家里的哪些区域被抚摸。48% 的猫都喜欢被摸头。当猫被抚摸的时候，猫主人们会通过猫的行为（比如闭上眼睛、挪动身子来鼓励人们抚摸特定区域、待着不动等）来了解猫的偏好。抚摸行为类似于一种相互起作用的仪式，在这个过程中，猫会改变它们的行为，甚至把主人引导到特定的区域，来让主人找到让它们获得最大愉悦感的抚摸区。另一项在家中

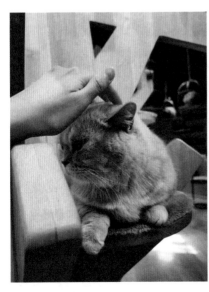

对 9 只猫的主人的半结构化行为观察也表明，猫的确会有一些更喜欢被抚摸的区域。在这项研究中，已绝育的成年短毛猫身上的 4 个部位由它们家庭中的成年人进行抚摸，连续 4 天每天抚摸一个不同的部位，每个部位进行 3 次时长为 5 分钟的抚摸。猫主人把猫的反应记录在一张行为清单上（包含正面和负面的行为元素）。当人们抚摸猫的眼睛和耳朵中间的区域时，猫呈现出最积极的情绪以及最少的消极反应；而当人们抚摸猫的尾巴区域时，猫呈现出了最消极的情绪以及最少的积极反应。在很多方面，猫似乎在训练人们去用它们喜欢的方式来抚摸它们。抚摸猫的行为让猫和它的主人都得到了满足。

## 猫和其他物种

很少有研究对家庭设定中的家猫的跨物种行为进行探讨。弗瑞施泰因和特克尔观察并记录下了在同一家庭生活的 45 对猫狗的行为。这些观察是部分结构化的，并且是在下午 4 点到晚上 7 点，猫被喂食之后不久进行的。猫和狗被放在同一间它们都熟悉的房间中，没有人类参与。在自由地进行行为观察之后，研究人员设计了一个结构化的行为测试，来评估攻击性行为和玩耍行为。研究人员也对宠物主人进行了调研，了解他们的猫和狗在家中的历史，以及它们彼此之间的行为。猫和狗之间的互动行为被分成以下几类：主导性、恐惧／屈服、攻击性、玩耍、亲近。他们还测试了对于猫和狗而言有着相反意思的行为对彼此的影响，比如摇尾巴、伸展出前脚、四脚朝天躺在地上、把头移开等。最后，研究人员对猫和狗之间的互动行为和调研问卷中宠物的年龄以及它们开始共同生活的年龄进行了相关性分析。

猫展现出了明显更多的玩耍、攻击性和恐惧／屈服行为；在主导性行为和亲近行为发生的频率上，猫和狗没有展现出明显的差异。对于这些行为的观察结果表明，已绝育的母猫会比未绝育的母猫展现出更多的恐惧和屈服行为，而宠物主人调研问卷中的反馈却恰恰

相反。猫和狗看到对彼此有着相
反意义的行为时的表现意味着，
它们能理解其他物种的行为。猫
对 80% 的对它有着相反意义的
狗类行为都能做出恰当的反应，
而狗对 75% 的对它有着相反意义
的猫类行为也都能做出恰当的反
应。当一种动物在年纪越小的时

候（特别是在小于 6 月龄的时候）被介绍给另一种动物，它就越有可能正确地理解另一种
动物的肢体语言。基于这些调研以及行为观察，论文的作者们得出了以下结论：在大多数
猫狗双全的家庭中，猫和狗都能有友好的关系。

## 一般性的讨论

　　市面上有很多关于猫和它们的行为，以及如何应对猫不受欢迎的行为的畅销书。但这
些书并不是基于对家庭中猫的正式研究。他们的信息来源于在实验室或收容所环境中进行
的研究、案例研究、轶事信息。应用行为学家花了大量的时间和精力来解决家庭中猫的问
题行为，比如喷尿、不恰当的排泄行为、打斗、对人类的攻击性行为以及磨爪。然而，关
于猫这些问题行为的疗法，很少在已发表的研究中找到，只有在一些案例研究和畅销书中
才能发现。因此，对那些据称能改善猫在家庭中行为的疗法进行临床试验，并佐以严格的
数据分析，将会有助于我们有效评估这些疗法。

　　许多优秀的研究给我们提供了一个了解在家庭中的猫正常行为的机会。有一些发现对
于猫主人来说是很重要的，比如多猫家庭中猫之间很少出现攻击性行为，意味着在大多数

情况下，猫能建立起一个稳定平衡的社会结构，在这个社会结构中，每只猫都有自己的空间和相对于其他猫的角色（至少对于社交性很强的幼猫是如此）。不幸的是，我们对家庭中猫的正常行为的理解还有很大的空白。研究者还需要做很多的研究才能给猫主人、兽医和应用行为学家提供可靠的、有确实根据的信息。研究者需要通过在家庭环境中进行正式的观察才能对抚摸行为、磨蹭行为（到底是在标记还是在进行社交？或者两者皆是？）以及尾巴的信号进行评估。我们还需要更多的有关猫和人类家庭成员个体、其他猫和其他非人类动物进行互动的信息。最后，关于猫在家庭中和人类以及其他动物之间的跨物种交流能力的发展和维护，也需要更多的调查研究。

罗赫利范罗奇利茨（见第九章）认为，对家庭中的猫来说，一个适宜的居住环境应该能为猫提供以下五种"自由"：远离饥渴和营养不良的自由、远离不适感的自由、远离伤痛和疾病的自由、表达正常行为的自由以及远离恐惧和焦虑的自由。她提出，为了把这些适用于实验室和圈养动物的标准做一些改编以适用于家猫，应该把第四点改为"拥有表达大多数正常行为的机会，其中包括针对同种生物和人类的行为模式"。基于这个标准，在评估一个居住环境对猫是否适宜前，还有很多的信息是我们不知道的。最重要的问题是，什么是猫的正常行为？这个问题的答案是迫切需要的，特别是当猫无法到户外活动的时候。比如，在美国，大约有一半的猫是不让出门的。

猫可能已经和人类一起生活了9500年。众所周知，古埃及人大约在4000多年前开始驯化非洲野猫，而有证据显示，猫和人类开始紧密生活在一起的时间要远早于此。如果猫已经被驯化了这么多年，那么也许它们的自然状态就是在家庭中和人类生活在一起，而不是在外面独自生存。或者说，它们更为自然的状态可能是在一个更为共生的关系中，比如谷仓猫或农场猫。野外猫的行为通常被用作家庭中猫行为的模范标准，但事实可能恰恰相反，在家庭中的行为应该被当作模范标准。关于正常的猫行为，还有许多方面是我们未知的。

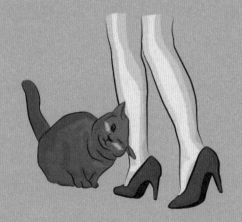

# 猫和人类

第六章

# 猫的驯化和历史

詹姆斯·A.瑟普尔

## 猫的起源

尽管家猫的祖先在始新世晚期就出现了（大约 3500 万年前），但是猫科动物家族或猫科——所有现存的猫科动物都属于此科——直到中新世才出现（大约 1000～1100 万年前）。对现存猫科动物的亲缘关系的形态学和分子研究表明，现存的 37 个种可以被分为 8 个主要的进化种系或血统：豹属血统、金猫属血统、豹猫属血统、狞猫属血统、虎猫属、猞猁属、美洲狮属血统以及家猫或猫属血统。猫属被认为是在 620 万年前分化出来的，似乎是起源于地中海盆地周围。猫属由 4 个种组成：丛林猫、黑足猫、沙猫以及野猫。

其中，野猫如今栖息于一个从南非到欧洲再到东亚的巨大的地理范围中，并分化为 5 个相对不同的异地亚种或亚种：中国沙漠猫、中亚野猫、欧洲野猫、南非野猫以及北非/近东野猫。在形态学上区分流浪家猫和当地野猫的困难度以及偶然发生的杂交，都在权威人士中引发了对于究竟哪一个亚种产生了家猫的争论。比如，基于对表面上是纯种的欧洲野猫、非洲野猫和家猫种群（来自撒丁岛、西西里岛和意大利本土）的形态测定和等位酶变异性的分析，兰迪和拉格尼得出了以下结论：非洲野猫最有可能是家猫的祖先，而流浪家猫和非洲野猫或欧洲野猫的杂交是不大可能的。与此相反，一项对样本量更大的苏格兰野生猫的毛发和其他形态变异的研究对如下观点提出了挑战：野猫和家猫能可靠地基于物理特征被区分开。说来有趣，根据史密瑟斯的报道，在南非，城市流浪猫和南非野猫的自然杂交现象是广泛发生的。这些观察显示出，家猫、流浪家猫和野生种群之间的基因流在某些地区可能是十分常见的，以致于有效地模糊了它们在形态和基因层面的区分度。

最近的基因研究消除了这其中大部分的不确定性。对线粒体 DNA 和微卫星 DNA[①] 的分析已经确定，所有的家猫，包括纯种的和流浪的，都起源于北非/近东亚种——非洲野

---

① 线粒体 DNA（mtDNA）是在线粒体中被发现的，表现为母系遗传。微卫星 DNA 由短的重复序列核 DNA 组成，来源于父母双方。

猫。此外，驯化很有可能始于西亚的新月沃土地区（黎凡特、土耳其南部和伊拉克）。事实上，科学家发现，以色列、阿联酋和沙特阿拉伯偏远的沙漠地区现存的非洲野猫的亚群在基因层面上和家猫几乎是无法区分的，这就进一步表明家猫的祖先和非洲野猫来自同一个地理区域。

此外，我们有其他理由相信，非洲野猫最有可能是家猫的祖先。所有可得的考古学证据都指向家猫起源于北非或西亚。行为学的证据也倾向于把欧洲野猫排除在家猫可能的祖先之外。欧洲野猫以极端胆小和凶猛（当被逼入绝境时）而著称，即使是从幼猫开始就由人类养育也是如此。由于它们异常胆怯和难以驾驭，从幼年时期开始抚育和驯养它们的实验性尝试基本都是不成功的。欧洲野猫和家猫杂交产生的第一子代在行为上往往也类似于它们的野生亲代。尽管欧洲野猫不太可能是完全无法驯服的，但它似乎是一个相对来说不太合适驯化的候选对象。

相反，据报道，一些其他的野猫亚种具有更温和的性格，并且通常在人类村庄和定居点附近生活和觅食。19 世纪 60 年代，在一次去南苏丹的旅行中，植物学家／探险家格奥尔格·施韦因富特观察到了一个现象，当地的邦戈（Bongo）人时常把这些动物在幼崽时就抓回来，并且没有任何困难地"就让它们适应于在他们的小屋或围场中生活，它们在那里长大并本能地向老鼠发起战争"。施韦因富特自己也深受老鼠的骚扰，老鼠会不时啃食掉他珍贵的植物标本。作为应对，他找来了几只这样的猫，"把它们关几天后，它们的凶猛程度似乎大幅降低，并且开始适应于室内生活，从而在各种层面上接近于普通猫的习惯"。在晚上，他把这些猫系在他的所有物上，通过这种方法，他终于能"安心睡觉而再也不用担心老鼠的破坏了"。差不多 1 个世纪后，雷伊·史密瑟斯发现罗德西亚（津巴布韦）的野猫可以成为很有趣的、有时也很需要人关怀的宠物。和欧洲野猫一样，这些野猫在幼年时往往一开始是很难对付的，但是它们最终会平静下来，并且变得非常友好。

这些猫做事情从来都不会半途而废，比如，当外出一整天然后回家后，它们就会变得超级友爱。当此时，你最好停下手中的事情，因为它们会在你正在书写的纸上走来走去，蹭你的脸或手，或者，它们还会跳到你的肩膀上，并挡在你的脸和你正在看的书之间，在你的肩膀上翻滚，发出呼噜声，并做出伸展的动作，有时候还会热情四射地跳落下来。总而言之，它们就是要获得你全部的关注。

史密瑟斯同时还发现，这些猫比家猫更具有领地意识，并且它们和家猫杂交产生的第一子代在行为上更像它们的家猫亲代。不同亚种之间的野猫在性格上有着惊人差异的原因还是未知的，不过欧洲野猫在"野性"上的名声很可能源于它们被人类相对强烈地迫害的历史。

最后，对于家猫起源于北非或西亚，还有词源学的解释。英语单词"cat"、法语单词"chat"、德语单词"katze"、西班牙语单词"gato"、14 世纪拉丁语单词"cattus"，以及现在阿拉伯语单词"quttah"都似乎是从努比亚语单词"kadiz"派生而来的，意思是猫。同样地，英语的爱称"puss"和"pussy"，以及猫的罗马尼亚语"pisicca"都被认为是来自 Pasht——埃及的猫女神 Bastet 的别名。甚至虎斑猫也似乎是以一种特殊的水纺丝织物命名的，这种织物曾经出产于阿塔比（如今巴格达境内 1/4 面积的地方）。

## 驯化

驯化是一个渐进的过程，而不是突发的事件，因此，我们很难精确地讲出猫驯化的确切时间和地点。波可尼（1969）把驯化过程分成两个阶段：（1）动物圈养，也就是捕捉、驯服、限制动物的活动范围，这个阶段不涉及任何规范动物行为和育种的刻意尝试；（2）动物育种，有意识地、有选择性地对动物繁育和对行为进行规范和控制。根据波可尼的说法，第一阶段只伴随有野生表型轻微的形态分化——通常不会多于体型上的少量变小——这些物种的过渡态在外表上通常和它们的野生祖先没什么区别。相反，第二阶段通

常和大量身体特征的快速的、实质
性的分化有关。其他完全驯化的考
古学标志包括：该物种出现在原始
物种的地理范围之外，对一个明显
处于驯化状态的动物有艺术性的表
达和象征，动物育种和饲养具有实
物证据。

　　基于这些标准，猫可能只在过
去的 200 多年间才被完全驯化，不
过，一个可能更准确的观点是，把家猫视为一个不停地在驯化、半驯化和野生等各种状态
中随机游走的亚种，而它处于何种状态取决于不同时期和地区特定的生态和文化条件。波
可尼定义的过渡性驯化时期（即动物圈养，animal keeping），就猫而言是在何时何地发
生的，在很大程度上还只是一种推测。不过，在地中海塞浦路斯岛上发现的考古学证据提
供了关键的线索。塞浦路斯岛自形成开始就一直在离小亚细亚大陆 60～80 千米的地方
独立存在。结果是，当地没有任何土生土长的猫种。尽管如此，在乔伊鲁科提亚和希路诺
坎博斯（人类在塞浦路斯的最早定居点，大约 9500 年前）进行的挖掘工作发掘出了确认
无误的猫残骸，其中一只和一个人类埋在一起。这些动物相对较大的体型意味着它们从属
于非洲野猫亚种，而它们在岛上的出现，以及和人类一起生活和埋葬的现象，强烈地暗示
着它们当时已经被驯服，并且由第一批人类殖民者带到了岛上。假设塞浦路斯不是一个孤
例，这些发现就意味着新石器时代黎凡特地区的早期定居者至少在 10000 年以前就已经有
捕捉和驯服野猫的习惯，并且会带着它们一起进行远洋航行。重要的是，基于基因证据推
测，家猫的血统也是在差不多那个时间开始独立于非洲野猫。

　　在杰里科发掘出来的原始新石器时代和前陶器新石器时代的骨头和牙齿碎片（距今

7000～8000年），被认为有可能属于非洲野猫。尽管没有明显的骨骼学依据表明这些动物是被驯化的，并且也有可能人类只是捕杀了这些野猫作为食物或获取毛皮，但鉴于塞浦路斯的发现，这些野猫有可能是被驯服了的或者半驯化的。已知最早的猫残骸来自埃及的莫斯塔戈达，距今6000年，发现于一个男性的墓穴，同时发现的还有羚羊的骨头。

## 猫为什么被驯化

最被广泛接受的关于猫驯化的解释假定猫本质上是自我驯化的。根据流行的观点，大约11000年前农业在中东出现，随之而来的对谷物（比如大麦和小麦）的种植和储藏吸引了不受欢迎的小型啮齿类动物，而这些啮齿类动物正是野猫的天然猎物。受到食物丰富度的吸引，野猫开始涌入新石器时代的人类城镇和村庄，并在此定居。当地的人类定居者马上就看到了让这些动物生活在他们深受鼠患的家和谷仓周围的好处。这个过程也反过来选择了那些更勇敢、不太爱逃跑的个体，这些个体最终成为永久性居住在城镇的家猫种群的奠基者，而它们在食物和避难所上对人类的依赖也与日俱增。尽管这个假设的情况表面上看起来是合理的，而且无疑吸引了那些欣赏猫的独立精神的人们的注意力，但是往往低估了人们在动物驯化过程扮演的积极角色，比如人们捕捉、驯服野生动物以及把它们当宠物饲养的习惯。

在现存的狩猎社会和园艺社会中，这种养宠物的行为是特别广泛的，我们没有明确的理由去认为新石器时代近东地区的居民不是这样的。在亚马逊地区，一小部分现存的美洲印第安人部落仍然进行着狩猎、采集和温饱型的园艺生活，狩猎者们通常会捕捉幼年期的野生动物并把它们带回家，而通常是由女性（但也不是一成不变的）把它们当作宠物进行饲养。人们饲养和喂食这些宠物的热情往往非常高。一般来说，它们是从不会被杀掉或吃掉的，尽管它们可能属于可食用的物种，而且当它们自然死亡后，人们通常还会进行哀悼。各种各样的鸟类和哺乳动物都是如此进行饲养的，包括猫科动物家族中的成员，比如虎猫、豹猫、美洲山猫，甚至是美洲豹。更重要的是，这些动物被它们的主人珍视，并不是出于任何的功能性或者经济性的目的。相比之下，人们更像是把它们视为被领养的孩子，进行照料和溺爱。基于这些观察，我们可以认为，由于人们积极主动地收养、抚育幼年野猫，并和它们形成社会关系，被驯服的野猫已经是一个村庄生活中的组成部分，而非洲野猫的驯化就这样自然而然地发生了。事实上，在新石器时代早期，塞浦路斯人把猫和它们的主人们埋葬在一起的行为就强烈地暗示着这些原始的人猫关系是基于情感上的考量，而不仅仅基于功能性。

新石器时代的农业出现了固定的耕种社区、谷物储藏以及随之而来的共生的啮齿类动物的大肆繁殖，这些无疑提升了猫科动物宠物的工具价值，同时也给这些猫科动物提供了一个更为永久性的生态区位，使它们能不断繁荣生长。然而，如果没有预先存在的人类和猫之间的社会纽带，驯化过程很可能不会有任何进展。

## 埃及的猫

基于现有的证据，猫第一次被完全驯化有可能发生在古埃及，不过发生完全驯化的可能时间最多也就只是一个近似值。尽管小型的埃及猫型护身符最早起源于公元前 2300年，至今发现最古老的描述猫生活在人类家庭中的场景的图画始于公元前 1950 年，这幅图画位于尼哈山（Beni Hasan）的巴盖特三世（Baket III）的墓穴中，描绘的是一只猫正面对着一只老鼠。在与之差不多时期的一个小型的金字塔墓穴中，弗林德斯·皮特里挖掘出了一个小礼堂，其中有17具猫的尸骨以及一整排可能曾经用于装盛供奉用的奶的小锅。从大约公元前 1450 年开始，底比斯人的墓穴中越来越普遍地出现描绘猫在家庭中生活场景的图画，很有可能猫在那时候已经被完全驯化了。在画中，这些猫通常是坐着的，用绳拴着，并且位于墓穴主人的妻子的座椅下方，画中的猫还在吃鱼、咬骨头或者和其他的家养宠物一起玩耍。尽管猫只是整张图画中很小的一个元素，不过它们出现在图画中的这个事实就已经表明了家里养猫是当时埃及人习以为常的事情。另一个底比斯人墓穴中流行的主题[在公元前 1450 年尼巴蒙（Nebamun）的墓穴中得到了唯美的呈现]就是猫"帮助"墓穴主人和他的家庭成员在沼泽地中捕猎鸟类。尽管一些权威人士把这个作为底比斯贵族用家养的猫来驱赶或捕捉猎禽的证据，但是埃及学家雅罗米尔·马利克告诫人们不要太过于从字面上来理解这个事情。在他看来，在沼泽地中捕猎在很大程度上是田园诗式的虚构场景，而这也可能仅仅是那个时期的艺术惯例，在当时，任何对这种家庭外出场景进行的描绘，如果没有家庭宠物的参与，就会被认为是不完整的。

因为猫在古埃及的生态条件可能和其他西亚的大型农业文明是类似的，我们有必要对为什么猫在埃及的驯化会明显比别的地方要更进一步作出一些解释。一个似乎合理的解释是，埃及人普遍对动物有着异乎寻常的好感。从最早的朝代开始，动物似乎就在埃及社会和宗教生活中扮演着尤其重要的角色。各种不同的野生动物，包括狒狒、豺、野兔、猫鼬、河马、鳄鱼、狮子、青蛙、苍鹭、朱鹭和猫，被视为神在世俗界的象征，很多动物是有组织的宗教崇拜的对象。宗教崇拜行为通常包括把大量的这些动物放到相对应的神庙内或在神庙周围进行圈养和照料。诸如猫这样的物种，对这种情况适应得很好，它们在圈养中繁育，并在很多代的繁育后，形成了一个比它们的野生祖先更温和、更好交际以及对高密度生活容忍度更高的物种。捕捉老鼠的能力毫无疑问增加了猫的价值，不过很有可能的是，不管猫有没有实用或经济价值，埃及人都会把它们当作崇拜的对象和家庭宠物进行饲养。

根据马利克的文献，古埃及的宗教是一种"史前时代在这个国家的各个不同地区发展出来的大量不同的意识形态层面的信仰的非系统性集合"。结果就是，埃及人的信仰系统经常是混乱的，随着时间的推移，无数的神和女神（半人半动物）不断合并、杂交、分化，从而产生了一系列令人感到困惑的奇特的神明。其中大部分的神和他们的动物象征都起源于史前埃及时代，作为当时部落的符号象征或图腾，后来在埃及王朝的统治下，连同古希腊与古罗马的神，被一起整合进了一个复杂的万神殿中。鉴于他们的部落和宗教起源，我们可以推测，在埃及，这种不同神明之间地位的变迁往往反映了特定地区和群体的政治命运的变化。

到公元前 2000 年前，非洲野猫似乎还对古埃及人没有任何宗教意义。然而，大约从公元前 2000 年到公元前 1500 年，猫开始出现在所谓的"魔法剪刀（magic knives）"上：由象牙切开后制成的刀片，用来躲避灾祸（意外事故、疾病、难产、噩梦以及毒蛇和毒蝎）。差不多在同一时期，公猫开始成为太阳神的象征，人们相信每天晚上太阳神就会伪装成公猫来和冥府之蛇——阿佩普进行战斗。毫无疑问，古埃及人对于猫捕杀蛇的场景是熟悉的。于是他们就假定当需要杀蛇的时候，太阳神就会变成猫的样子。最早的象征着太阳神的猫的形象描绘更类似于薮猫，而由于人们对作为家养宠物的非洲野猫的熟悉度不断提升，太阳神的形象开始转换为非洲野猫。直到公元前 8 世纪中叶，太阳神的"猫神（Miuty）"形态仍然被画在棺材的内部，据推测可能是作为一种保护性的或辟邪性的图画。

在新王国时期（公元前 1540—公元前 1196 年），猫也开始和女神哈索尔（Hathor）产生联系，特别是她的其中一种显现形式——尼布底泰派特①。哈索尔最突出的特征就是性能量。母猫天生的性乱交（sexual promiscuity）行为可能造成了这种关联。而最为著名的家猫和女神贝斯特（Bastet）的关联要到更往后的时期才形成，在公元前 1000 年左右。

---

① 女性特征的神。

## 对贝斯特的崇拜

从埃及最早的历史时期开始，贝斯特就是位于尼罗河三角洲东南部的巴布斯蒂斯（Bubastis）城的主神。她是一个没有真名的女神，因为贝斯特的意思是"巴斯特（Bast）城的她"。贝斯特最早的画像可以追溯到大约公元前 2800 年，画像中的贝斯特是一个有着狮头的女性。在她的前额上有着蛇形标记，一只手持长权杖，另一只手持十字章（ankh）。她的特征中展现了性能量、生育能力、分娩和母性。

尽管她起源于巴布斯蒂斯，贝斯特不久就和埃及其他地区产生了联系，最著名的有孟菲斯（Memphis）、黑里欧波利斯（Heliopolis）以及赫拉克利奥坡里（Heracleopolis）。在不断演进的过程中，以及据推测在经历了本地化后，贝斯特开始和很多其他重要的女性神明产生了联系，特别是穆特（Mut）、帕赫特（Pakhet）和塞赫美特（Sekhmet）（这 3 个女神也通常以狮头形象出现），以及哈索尔（Hathor）、奈斯（Neith）和伊希斯（Isis）。贝斯特和塞赫美特早在公元前 1850 年就被配对为一组对立和互补的神明，并最终被认为是统一神明的两面：贝斯特象征着保护性的、哺育性的一面，而塞赫美特象征危险的、有威胁性的一面。贝斯特也和哈索尔、穆特和伊希斯一起，被称为太阳神的女儿或"眼睛"。

我们还不知道家猫第一次被认为是贝斯特的表现形式的确切时间，但很有可能是在古埃及第二十二王朝时期（大约公元前 945 年到公元前 715 年）。当时，在下埃及（Lower Egypt）长期的政治动乱后，巴布斯蒂斯城崛起了。据托勒密王朝的历史学家所说，当时统治埃及的曼涅托（Manetho）家族，可能有利比亚血统，并且发源于巴布斯蒂斯。结果，巴布斯蒂斯成为主要的政治中心，并开始大兴土木。考古证据显示，贝斯特的神庙在这个时期伊始处于废墟的状态，但是好几个巴布斯蒂斯王朝的法老，特别是奥索尔孔一世（Osorkon I）和奥索尔孔二世（Osorkon I），在贝斯特神庙的重建和扩张中投入了大量的时间和资金。

当代关于贝斯特崇拜以及神庙的信息，在很大程度上是从希腊历史学家希罗多德的著作中得到的。大约公元前 450 年时，正值贝斯特崇拜鼎盛时期，希罗多德访问了巴布斯蒂斯。他把贝斯特类比为希腊女神阿耳忒弥斯（Artemis），并用以下的绚丽的词句来描述贝斯特的神庙：

世界上还有其他更大的神庙，以及人类花了更多钱去建造的神庙，但是没有一座欣赏起来能让人如此愉悦……不看入口的话，它就是一座岛。源自尼罗河的两条渠道环绕着神庙，这两条渠道没有汇聚在一起，而只是在神庙的入口处相互靠近，其中一条从一个方向环绕神庙，另一条从相反的方向。每一条渠道都是 100 尺宽，并且沿着渠道边种满了树。入口的通廊有 60 尺高，并装饰有惊人的 9 尺高的图形。神庙矗立在城市中心，由于城市的海拔被防洪堤岸抬高，而神庙从一开始就没有受此影响，因此从城市的各个地方都能看到神庙。环绕着神庙的是一面干砌墙，上面刻着图形；而在墙内，人们把最高大的树木种成一圈环绕着神庙的小树林。这样在神庙中，就有了画一般的景象。神庙是方形的，各边长度都是一弗隆（furlong）①。在入口处，有一条铺着石头的路，长度为 3 弗隆，从市场一直通向东边，宽度为 400 尺。道路的两边都种着参天大树。

尽管希罗多德并没有特别地提到，但很有可能有一个猫的圈养所或繁育栖息地毗邻着神庙。在埃及，"猫守护者"的工作是世代相传的，并且显然有着严格的法规来规定人们如何照料和喂食这些圈养着的神明象征。

每年 4 月和 5 月的贝斯特节可能是埃及最大的节日。每年有多达 70 万人参与，起初

---

① 弗隆：使用于英国、前英国殖民地和英联邦国家的长度单位，1 弗隆 ≈ 201.168 米。

的仪式表现为沿着尼罗河向神庙进行朝圣。在希罗多德栩栩如生的描述中所展现出来的下流和放荡的氛围可能有助于解释贝斯特崇拜深受欢迎的原因：

一些女人拨弄着拨浪鼓，另一些在整个行程中一直在吹笛子，剩下的男女们一起唱歌、拍手。在前往巴布斯蒂斯的路上，当走到别的城市附近时，他们就把船停在岸边，一些女人继续做上述事情。而另一些女人则用淫秽的话语大声嘲笑住在那个城市的女人，有一些女人开始跳舞，还有一些人站起来，把衣服掀开来展示自己裸体。他们在路过沿河的每一个城市时都会这么做。当他们到达巴布斯蒂斯的时候，会用大量的祭祀物来庆祝节日。他们在这一个节日中喝的酒要比一年中其他时间加起来还要多。

我们没有理由质疑希罗多德的描述。尽管出于一些迷信上的理由，他没有叙述埃及宗教的神学细节，但是他似乎是一个非常敏锐的观察者。除了其他事项，他很显然还是第一个记录下公猫杀死幼崽现象的人。"当母猫生下幼猫后，"他写道，"它们就不再频繁地靠近公猫，而公猫，出于对交配的极度渴望，无法做到这一点。因此它们进行了这般谋划：它们把幼猫从猫妈妈那边偷走并杀掉。尽管它们杀死了幼猫，但是并不会吃掉幼猫。失去了幼猫的母猫会渴望再次拥有幼猫，于是就只能去找公猫。猫是一个非常爱孩子的物种。"

在当时，猫在埃及的地位，差不多与如今牛在印度的地位相同。很多人拥有宠物猫，而猫的死亡会给整个家庭带来极大的哀痛，人们还会剃掉眉毛来表示尊敬和缅怀。

能负担得起费用的人会把他们的猫做防腐处理，并埋葬在一个特制的猫坟墓中，大量的地下贮藏室中包含有成千上万的猫的木乃伊或者骨灰。不只是巴布斯蒂斯，在便尼哈山（Beni Hasan）和塞加拉（Saqqara）也发现了猫墓穴，这是贝斯特崇拜广泛传播的明确迹象。大量的小型铜制猫雕像也被存放在这些神圣的墓地中。把一个许愿的雕像奉献给神庙的行为很明显能确保奉献者在女神的国度占有一个永久性的位置。1888年，一个农民无意间发现了一个墓穴，而其中的残骸数量太多，以至于一个有魄力的商人决定把这些残骸都带回英格兰当肥料。多达 19 吨的木乃伊化的骨头被运送到曼彻斯特，据估计其中可能包含 8 万只猫的残骸。不过，非常神秘的是，这种新型的肥料在英国农民中并不受欢迎，这个商业冒险被证明是失败的。

在古代埃及，猫是一个受保护的物种，如果一个人导致了一只猫的死亡，哪怕是意外导致的，也会被判为死罪。结果，任何人只要遇见死猫就会飞快地逃离现场，不然别人就会认为他对这只猫的死负有责任。迪多鲁士在他公元前 50 年的著作中记录了在罗马和埃及关系很敏感时期的一次和猫有关的外交事件。一个罗马士兵误杀了一只猫，而"国王派出的为他开脱的官员，和人们对罗马的恐惧"都没能阻止愤怒的暴民把他以私刑处死。不过，从考古证据的角度，因杀死猫而被剥夺人权的罪名并没有扩大到神庙养猫所的管理员，至少在晚期和托勒密时期（Late and Ptolemaic Periods，大约公元前 665 年到公元前 30 年）是如此。这个时期猫木乃伊的影像学分析向我们揭示了，大部分的动物都是在 2 岁前被故意勒死的，据推测应该是为了满足把死猫做成木乃伊来作为献祭品的需求。

## 走出非洲

通过让猫的出口非法化，埃及人限制了猫传播到其他国家的数量。他们甚至还派特工到附近的地中海地区去把非法走私出国的猫买回来并送回国内。尽管有这么多预防措施，猫最终还是传播到了别的地区，不过这个进程起初是很慢的。印度河流域的哈拉帕（Harappan）文明（大约公元前 2100 年到公元前 2500 年）出土了早得令人惊讶的城镇猫在当地存在的证据——猫骨遗骸。更有趣的是，在昌胡达罗（Chanhu-daro[1]）遗址中还发

---

① 原文中为"Chanu-daro"。

现了保存在泥砖中的一只猫被一只狗追逐而留下的脚印。我们还不知道这些猫是从埃及进口而来的还是本地驯化的。在巴勒斯坦拉吉（Lachish）的一个遗址中，考古学家们发现了一个大约公元前 1700 年的象牙猫雕塑。埃及和巴勒斯坦在当时有着很强的商业联系，很有可能是那些住在巴勒斯坦的埃及商人把猫一起带了过去。考古学家还在克里特岛的米诺斯文明晚期（大约公元前 1500 年到公元前 1100 年）发现了一个有关猫的壁画以及一个猫陶俑的头部，该地区也可能和埃及有着很密切的海上往来。

要到稍晚些时候，猫才会在希腊本土出现。希腊最早出现猫形象的物品是一个大理石胚料（大约公元前 480 年），如今保存在雅典博物馆。它描绘的场景是两个坐着的男子和几个旁观者一起观看一只猫和一只狗之间的遭遇。这个场景表现出了一种紧张的氛围，仿佛围观者期待着能看到一场战斗。在当时，猫显然还不是很常见，人们主要是把猫当作新奇的事物进行饲养，而不是为了任何实际的目的。当他们受鼠患影响时，相比起猫，希腊人和罗马人都更喜欢使用驯养的臭鼬或白鼬来消灭老鼠。在公元前 5 世纪时，希腊人把猫引入到意大利南部，但是猫并没有很受欢迎，而只是被当作一种相当不同寻常且有异域风格的宠物。一幅公元 1 世纪的迷人的那不勒斯镶嵌画，展现了一只猫捕捉一只鸟的场面，但除此之外，几乎就没有别的关于猫的文字性或艺术性的描写了。罗马人直到公元 4 世纪才认识到猫消灭害虫的能力，当时帕拉丁推荐使用猫而不是传统的白鼬来遏止鼹鼠对洋蓟的破坏。家猫传到远东的速度也是很慢的，它们可能在公元前 200 年后来到中国。从当代的说明来看，所有这些早期的猫都有野生型的条纹或斑点虎斑毛色，而很多地中海周围地区的流浪猫依旧保留着它们的祖先——非洲野猫——的样貌。

很有可能是罗马人把猫带到欧洲北部和罗马帝国的其他前哨站。在公元 4 世纪中叶，家猫就在英国出现了，在不少位于英格兰南部的罗马人住宅和定居点中，都发现了家猫的残骸。在西尔切斯特（Silchester）——一个重要的罗马据点——考古学家们发现了一系列印着猫脚印的陶砖。到 10 世纪的时候，猫似乎已经在大部分的欧洲地区和亚洲广泛传播开了（即使不一定是普遍的）。托德指出，猫的殖民能力在很大程度上归功于它们对船上生活的适应。比如，从目前的分布情况来看，和性别相关的橘红色颜色变异（比如姜黄色、姜黄色加白、三花、玳瑁）似乎是起源于小亚细亚，随后，很可能通过维京人的长船，被传播到布列塔尼、不列颠北部以及斯堪纳维亚的部分地区。同样地，10 世纪英格兰的斑纹虎纹（blotched tabby）变异似乎是沿着塞纳河和罗纳河河谷通过法国而一路传播下去的。几个世纪以来，这些河流成为连通英吉利海峡和地中海的内陆驳船路线的重要组成部分。

现代猫中，绝大多数的品种历史都比较短暂，只有一些品种，比如土耳其安哥拉猫和土耳其梵猫，起源于 19 世纪以前。38 个被认可的品种中，有 22 个是在最近的 100 年才被注册的。比较老的"奠基"品种代表着地方品种。也就是说，它们是天然地理隔离的种群，由于奠基者效应和基因漂变，它们独特的形态学特征被固定下来——而较新的品种则主要是对更古老的品种进行人为杂交和选择的产物。

## 态度的转变

异教神和女神的逐渐灭绝，以及基督教的崛起和传播，使整个欧洲对猫的态度发生了急剧的转变。猫从代表女性生殖力、性欲和母性的一个本质上好的象征，变成了实际上的对立面：恶毒的恶魔、魔鬼的使者以及女巫和巫师的不忠的伴侣。我们还不清楚到底是什么原因激发了对猫态度的极大转变，不过毫无疑问的是，政治力量起了一定的作用。为了集中权力，中世纪的教会发现有时候在镇压非正统的信仰时，有必要采取一些极端残忍的措施，并根除所有基督前的早期宗教的痕迹。可能是因为猫和早期生殖崇拜之间的象征性联系，猫就被卷入了这波宗教迫害的浪潮。

12—14 世纪，几乎所有的异端派别——圣殿骑士团（the Templars）、韦尔多派（the Waldensians）、清洁派（the Cathars）——都被指控崇拜化身为大黑猫的魔鬼。很多同时期的报道都描述了他们的仪式中是如何包含献祭纯洁的儿童、食人、荒淫的纵欲以及具有仪式感地向大型猫表示敬意的淫秽行为（亲吻猫肛门）。不用说，很多异教徒在酷刑下承认参与了这些仪式。在 12 世纪，里尔的阿兰甚至还试图从古拉丁语的猫"cattus"中推导出"Cathar"这个词。实际上，清洁派的名字起源于希腊语"Katharoi"，意思是"纯洁的人"。

在基督教的统治下，猫也开始被宣称和巫术有联系，尽管对这种联系的本质的解释因地而异。在欧洲大陆，15—17 世纪的教会和世俗权威都倾向于把巫术描绘为另一种异端邪说；换句话说，是一种魔鬼崇拜者的有组织的异教团体，存在于真正的信仰的对立面中。正如他们的异教先驱，女巫被说成是能飞去她们的集会或信魔者的夜半集会，有时候她们会坐在魔鬼伪装成的巨大的猫的背上飞行。魔鬼在他的追随者面前现身的时候，也展现出了对化身为一只巨猫的强烈偏好。

在流行文化或民间文化中，更普遍的现象是（至少在欧洲北部），人们把猫和野兔都视为女巫在做邪恶的事情的时候喜欢化身的样子。早在公元 1211 年，格尔瓦斯·蒂尔伯里以个人经历证明女巫的存在，"化身成猫，在晚上潜行"，在受伤的时候，"猫身上的伤口会相应地出现在她们身上，如果猫的一肢被砍掉，她们就会失去相应的一肢"。在 1424 年，一个名为菲尼切拉的女巫在罗马被烧死，据称是因为她试图杀死一个邻居的小孩，而她此前以猫的形态去见过这个小孩。小孩的父亲把猫赶走，还用刀砍伤了它。后来，菲尼切拉被发现身体的同一个位置有一个类似的伤口。这种类型的故事在中世纪和后中世纪的巫术民间传说中是广为流传的，这些故事也给猫的另一种著名的魔鬼角色提供了一种有趣的关联性：典型女巫的"役魔"。

役魔或"小恶魔"是女巫的恶魔同伴，它们靠执行女巫的邪恶计划，来换得保护和食物。尽管在整个欧洲不时地出现，役魔的概念在 16 世纪末到 17 世纪英国的女巫审判时期得到了最详尽和最生动的解释和表达。1582 年对厄休拉·坎普的审判提供了一个相当典型的示例，在审判期间她的私生子作证说他的妈妈拥有 4 个不同的灵魂，第一个被称为蒂芬，第二个被称为蒂特，第三个被称为比金，第四个是杰克。而当被问到她们分别都是什么颜色的时候，他说蒂特就像是只小灰猫，蒂芬像一头小白羊，比金是一只黑色的癞蛤蟆，而杰克是一只黑猫。他还说，他看到他的妈妈会给她们喝啤酒、吃白面包或蛋糕，还说，在晚上，这些灵魂就会附着在他妈妈身上，在她的手臂和身体的其他部位上吸她的血。

多个本地女性也证明坎普用她的役魔来让她们或她们的孩子们生病。甚至是在这个相对早期的审判中，猫就已经成为女巫役魔中的主要角色了。在英格兰女巫迫害的整个过程中，猫持续地扮演着这个角色（见第 126 页图），并从那时开始成了所有现代万圣节图腾中无所不在的一个要素。

由于是魔鬼的化身，人们也假定这些动物役魔具有一定的自主性。然而，根据同时期的各种报道，"猫役魔"和"猫作为女巫的化身"之间的界限其实是很模糊的，至少在大众眼中如此。在好几个案件中，据称女巫会在她们役魔受伤时也受同样的伤，有时候起诉的证人相信，役魔就是女巫自己的变身。1712 年，在臭名昭著的沃克恩女巫简·温汉姆案件中，多个证人不仅作证自己被她的猫拜访且折磨过，还说其中一只猫长着简·温汉姆的脸。简·温汉姆是英格兰最后一批以巫术的名义被定罪的人之一。在日益生疑的伦敦公众的压力下，审判最终被推翻，而她也被赦免了。

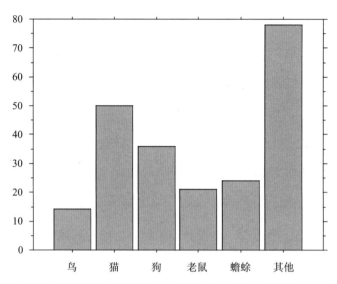

1563 ～ 1705年，在英格兰的207次女巫审判中，不同的动物被认为是"役魔"或"小恶魔"的频率

注：1. Matthew Hopkins 和 John Stearne 在1645—1646年的审判没有被包含在这项分析中，因为这些审判太过于异常。2. 如果我们忽略掉"难以归类（nondescript）"这一项，猫是被报道为役魔最频繁的物种。

在这个时期出现的对猫的敌意中，有一部分可能有一些医学上的解释。在关于巫术的民间传说中，充斥着这样的故事：女巫变身为猫，是为了偷偷潜入别人的房子，然后让他们在睡梦中窒息而死。爱德华·托普塞尔在 1607 写的文章可能是最早的关于过敏性哮喘的参考文献之一，在文章中，他坚持认为："猫的呼吸以及对猫的喜爱消耗了人们的幽默感并损毁了肺部，因为那些让猫一起睡在床上的人，呼吸到的就是腐坏的空气，会得各种肺病和痨病。"甚至到 20 世纪 20 年代，有些地方的迷信的人还坚持认为让猫睡在小孩的床上是不安全的，因为小孩可能会有窒息的风险。此外，美国一项近期的调研发现，呼吸道过敏是人们放弃饲养宠物猫（但不是狗）并把它们移交给动物收容所和动物保护协会的最常见的原因之一。

另一个矛盾心态的来源，就是人们广泛地相信，猫眼睛的形状和光亮度会根据太阳在天空中的高度以及月亮的盈亏而发生变化。埃及作家哈罗波隆在 4 世纪或 5 世纪写作的一篇文章中，注意到猫的瞳孔会根据太阳的轨道和一天中的时间而发生变化。罗马作家普鲁特赫也提到了这个现象。同样，英国博物学家爱德华·托普赛尔在他的《四脚兽的历史》（ *Historie of Foure-Footed Beastes* ）中写道：

埃及人已经观察到了猫的眼睛会根据月光而发生变化，在满月时，它们的眼睛会更亮，而月缺的时候，它们的眼睛就会变得暗淡。公猫的眼睛还会根据太阳而发生变化。当太阳升起的时候，它的瞳孔就是长条形的；到正午的时候，它的瞳孔就是圆形的；到晚上的时候瞳孔就完全不可见了，但是整个眼睛都展现为一样的形状。

猫的眼睛在晚上会发出显眼的光，这一点激起了很多早期作者的好奇心。其中大部分人似乎都相信，通过白天收集光并储存下来，猫就能在晚上自己发光。很多人觉得这个现象是令人不安的。比如，托普赛尔就表示，当人们在晚上突然遇见猫闪光的眼睛"就像火焰般发亮，让人难以忍受"。

把如此多的负面联系放在一起看，我们就不会对中世纪和近代早期猫在整个欧洲都成了被广泛迫害的对象而感到奇怪。在斋日，作为一种驱逐魔鬼的象征性手段，人们会捕捉和折磨猫（特别是黑猫），把它们扔到篝火上，点燃它们，在街道上追捕它们，用尖杆刺穿它们并活烤，在火刑柱上烧死它们，把它们投入沸水中，鞭打它们至死，以及把它们从高楼楼顶掷下。所有这些行为，看起来都是在一种极端的节日狂热氛围中发生的。任何人只要看到一只流浪猫，特别是在晚上，就会觉得有责任要尝试杀死它或是伤害它，因为他们相信这只猫很有可能是女巫伪装的。通过把猫和魔鬼以及不幸联系在一起，中世纪教会给欧洲迷信的民众们提供了一种具有普适性的替罪羊；人们把一生中所有的危险和困难都归咎于它们。

一个强有力的元素——厌女症——似乎也在加深人们憎恶猫的程度。中世纪和近代早期的基督教是由具有压倒性优势的男性教士所主导的，他们对女性有着明显的矛盾态度。女性的形象，一面是无性的、纯洁无瑕的圣母玛利亚（Blessed Virgin），一面是原罪的根源——夏娃，这种矛盾的形象例证了教会和女性之间爱恨交加的关系。当时的教会学者从亚里士多德的学说中寻得权威性，他们不仅散布女性是更弱、更不完美的性别的观点，还把女性刻画为对肉欲永不知足的淫荡的勾引男人的人，她们用性魅力来欺骗、蛊惑和颠覆男性。这些相同的特征还倾向于把女性和巫术联系在一起，正如一个评论家说的，因为魔鬼倾向于住在"他最容易进入的地方，以及能获得最多消遣的地方"。中世纪的牧师还接受了亚里士多德的这个观点：母猫是一种特别淫荡的生物，会无差别地向任何可见的公猫寻求性关注。于是，猫和女性性欲中更具威胁性的方面之间就建立起了一种很强的隐喻性的联系。

无疑，猫的天性行为进一步加强了这种联系。母猫，特别是在发情期的时候，会寻求身体接触，享受被爱抚的感觉。但它们的腼腆和难以捉摸也是众所周知的：这一刻需要关爱，下一刻就抓人或跑开。从性方面来说，母猫是高度滥交的，毫不羞耻地吸引多只公猫的注意力。它也是一个会反咬一口的动物，在交媾之后通常会立刻转过头去攻击它的交配对象。对古埃及人来说，这些猫寻常的特征，以及它们母爱的奉献，都很明显地受到赞美和祝福。而对于中世纪和近代早期欧洲性压抑的牧师来说，猫似乎激起了一种既恐惧又厌恶的混合情绪。

欧洲不是唯一一个把猫和女人进行负面联系的地区。在日本，民间流行的传说中有怪物般的吸血鬼猫，它们会变成女人的样子，来吸取毫无防备的男人的血和精气。日本人也把猫这个词应用到艺伎身上，因为这两者都具有用魅力去蛊惑男人的能力。根据当地的迷信，尾巴是猫超自然力量的来源。而在日本，一个很常见的行为就是把幼猫的尾巴砍掉，防止它们长大后变成恶魔。这种信

仰可能也有助于解释具有独特基因的日本短尾猫的起源。

最后，猫和人类社会之间模棱两可的关系也为解释猫为什么会成为受害者提供了另一个可能的线索。和狗一样，猫是驯养动物中为数不多的几个不需要被关进笼子里、围栏里或用绳拴住就能维系和人们之间关系的动物之一。但是，猫倾向于展现出一定程度的独立性，这和狗是不同的，而这种独立性也使得它们倾向于随意游荡，并沉迷于吵闹的性冲突中，特别是在黑夜里。换句话说，猫有着双重人生——一半是驯化的，一半是野生的；一半根据习俗，一半根据天性。而也许正是由于它们不遵守人类（特别是男性）规范行为的标准，而导致了它们后来被人类骚扰。

根据荣格的说法，动物通常被用于表达"无意识的自我"。然而，我们可以推测，在这种自我认同之下，对猫形成正面还是负面的认知取决于个人或文化性的个体道德观念。在中世纪，教会花了很大的力气来建立和维系人们与其他动物之间的绝对区别。猫既能舒适地生活在驯化环境中，又能享受野外环境，比如在屋瓦上度过一个愉快的晚上，它们用这样的生活方式挑战了传统二分法下的世界观，从而引起了官方的谴责和迫害。在那个时期，相比猫，人们对狗的态度是很不一样的。一方面，和猫一样，普通的流浪狗和杂种狗成了人类下贱品性的象征——贪食、粗鲁、色欲等等。而另一方面，宠物狗和贵族的猎犬则代表着忠诚、尽责、服从和其他合人类心意的品质。如今，狗的后一种形象在西方国家中是普遍流行的，但是猫早年间不守规矩的污名在一定程度上还是没能得到洗刷。

尽管动物的行为特点经常会为人们的偏狭和诋毁提供基础，但值得强调的是，人们的这种态度往往受文化影响。比如，在大部分的伊斯兰国家，对狗和猫的态度就是反过来的。狗被认为是不洁净的，人们只要触碰到狗就会被玷污。相反，人们对猫是比较宽容的，甚至在一定程度上还会赞美猫。

## 现代社会的态度

自古埃及的神圣起源以来，家猫如今几乎散布在人类世界的每一个角落。事实上，在大部分欧洲和北美地区，家猫已经超过狗成为最受欢迎的伴侣动物。不过，这个趋势也是最近才发生的。在布冯伯爵的畅销书《历史自然》（出版于18世纪下半叶）

中，他把猫描述为一种不忠的动物，具有"天生的恶意、虚伪的性格、乖戾的本性，而年龄的增长和教育只能轻微地伪装掩饰"。布冯也大声疾呼地重申中世纪的观点，即母猫欲求不满："她邀请，召唤，用刺耳的叫声来宣布她的欲望，或者说，她过量的欲求……当公猫从她身边跑开时，她追赶他，撕咬他，并强迫他去满足她的性欲。"在19世纪动物学文献中，根据里特沃的说法，在所有的家养动物中，猫是最频繁地被诽谤中伤的动物。狗因为它的忠诚和服从而被赞美，而猫却因不顺从和不承认人类的统治而被鄙视和怀疑。猫还被负面地描绘为"女人的天选盟友"。在19世纪的巴黎，由于猫天性独立，并且对社会习俗和传统明显缺乏服从度，人们开始将它们和艺术家、知识分子联系在一起，而我们也可以推测，在欧洲其他地区也是如此。这代表着人类对猫的态度有一个重要转折，并预示着它们会作为时尚的中产阶级宠物被广泛地接纳进资产阶级社会中。

不过，时至今日，人们对猫的态度依然是比较矛盾的。在一个对美国人对动物的态度的大型调研中，凯勒特和贝里发现17.4%的调研对象表达了对一些猫的不喜欢，而只

有 2.6% 的调研对象不喜欢狗。美国动物保护协会和动物保护组织得到的有关虐待动物的当代数据显示，猫仍旧是人类极端虐待行为最频繁的受害者，包括烧死、殴打、折磨、肢残、窒息、淹死以及从高处往下投掷。时而流行的反猫文学似乎也反应了人类对猫的潜在敌意。一本名为《101 种死猫的用处》的小漫画书成了全球畅销书，在出版后的前几个月就卖了超过 60 万本。还有很多其他的书，比如《我讨厌猫》《我仍然讨厌猫》和《恨猫者手册》，销量都非常高。很难想象《101 种死狗的用处》或者《恨狗者手册》这种书会受到同样程度的欢迎，而这些书从来没有被出版过的事实，也反映了出版商并不认为它们有任何商业前景。

很多人依旧认为一只突然出现的猫代表着厄运。还有人害怕或不喜欢猫，认为它们是鬼鬼祟祟的和不可信赖的。猫长久以来和女性以及性功能的联系依旧被一些俚语所暗示着。尽管这方面的研究很少，但是我们能从一些反映个人态度的调研中，尝试性地确认人们对猫的这种态度。比如，在一项面向 3862 名 8 至 16 岁的儿童的调研中，研究人员发现，18% 的女孩把猫称为她们最想成为的动物，而只有 7% 的男孩给出了相同的回答。相反，女孩和男孩把狗称为他们最想成为的动物的概率是差不多的，分别为 34% 和 32%。很有可能的是，随着越来越多人开始理解和肯定和这个干净、友爱、特别适合当伴侣的物种一起生活带来的好处，历史遗留下来的对猫的负面态度将会不断消散。

## 结语

分子学、考古学和行为学的证据都指出，家猫是在大约公元前 10000 年，从北非 / 近东野猫分化出来的，并且很有可能在 4000 年前在埃及被完全驯化。猫从古代开始就因为其捕捉老鼠的能力而被人们所珍视。它们也在很多社会中被赋予了宗教、象征和情感的价

值。不过，人们对它们的态度区别很大，从敬畏到深恶痛绝。在古埃及，猫作为贝斯特——生育力和母性的女神——的代表，被人们崇拜，并且被令人嫉妒地被保护起来。相反，在中世纪和早期的近代欧洲，猫成为女性性堕落和社会无法度的象征，并且因为它们所谓的和巫术和魔鬼之间的联系而被迫害和鄙视。尽管在过去几十年中，它们已经成功地超越了狗，成为全世界最受欢迎的伴侣动物，但是就象征意义而言，猫在很多西方国家依旧会引发人们矛盾的态度。

# 第七章

# 人猫关系中的文化差异

丹尼斯·C.特纳、伊娃·怀布林格和芭芭拉·弗尔鲍姆

　　鉴于猫在全世界的广泛分布，以及不同国家在经济发展水平和宗教传统上的差异，我们可以预料到，不同文化背景的人对猫的态度和行为是不同的。2006 年，本章的第一作者决定在一些样本国家中检验这些差异，我们挑选的国家大多都有着不同的经济地位和宗教背景。尽管全世界都感兴趣于探究人和动物之间的关系，但是目前很少有关于不同宗教背景下人们对猫和狗的态度的跨文化研究，也没有什么研究同时考察人们对自然保护区、野生动物、动物园、集约式养殖以及动物保护 / 福利等问题的态度。我们得出的大部分结论都已经被发表或出版了。因此，我们可以总结人猫关系的研究结果，并能不时地和狗进行比较。在进行这个分析总结之前，我们应该先对其他的跨文化研究进行一个更新，并提供一些历史和社会背景，以便于大家了解不同的文化背景下的人们对动物的态度和行为之间的潜在差异。

## 其他的跨文化研究

　　2006 年以前的几个跨文化研究是在比较有限的研究范围内进行的（只直接对比了 1～3 个国家中人们的态度，有时候只在"西方"社会中进行比较，或是只在一个国家的不同民族间进行比较），但是表明了这种研究方法在更大范围内的价值。尽管不少单文

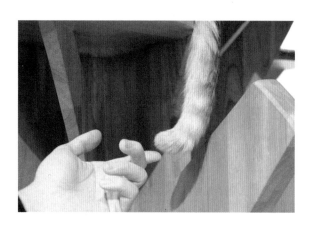

化（大部分是西方）的研究已经应用了恰当的、已确定的方法来评估人们对自然、动物整体和伴侣动物的态度，但这些方法很少被用于比较不同文化的人对动物的态度。不过也有一些例外给我们带来了很大的希望和信心。目前还没有人发表过关于宠物和其主人之间社交互

动的跨文化观察研究。我们预期，对伴侣动物的不同态度可能会影响这些互动行为。

与此同时，人们对于人和动物之间关系的跨文化研究的兴趣在不断提升，其中有一部分研究是关于猫的，其他的则是讨论来自宗教的影响或是对宗教的影响，我们在本章后面的部分会引用其中的几项研究。

## 潜在的态度差异的历史和宗教背景

帕萨略罗通过研究人种学的记录，发现每一种文化都有着不同的动物和人类的互动形式，不管是实际上的还是喻义上的，并且每一种文化都会有一系列专属于该文化的对其他物种的态度。在这之中，她提到了印度部分地区以素食主义为主的文化，在这些文化中，人们既敬畏牛，又最大化地把牛当作一种资源进行利用。她还提到了有着大量宠物的美国和英国的后现代文化，以及以肉食主义为主的人类群体广泛而大量地生产食用动物的行为。在我们看来，瑟普尔成功地论述了"在整个人类的历史中，因利用动物而产生的道德焦虑是宗教意识形态和宗教活动的主要驱动力"。一些一神论宗教（比如犹太教、基督教和伊斯兰教）主张的人类中心论倾向于把动物视作"二等生物"，它们主要是为了服务人类才被创造出来的。瑟普尔论述说这种相当极端的姿态"和我们狩猎和采集时代的祖先用来进行自我道德宽恕的技巧如出一辙，只不过做了一些延伸"。不过，在这三种一神论宗教中，人类的统治地位也带来了对其他生物的责任感。

## 部分国家关于猫的信息

在本文第一作者进行实体研究的 12 个国家[1]中，弗劳恩费尔德找到了（通常是在互联

---

[1]　日本、中国、新加坡、印度、阿联酋、约旦、以色列、瑞士、德国、法国、英国、巴西。

网上）6个国家的关于猫的流行度以及人们对猫的态度的信息。她还采访了印度、英国、巴西、中国、新加坡和日本的动物保护组织的官员和代表（其他国家在之后被加进了特纳的实地研究中，并解释了为什么弗劳恩费尔德的论文没有把这些国家囊括在内）。鉴于一些读者可能会对不同国家养猫的历史和现状以及宗教对不同国家的影响感兴趣，我们先来总结一下弗劳恩费尔德的有关发现。

### 印度

在印度，狗毫无疑问是最受欢迎的宠物物种，也是主要的流浪或自由散养的宠物物种。猫的地位是次要的，并没有被视作伴侣。"家猫是沙什提女神的坐骑，沙什提是代表生育力的女神，在西孟加拉邦和马哈拉施特拉邦很受欢迎。对沙什提来说，猫是神圣的。然而，人们会认为一只猫挡住他们的去路是不吉利的，迷信的人还会折返回出发点，然后重新出发。"在印度，尽管猫不如狗那么常见，但是人们还是因为它们捕杀老鼠的能力而接纳了它们，并欢迎它们住到院子里来。

### 英国

相比于其他国家，英国有着更高密度的猫和狗，而猫也在近期取代了狗成了英国最受欢迎的宠物。2007年，人和猫的比例和人和狗的比例分别为7∶1和9∶1。英国以猫爱好者众多而著称（见第十一章），并且和很多其他的西方社会一样，英国的城市环境正在稳步地朝着一种"单身"的生活方式发展，而在这些地方，猫被很多人认为是理想的宠物。

英国对于动物保护和福利也有着长期且积极的传统。英国皇家防止虐待动物协会（RSPCA）在1824年就已经成立了。令人惊奇的是，本文的第一作者白天在伦敦的街头（或在肯辛顿公园）居然连一只猫都没有遇上；我们猜想，猫的主人应该是为了保护猫，而把它们完全地养在了室内。

巴西

大约有 1100 万～ 1300 万只猫以及 2700 万～ 2900 万只狗生活在巴西，人和猫、狗的比例分别是 17∶1 以及 7∶1。猫和狗的数量是和不断增长的城市人口一同稳步增长的，特别是圣保罗周围。根据弗劳恩费尔德的研究，人们可以在巴西发现各种不同的人和猫 / 狗之间的关系：这些动物被认为具有重要的社交性功能，被认为是家庭成员，被用于动物辅助疗法，但是也有些人惧怕和虐待它们。

中国

弗劳恩费尔德发现中国的猫数量据估算可达 1.4 亿只，略少于狗的数量（1.5 亿只）。从 20 世纪 80 年代食物配给政策结束后，宠物数量显著跃升。尽管如此，中国学者在对中国大

学生的研究中发现，中国大学生对动物有着高度的共情，并且对动物保护有很大的兴趣。

弗劳恩费尔德的总结是：宠物狗和猫在中国越来越高的受欢迎程度，使得动物保护组织能更多地对当地媒体进行游说，来反对吃狗肉和猫肉。此外，虐待动物的案例一经曝光就会受到中国公众的强烈抗议，意味着中国民众能意识到动物有感知疼痛和痛苦的能力。然而，公众对不同宠物的特殊需求的了解还处于萌芽阶段。

## 新加坡

从 20 世纪 70 年代开始，这个城市国家经历了经济和发展的井喷期。养宠物正变得越来越流行。不过，人和狗的比例还是极其高的，高达 113∶1，这很有可能是由于政府严格的居住管理条例（包括每家可以养的狗的数量，以及允许饲养的品种）。养猫不需要注册，我们也没有找到人猫比例的数据；不过，流浪猫的数量据估算大约为 15 万只。

## 日本

从 20 世纪 70 年代开始，日本人对宠物的兴趣一直在稳步增长。狗的受欢迎程度，特别是小型犬品种，自 20 世纪 80 年代至今已经翻倍了。现在，人和狗以及人和猫的比例分别为 10∶1 和 11∶1，总共有 1300 万只狗和 1200 万只猫生活在日本（在 2007 年）。不幸的是，拟人论在城市地区传播得非常广泛，人们还需要更多的关于不同动物的特殊需求的教育。和中国一样，很可能是因为受到佛教的影响，在素食主义者和日本大学生中都存在着一些对宠物安乐死的抵制。一种呈姜黄色和玳瑁色的变异的毛发颜色（三花，calico）起源于亚洲，并且在印度、东南亚和日本尤其常见。此外，日本短尾猫（Japanese Bobtail）这一品种在几个世纪前就已为人所知，它们经常出现在艺术作品中。它们受人偏爱的"好运"色（mi-ke），相当于三花或玳瑁加白，也存在于其他的品种猫中。

### 阿联酋

我们没有找到任何有关阿联酋被饲养的猫或流浪猫数量的信息。不过，很有趣的一点是，阿联酋政府正在和世界动物保护协会（World Society for the Protection of Animals）合作，基于捕捉、绝育和放生，一起建立流浪猫人道主义控制计划。而世界上最大的宠物展览，每年都在迪拜举办，展览期间每天有超过 35000 名参与者。

### 约旦

我们没有找到任何有关约旦（被饲养的或流浪的）猫数量的信息。不过，在本文第一作者的实地研究中，经常能在安曼的街头看到猫，它们或是在自家门前休息，或是在垃圾箱里觅食。在郊区或城区中，作者看到的猫几乎都处于健康的状态。

### 以色列

1996 年，以色列据称只有 14 万只被人饲养的猫。官方兽医服务机构没有估算过流浪猫的数量，但是有报道说，流浪猫的数量有"好几千"。

### 瑞士

瑞士无疑是一个猫友好型国家，在 760 万的人口中散布着大约 135 万只猫（只有大约 40 万只狗）。我们能确定，其中的一个原因就是 65% ～ 70% 的瑞士人是租房的，而房东更容易接受养猫而不是养狗。本文的第一作者还推测，热爱自由、独立思考的瑞士人可能会更欣赏猫独立的天性。瑞士非常适合进行比较研究，而本章的作者在对说德语的和法语的瑞士成年人的态度进行比较之后，已经发表了分析结果，并且正在筹备着把这些亚群体分别和德国人、法国人进行比较。

### 德国

市场研究显示，德国的家猫数量从 2000 年的 700 万只增长到 2009 年的 830 万只。该报告也表示，宠物的拟人化（拟人化思维）正在推动着德国人对宠物产品的消费。举个例子，宠物主人正在寻找那些能提升免疫力、让毛发更松软、让皮肤更健康，或整体上提升宠物健康程度的产品。

### 法国

法国是世界上猫数量最多的 10 个国家之一，在 2006 年，有 960 万只宠物猫生活在法国。尽管如此，在欧洲范围内，法国算是"狗"国，每 100 个人就有 17 只狗。

## 实地研究的结果

我们考察的是在不同宗教传统的国家中，成年人对动物的态度，那么，上述的这些事实和信仰是否反映在人们的这些不同的态度中呢？简单来说，本文的第一作者设计的研究包含两个阶段：（1）在 12 个国家中分发了一份 3 页长的调查问卷，问卷使用的是当地的语言，并包含填写问卷的成年人的人口数据；问卷有 27 个语句，其中包含 5 个控制语句来确保在填写问卷时，人们能充分地理解问题并能专注答题；被试者需要在一个 5 分的李克特量表上表示同意或不同意；（2）在其中的 3 个国家中，对城市和郊区街道上人和动物的随机遭遇进行直接观察。这项研究回收了超过 6000 份问卷，并通过方差分析来试验以下因素的影响：宗教传统、性别、是否养宠物以及样本类型（便利随机抽样样本或对动物友好的人的样本，比如来自动物医院的休息室）。这 27 个语句可以被粗略地分为关于自然／保护区和野生动物、宠物、耕作方式、肉类消费以及动物整体上的感知和认知能力。总结特纳等人的结论可知，和一个主要因素呈显著相关性的问题数量分别为：宗教，15（在去除 5 个控制语句后的 22 个语句中）；性别，10；样本类型，10；是否养宠，9。而关于猫（和狗，出于比较的目的）以及动物整体，有以下有趣的结论：关于"把动物当宠物饲养会给个人带来很多益处"这个语句，所有四个因素都是显著的。尽管所有宗教背景的人都认同这一点，但犹太人比其他宗教的人更赞同这一点，排名第二的是基督徒。关于"猫是非常惹人喜爱的动物"这个语句，宗教和样本类型都是显著的。尽管所有人都赞同猫是惹人喜爱的，但对动物友好的人以及穆斯林远比随机样本和其他宗教的人更赞同这一点。有趣的是，对于"狗是非常惹人喜爱的动物"，尽管几乎所有人都同意这一点，但女性、对动物友好的人以及养宠物的人，远比男性、随机样本、不养宠物的人更赞同这一点。穆斯林和印度教徒对这个语句的认可程度相对较低，大部分犹太人表示同意。所有宗教背景的人的回答都是在"同意"和"非常同意"之间。此外，女性和穆斯林最强烈地反对吃猫肉和狗肉，不过所有类别的人都反对这个。有趣的是，波德博塞克发现，在韩国，人们对吃狗肉有着很高的支持度（但对吃猫肉并非如此），这和民族认同有关，而且西方社会对禁止吃狗肉的呼吁被认为是对当地文化的攻击。赫尔佐格也对中国的这一情况进行了更详细的论述，在本研究中取样的北京成年人大多反对吃狗肉和猫肉。在中国的城市中，养宠物正变得越来越流行，而这个现象可能已经在不断地影响着人们对吃猫狗肉的态度。

　　尽管只是笼统地提到"动物"，而不是特指猫和狗，对"动物有着和人一样的情感"这个语句的反应以及对"动物可以像人一样思考"这个语句的反应是有相关性的，因

为养宠行为和对动物友好的人的样本对这两个语句的显著影响：对动物友好的人、宠物主人以及女性在"宠物情感"的陈述，比随机样本、非宠物主人、男性要更为赞同，尽管所有人都表示赞同。犹太人和基督徒都赞同这个陈述，但是比其他宗教的人赞同的程度要显著更低。而关于"像人一样思考"这个陈述，女性和对宠物友好的人更为赞同，基督徒和犹太人持中性观点，而其他宗教的人相对赞同。

## 结语

在我们研究的国家中，我们发现了人们对猫（和狗、其他动物以及动物议题）有着不同的态度。这些态度显著地受到了宗教的影响，不过人们的态度在方向上总是一致的。在不同的文化中，人类和猫之间的互动行为是否会有不同，这一点仍有待确认。在不同的国家中，和猫之间形成紧密关系的人群数量比例是否会有不同（根据自然丰度进行校正后），这个问题也尚未得到解答。此外，一个很可能的情况是，一旦一个人把家猫纳入了他／她的社交网络中，鉴于人和猫性格的个体差异，文化之间的不同就会变得小到难以探测（见第八章）。

# 人类和猫的性格：从两边同时建立纽带

库尔特·科特沙尔、约翰·戴、桑德拉·麦昆、曼努埃拉·韦德尔

# 概述

## 人和猫在一起

家猫是最常见的伴侣动物之一。在具有伊斯兰教背景的文化中尤为如此，而比起西方社会，狗在这些文化中更少被接纳为伴侣动物（第七章）。比如，在奥地利，800万人口拥有超过200万只猫，相比之下，狗的数量只有70万只。结果，猫的行为以及猫和人的互动提高了科学研究的兴趣。特别是在农村的环境中，猫和人类之间的联系可能仍旧是松散的；猫主要是因为它们消灭害虫的能力才被人们容忍，不过人们也经常会同情这些猫，并给它们喂食。如今，在城市地区，大部分猫往往是主人的社交伴侣。随着单人家庭的增长，越来越多的猫被当作伴侣动物饲养。为了确保猫的安全，大多数的城市猫被关在室内。和有到户外进行活动这一选项的猫相比，这些室内猫往往会和主人产生更多的互动，并且会更"依恋"它们的主人。人们经常会和他们的猫建立起亲密且长期的关系，猫和主人也可能会发展出复杂的具有特质性和时间结构的互动行为。

## 和一种不爱社交的动物进行社交

人类和猫之间跨物种的社交引发了至少两个问题。首先，这个本质上不太爱社交的物种怎么可能成为人类最常见和最受欢迎的伴侣动物呢？其次，该如何解释人们和他们的猫之间有着那么多不同类型的互动和关系？

人们"拥有"猫，一般来说是以提供住所和食物的方式来照顾它们。这种进入共生关系的邀请机制让人类和猫都对这段关系建立起了一些预期。而猫可能并不能以人类期待的方式来回应这些预期。取决于基因背景、品种、个体历史以及主人的努力，主人对猫的意义可以仅仅是一个喂食者，也可以是一个有着亲密纽带的伙伴（第五章）。家猫的北非祖先是相对独居的。表面上看，猫的社交性在驯化的过程中得到了提升，这主要是因为自然选择淘汰了那些对人类腼腆和焦虑的猫（第六章）。而这又能提升猫之间的社交性。如今，世界上大城市中的流浪猫可以适度地进行群居生活。

### 独一无二的关系

哺乳动物似乎本质上就是"爱社交的"，而社交性的程度是由催产素系统中相对较小的调整进行调控。因此，即使猫和狼或狗相比是相对孤独的，但它们并不是反社交的。尽管大多数狗都倾向于和人类形成牢固的关系（如果在早期生活中就和人类恰当地社交），对猫来说，这更像是一种选项，这就使得人和猫之间社交关系的强度以及依恋类型都要比人和狗之间具有更多的不确定性。对一些猫来说，主人仅仅只是喂食者，但另一些猫会在主人回家的时候高兴地问候他们，甚至跟主人一起散步。大部分猫的主人理所当然地认为他们和猫之间的关系是独一无二的。当然，这一点对于任何长期的二元关系都是对的，不管是人类与人类还是人类与动物之间。不过，由于人和猫之间多种多样的关系和互动类型，此种跨物种的伴侣关系要比人与其他任何伴侣动物之间的关系都更具有多变性，也因此更具

有个体特异性。事实上，猫和人类之间的关系可能会呈现出猫和猫之间的互动所没有的或不同程度的特征。这种猫和人之间关系以及互动风格的多样性不太可能是随机出现的，因为一般意义上要被称为"关系"，需要三个附带的复合机制：

1. 猫和主人之间的关系有多紧密？这和猫或主人对亲近对方的渴望程度有关，而这受到催产素系统以及中脑边缘奖赏系统的调节。

2. 在这种二元关系中，二者都有哪些依恋特点？这个涉及相互信任，在压力事件中人类是否是或者在多大程度上是猫安全的避风港，以及关系中整体的情感状态。比如，他们是否会让对方平静下来，或者他们是否有时会给对方造成压力？正如人们会对具有亲密关系的社交伙伴形成情感认知表征，这种基于早期社交经历而形成的对依恋对象的"内部工作模型"，也会由伴侣动物以某种形式引发。

3. 这些社交伙伴们到底在一起做些什么？他们的互动风格是怎样的？一个特定的二元关系的操作性如何？以及他们发展出了哪些对于一个二元关系来说可能是独一无二的行为仪式？

这三种复合机制组成了关于关系的需求、态度、影响和互动的生物心理和行为综合征，我们称之为"关系"。

## 影响二元互动风格的因素

品种/遗传基因，尤其是父亲的遗传，生长发育以及早期社会化、住所条件、主人的依恋程度以及其他和主人相关的因素都被证明会影响猫的行为和形成关系的潜力。除了基因背景，早期社会化是影响猫长大后亲近人类的程度以及与人类相处的态度的关键因素。这可以由哺乳动物常见的社会脑以及早期社会化和发展恰当的社交应答在行为学和生理学层面的一般规律来解释。

一般来说，在整个社会化敏感时期（2～7周龄）都和人类进行社交互动的幼猫，会发展为适应能力很强的猫，它们能在靠近人类时毫不焦虑，也能参与到积极正面的社交互动中。和其他哺乳动物和鸟类一样，这种在猫早期生活中就开始进行常规性照料的行为，一般来说可能会使得猫能更从容地应对未来可能会遇到的各种应激源。在个体发育早期出现的和社交相关的事件，会在物种演化层面上比后期出现的这些事件对更多古老的机制产生影响。在过去被称为"印刻时期"的阶段中，从出生后第三周睁开眼睛和打开耳朵到出生后第六到第八周，和特定个人进行常规性的友好接触很可能会影响到幼猫个体对人类整体的心理表征（"内部工作模式"，internal working model）的形成，以及未来生活中的"社交性"。社交性指的是，当猫和一个特定的人互动和形成绑定关系时，这只猫会展现出的感兴趣程度以及焦虑的程度。

最后，基于基因背景以及早期社会化，任何猫都能和特定的个人（通常是主人）形成特定的互动模式和生活习惯。这是一个由双方共同进行调整适应的系统化的、双向的过程。在对狗的研究中，我们证明了，狗做出的行为表达很显著地受到主人性别和性格的影响。同样，正如特纳论述的那样，对猫而言，我们发现主人的性别、年龄、过去养猫经历、态度（比如接受猫"独立性"的意愿程度）、人类的依恋程度以及住所条件（只限于室内或能去室外）都会影响互动的结构、强度和相互性。因此，人类同伴提供的社交环境可能会显著并明确地影响到动物同伴的行为表达，不仅狗是如此，猫亦然。

## 猫的性格

任何人和猫之间二元关系的形成都不是一个单向的过程。猫的个性无疑和人类提供的社交环境有关，并且会对此做出反馈。基于观察者的评价，研究人员提出了三个基本的猫性格维度：（1）勇敢大胆、自信／随和；（2）害羞／紧张不安；（3）活跃／攻击性。然而，猫的性格是很复杂的，主要因为个性不会独立于社交背景而发展。

我们最近发现，在狗与主人的二元关系中，关系和互动尤其受到主人性格和性别的影

响。由于这些因素一般而言应该对塑造长期的二元关系具有重要性，我们预期在主人和猫之间也能找到类似的关系模式。狗在不同环境下的行为也受到主人性格和态度的影响，并且在不同的年龄和情景下是相当稳定和一致的，这也证明了我们使用"性格"这一词的合理性。然而，对猫而言，类似研究的结果仍然是模棱两可的，尤其在宠物的性格如何影响它和主人之间的亲密关系（或反过来）这一问题只得到了很有限的关注的情况下。

事实上，我们还没有在猫和主人性格或者他们的相互影响之间找到正式的联系。和其他动物一样，猫的一些性格是具有遗传性的。然而，大部分的性格会在生命早期就塑造形成，以及由它和特定的环境和特定的个人之间的长期关联所塑造。与生物人格理论相符，我们预测主人和猫的性格会呈现出行为综合征特征中的"行动—反应"或"勇敢—害羞"连续体的一些部分。至少在理论上，猫应该不会是例外。有一些猫应该会"勇敢大胆"、自信地甚至是具有攻击性地面对陌生人，它们也能比较容易地形成固定的生活习惯，但可能无法很从容地适应不断变化的环境。其他猫面对陌生人时会是相当"害羞的"；当它们注意到环境中应激源时，它们很容易紧张焦虑，往往是慢慢地去探索；它们不像"勇敢"的猫那样容易形成固定的生活习惯，但是对环境中的变化适应能力更强。

## 为什么人类能和其他动物社交

与其他动物形成关系的渴望似乎是人类典型的"亲生命性"的一部分。脊椎动物保守性地维持着的大脑结构和功能为其发展出跨物种的社交能力提供了共同基础。比如，在脊椎动物超过 4.5 亿年的进化历程中，控制社交行为和情感的同源脑中枢，也就是所谓的"社会脑网络"，及其让个体能在（社会）环境中做出适应性的个体决策的主要合作伙伴——所谓的"中脑边缘奖赏系统"，几乎没有变化过。这种进化上的保守性不只适用于作为社交行为控制中枢的大脑，还适用于大脑的执行伙伴（也就是肾上腺皮质轴和交感——肾上腺轴，会产生社交性生理反应）。社会性的脊椎动物也共同具有在个体早期发育过程中恰当地进行社交的需求，这是为了能发展出移情性理解能力，而在跨物种的范畴中，类似的机制也成为表达个体行为表型的基础。一般来说，人们不断地挑选家养动物中温顺和驯服的个体进行繁育，因为和被驯服的（即和人类形成社会关系的）野生动物相比，这些动物更容易与人类社交并一起生活。

## 只有和睦与和谐吗

个体之间的二元关系可能包含着相互之间和谐的情感支持和协作，特别是在利益均衡的条件下。比如，社交同伴可能可以减少彼此的应激反应；和一个动物伴侣在一起生活可能会给人类的情绪和生理健康带来一系列的好处。然而，一般而言，长期有价值的二元关系模型中应该包含持续的冲突—解决循环。对于同物种间的二元关系，这一点无疑是对的；而这很有可能也能应用到人类和其他动物之间的二元伴侣关系中。随着时间的推移，伴侣的利益很难处于完全稳定或平衡的状态。结果，任何二元关系中的个体地位都需要动态地进行谈判协商。本质上，这应该也适用于人与伴侣动物之间的关系。

大多数狗，特别是高度驯化的狗，远比它们的狼祖先展现出更多的"取悦人的意愿"，也就是说，单纯为了获得社会认同而进行合作。然而，狗有时也会不理会主人。在这种情况下，主人会被强烈建议去进行适当的训练。如果在人和狗的二元关系中尚且存在谈判和协商（比如，主人要专心工作，而狗哀求主人去散步），那么在人和猫的二元关系中就更

是如此了，因为猫"取悦人的意愿"更不明确。

比如，猫可能会通过食物来寻求友好的社交关注。有的猫会给什么就吃什么，有的猫则只接受某些特定类型/品牌的食物，还有的猫形成一种相反的习惯——只在极少数的场合接受某些特定类型/品牌的食物，然后要求换吃的。有些猫是"暴食者"，也就是说它们会吃得很快，并且会吃大量的任何食物或只是它们喜欢的食物；有些猫吃东西很挑剔，会通过行为和叫声来对主人提出要求。因此，有的猫会乖乖吃饭，而有的猫则会大吵大闹，也就是说，它们会不时地进行谈判，还有的猫则总是会在食物上进行谈判和互动沟通。这不仅反映了猫之间的个体差异，还有可能是在一定程度上受到了主人的行为、态度和社交需要的影响。乐意被说服的主人可能会引起猫对谈判的兴趣，而特别需要来自猫的社交关注的主人可能会更乐意让步，他们会希望取悦猫，这在本质上是用食物来换取社交关注。

有了如此完整的理论背景作为基础，我们开始检验主人和猫在喂食期间的行为以及他们之间是如何进行互动的。我们预测这个标准的场景会揭示每个二元关系特有的互动模式，并且在有访客的情况下也具有说服力。此外，我们对于区分出二元关系行为和互动中特有的和共同的组成部分也很感兴趣。最后，我们希望能探索二元关系中的一方的特定特征（比如性别和性格）是否会影响二元关系的特征。过往的研究发现主人的性别对此有显著的影响，但是猫的性别对此并没有什么影响。鉴于猫主人为二元关系提供了社会和经济框架，我们预测主人和猫之间的关系本质会尤其受到主人的性格和性别的影响，因为性格和性别会最明显地影响到人类一方的互动目的。比如，如果具有特定性格特征的人们表现出与他们的猫互动的强烈欲望，他们可能会配合猫对互动的意愿，从而可能会极大地激发强烈的且多种多样的二元互动模式。如果人们较少顺从猫的社交提议，则可能导致较为疏远的二元关系。

## 实验方法

本章中展示的结果来自一项由 Mars Inc. 和 WALTHAM® 赞助的有关猫和主人关系的研究，该项目在 2005 至 2006 年间进行，研究对象是 40 个养猫的维也纳家庭；之前只发表过用 Theme® 进行互动模式分析的研究。有 40 只猫（25 只公猫和 15 只母猫，0.75～13 岁，大部分已绝育）和 39 个人（10 位男性和 29 位女性，21～78 岁；其中一名女性有两只猫，养在不同的公寓中）参与了本项研究。在这里，我们只能提供实验方法的概览。超过一半的猫（21 只）能去户外活动（花园、屋顶），但是所有猫大部分（如果不是所有的）时间都待在室内。我们聚焦于单猫家庭，并且大约以每周一次的频率，对每一个家庭进行总共 4 次的拜访。我们的拜访时间通常都是在猫的喂食时间，来观察在该情形下猫和主人之间的互动。我们预测，这是猫和主人之间互动性最强的时间段之一，也很有可能最能揭示潜在的谈判行为。每一次观察都始于喂食前 5 分钟，覆盖主人喂食猫的全过程（持续 10 分钟左右），然后持续到猫进食结束后 5 分钟。每一次都由两名观察者进行拜访，一人和主人进行交流并指导整个流程，另一人全程录下猫和主人的行为以及他们之间的互动。在其中一次拜访中，我们还进行了一项新的物体测试，我们把一个猫头鹰毛绒玩具放在地板上，并记录下猫第一次遇见这个新物体时的反应。

在第一次拜访时，我们就猫和主人的关系对主人进行了访谈。猫和主人之间的互动和猫的行为性格测试在所有的 4 次拜访中都被记录下来。人类的性格测试（NEO-FFI，

见下）在第 2 次拜访时完成。最后，在所有的拜访都结束后，3 个观察者会给出猫每一个性格特征的主观的专业评价（每一次拜访都是从 3 人中挑出 2 人，轮流进行）。通过录像，我们使用 Observer Video Pro 5.0 软件对所有可观察到的猫行为及其与主人之间的互动行为的时长和频率进行了编码。三个编码者之间的可信度在整个编码过程中被测试了 3 次——开始、中间、结束——在 72% 到 95% 的范围内。

我们让猫主人做了新大五人格测试。这项包含 60 道题的测试把成年人的标准性格分成 5 个维度：神经质、外向性、开放性、宜人性和责任心。然而，这 5 个维度可能不是完全相互独立的。交叉相关性分析显示，在我们的数据集中，只有开放性是独立于其他维度的。这使得我们可以用主成分分析（PCA）来把这 5 个最初的维度浓缩到 2 个，这样大大简化了对主人性格和主人—猫行为以及二元互动之间的相关性分析。PCA 中的第一个轴在一方面整合了外向性、宜人性和责任心，在另一方面整合了神经质，第二个因素主要由开放性构成（见表8.1）。

表8.1 基于39个人的5个NEO-FFI人格维度得分的PCA而得出的两个新的猫主人性格因素的因子载荷

| FFI维度 | F1（新）：神经质 | F2（新）：开放性 |
|---|---|---|
| 神经质 | −0.79 | 0.15 |
| 外向性 | 0.69 | −0.01 |
| 宜人性 | 0.68 | 0.28 |
| 尽责性 | 0.51 | −0.1 |
| 开放性 | −0.06 | 0.96 |

注：解释了57.3%的总方差；因子旋转，选用方差最大化正交旋转，KMO=0.63。

3个编码者使用一个在菲弗等的研究结论基础上进行修改的连续量表来对猫的特征和行为进行评价，保留了以下指标：活跃—不活跃、焦虑—自信、易兴奋—沉着冷静、好奇—冷淡、暴食—挑剔、爱玩耍—不爱玩耍、粗鲁—温柔、好交际—高冷、紧张—放松、警觉—心不在焉、爱叫—安静等。观察者们对每一项都在一个连续量表中进行了打分。基于这些观察者的评分，我们用PCA来生成猫的性格画像（见表8.2）。

表8.2 基于观察者打分的猫性格项目的PCA分析的因子载荷

| 行为 | 活跃—爱玩耍 | 焦虑 | 好交际 | 喂食风格 |
|---|---|---|---|---|
| 活跃 | **0.882** | 0.027 | 0.155 | −0.017 |
| 易兴奋 | **0.846** | 0.353 | −0.002 | 0.102 |
| 爱玩耍 | **0.803** | −0.061 | 0.337 | 0.039 |
| 粗鲁 | **0.721** | −0.203 | −0.179 | −0.106 |
| 好奇 | **0.711** | −0.144 | **0.585** | −0.069 |
| 焦虑 | 0.036 | **0.941** | −0.094 | 0.062 |
| 紧张 | −0.006 | **0.86** | −0.369 | 0.15 |
| 躲藏 | 0.021 | **−0.837** | −0.142 | 0.07 |
| 警觉 | 0.534 | **0.536** | 0.389 | 0.005 |
| 爱叫 | −0.025 | 0.179 | **0.736** | −0.165 |

（续表）

| 行为 | 活跃—爱玩耍 | 焦虑 | 好交际 | 喂食风格 |
|---|---|---|---|---|
| 好交际 | 0.158 | −0.206 | **0.677** | −0.062 |
| 对访客的关注 | 0.345 | −0.515 | **0.58** | 0.101 |
| 暴食 | −0.037 | 0.008 | 0.111 | **−0.937** |
| 检验食物 | −0.059 | 0.068 | −0.072 | **0.924** |

注：在菲弗等的研究结论基础上修改；KMO = 0.64, chi-square ~400.9, df = 91, Bartlett's p < 0.0001；76.9%的累计方差被解释），展示其中4列。足够高的载荷用加粗表示。

## 结论

### 主人—猫行为和互动

#### 二元关系之间的不同

鉴于以下大部分的结论都没有在其他地方发表过，我们在脚注中提供了相关的具体统计分析数据，用来佐证和说明。在我们的 4 次拜访中，猫通常是警觉的和活跃的，并正期待着喂食。在大部分录像的时间（84% ± 12%）中，猫都在场。在 9% 的时间中它们在

走路，29% 的时间站着不动，29% 的时间坐着，11% 的时间伏着，只有 13% 的时间在躺着，这意味着它们在喂食时间前后是较为活跃的。在所有观察到的行为中，最频繁出现的是和注意力相关的行为以及情绪的表达或兴奋表现（主要包含尾巴、耳朵和眼睛的运动和姿势）。在我们的拜访中，猫主人直接和他们

的猫进行互动的行为包括：喂食（7%）、对猫说话（5%）以及在平均 30% 的时间中鼓励猫进食，而这本身就是一个喂食场景中的社交情景的有力指标。正如我们所预料的，我们在不同的二元关系中发现了大量行为和互动上的差异。在所有的 218 个编码后的变量中，89% 的变量在 40 个二元关系中都存在显著的差异[1]。在喂食期间，218 个变量中有 55% 存在显著差异。在 39 个差异最大的变量中[2]，36% 是尾巴的移动或尾巴的姿势，15% 是移动或身体姿势，13% 是主人发起的互动，这意味着这些最大的差异都和情感外露的程度、受刺激的程度以及互动的程度有关。

猫的性别对这些"最不同的变量"影响很小，对尾巴的运动、姿势和猫的移动影响更小。其影响主要来自主人的行为，比如叫唤猫，公猫的主人在 8% 的时间叫唤它，而母猫则达 18%。这意味着，在整体上，猫主人更加注重于劝说母猫进食，这可能也反映出母猫更加挑食。事实上，公猫会显著地花更多时间（在观察期内）安稳地吃东西。这是 17 个（占所有行为的 8%）公猫和母猫在直接对比时出现显著差异[3]的行为中的一个。在所有这些存在显著差异的行为中，公猫的行为都更频繁或持续更长时间。这些大部分都是面向主人的沟通性或关注性行为，比如尾巴和身体磨蹭、翻滚、打转、眼睛睁大、发出呼噜声、坐下以及躲藏。总体而言，相比母猫，公猫面对主人时更具表现欲，而这种表现可能会鼓励主人花更多的时间给公猫喂食[4]。

在 218 个变量中，只有 3 个和主人的性别有关（占所有行为的 1%）。不过，是猫的行为，而不是主人的行为，反映出了主人的性别。在拍摄期间，男性主人的猫比女性主人的猫会更经常不在场，而女性主人的猫在期待食物的时候会更长时间地做出尾巴举起且半卷着的动作，并且会更经常地转圈。这不太可能和猫的性别有关，因为公猫和母猫在男性和

---

[1]　Kruskal – Wallis, df = 39, p < 0.05。

[2]　意思是 Kruskal – Wallis 卡方值大于 99，等于所有变量中的 18%。

[3]　Mann – Whitney U, p < 0.05.

[4]　Mann – Whitney U: Z = − 2.7, n = 25/15, p = 0.007.

女性主人之间的分布是相当平均的。更有可能的原因是，女性主人和猫之间的关系与男性主人不同。

### 猫主人的性格

猫主人在整合后的神经质、外向性、宜人性和责任心（表8.2中的F1）上的得分越高，他们的猫就越少出现耳朵竖起的行为[1]，更愿意被主人抱起来[2]，发出更多的吱吱叫，他们也会更多地用脸去蹭以及亲吻他们的猫[3]，但是他们会更少地和猫一起同物体玩耍，并且猫主人展现出"无法定义"的玩耍和喂食行为的时间就越长。这意味着在神经质维度上得分高的猫主人会呈现出多种多样的、高强度的和猫互动的行为，包括人类发起的用

脸去蹭和亲吻、积极主动的喂食行为等，但是并没有那么热衷于参与到猫和物体的玩耍中。

相反，在开放性维度中得分越高的猫主人（见表8.1中的F2）和他们的猫之间的互动似乎在强度上较弱一些。主人的开放性越高，猫就越不爱叫[4]，猫盯着主人看的时间就越短，主

---

[1]  Duration: Spearman's: rs = 0.348, n = 40, α = 0.028; frequency: rs = 0.439, α = 0.038.

[2]  Holding: both duration and frequency: rs = − 0.33, α = 0.005; squeaking: rs = − 0.395, α = 0.012.

[3]  Hissing: rs = − 0.323, α = 0.042; object play: rs = 0.367, α = 0.020; undefined owner and cat vocalisations: owners: duration: rs = − 0.442, α = 0.004; frequency: rs = 0.461, α = 0.003; cats: frequency: rs = − 0.409, α = 0.009; undefined play: rs = − 0.453, α = 0.003; feeding behaviour owner: duration: rs = 0.476, α = 0.002; frequency: rs = 0.459, α = 0.003.

[4]  Vocal cat: duration: rs = − 0.329, α = 0.038; frequency: rs = 0.339, α = 0.033; cat look at owner: rs = − 0.384, α = 0.014; owner calling cat: rs = − 0.415, α = 0.008; owner speaking to cat: duration: rs = 0.336, α = 0.034; frequency: rs = 0.415, α = 0.008; feeding: rs = 0.44, α = 0.005; encouraging cats to eat: duration: rs = 0.350, α = 0.027; frequency: rs = − 0.365, α = 0.021; touching cat: rs = 0.348, α = 0.028; owner-initiated object play: rs = 0.351, α = 0.026.

人更少地叫唤猫，但是他们会更频繁地对猫说话并鼓励猫进食，并且他们会花更多的时间抚摸猫。不过，猫主人在开放性上的得分越高，他们就会越频繁地发起和猫一同进行物体玩耍的行为。这些行为模式意味着，开放性得分高的猫主人和神经质得分高的猫主人在关系驱动的模式上是不同的。前者在操作层面的互动性更强，并且更注重物体玩耍。

### 猫和主人性格

通过基于专家打分的 PCA 分析，我们区分出了 4 个猫性格维度：（1）活跃—爱玩耍；（2）焦虑—紧张；（3）好交际；（4）喂食风格，这和菲弗等的结论是类似的，而前两个维度是最明显的。公猫是更为焦虑—紧张的（F2），往往在喂食风格（F4）的维度中也显得更"暴食"[1]。猫主人在开放性中得分越高，他们的猫就越不焦虑和紧张，并且在新物体测试中，这些猫也会更经常地忽视这些新物体[2]。这可能意味着猫主人整体的情绪性会显著地影响猫是如何融入环境的。和我们在对狗的研究中的发现一致，神经质得分高的猫主人主要会把猫视

作能提供情感支持的社交对象，因此，相对于开放性得分高的猫主人（他们把猫视作一起玩耍的伙伴而不是社交提供者），他们给猫的安全感可能会更低。因此，开放性主人的猫可能会发展成更加具有安全感、更少出现焦虑的个体。

---

[1] Male cats more anxious – tense (F2) and gluttonous (F4) than female cats: Mann – Whitney U: F2: Z = – 3.003, n = 25/15, p = 0.003; F4: Z = – 1.746, n = 25/15, p = 0.081.

[2] Owners scoring high in Openness, cat less anxious and tense and ignoring object in novel object test: F2:rs = – 0.363, α = 0.022 and rs = 0.340, α = 0.032; and ignoring: duration: rs = 0.324, α = 0.041; frequency: rs = 0.336, α = 0.034.

## 彼此调和？随着时间的推移，主人和猫是如何互动的

由于很多人把猫当作社交对象，我们提出人与猫之间的二元关系可能会在互动结构上类似于人与人之间的二元关系。于是，我们预测，二元关系的结果会取决于主人和猫的性格、性别、年龄以及一起生活的时间。我们从录像带中对行为进行了编码，并且用 Theme® 对这些行为进行了时间模式的分析。这些信息之前已经发表过了。

### 人类是如何影响二元关系中的互动模式的

通过 Theme® 的算法发现，每分钟的行为模式数量往往在女性主人的二元关系中更多，这意味着相比起男性，女性主人会更喜欢用结构化的模式和她们的猫互动。猫主人在神经质（NEO-FFI 维度 1）上的得分越高，行为模式的数量就越少。因此，尽管事实上这些主人花了很大的精力来和他们的猫进行社交（见上），但在模式上并没有呈现出标准的时间结构。这是很有趣的，因为内在行为结构的数量和同步性的程度在一般情况下是对二元关系的可操作性的一个合理预测值。以下的事实支持了这一论点：猫主人的神经质得分越高，他们的猫就越焦虑。

猫主人在外向性（NEO-FFI 维度 2）上得分越高，每分钟"不重叠模式"的数量就越多。这意味着外向的主人在和猫互动时，有着更多样的模式；通过 Theme®，我们发现外向主人的模式会具有更大的多样性（相比在外向性上得分低的主人）。最后，猫主人在责任心上（NEO-FFI 维度 5）得分越高，模式的复杂性就越高。这意味着这些二元关系中的互动模式包含更多的行为元素（相比在责任心上得分低的主人）。该结果也支持了以下解释：通过使二元关系变得更仪式化，尽责的性格结构会进一步提升信任、依赖度，以及在互动行为的时间结构中展现出来规律性。

### 猫的性格会有什么影响

通过 Theme® 分析，我们发现猫的年龄越大，二元关系中的事件类型的复杂度就越

低。这意味着猫的年龄越大，它们和主人互动时的行为列表就越短，这可能反映了随着猫的年龄增长，活跃度和爱玩耍的程度出现了下降。我们还得出了和猫性格有关的结果：猫越"活跃"（见表 8.2 PCA 轴 1），互动行为的时间模式的多样性就越低，但这些模式的复杂度就会越高且持续时间就会越长。这意味着，对于"活跃的"猫来说，和主人互动的丰富性并不表现在模式的多样性上，而是在于这些模式的细化。猫越"好交际"（PCA 轴 4），模式的数量就越少，并且模式的多样性也就越少。这无疑是很出人意料的，不过，这可能意味着在互动的模式化或结构化程度较低的主人—猫的关系中，猫可能会通过在社交上变得更活跃来进行补偿；这也可能和猫主人的神经质得分有关（见上）。

## 这些意味着什么

对饲主和猫完整的行为与交互定量图谱的分析表明，不同的二元关系会在双方的行为以及互动上呈现出相当显著的差异。然而，这种差异对于每一对二元关系来说并不完全是独一无二的。和最近的一项饲主—狗关系的研究中发现的关系模式类似，大部分在饲主—猫

二元关系中出现的互动风格的差异似乎都取决于猫的性别和主人的性格。和特纳相反，我们在猫和人类同伴的互动行为中发现了不少和性别相关的差异。这可能是因为我们选择在喂食的场景中探索饲主—猫的互动，而这可能增加了捕捉这些行为差异的可能性；也可能是因为我们记录下来的行为图谱更完整。猫在性别上最显著的差异体现在行为的表达性上（和情感状态相关的耳朵和尾巴的动作的数量）和移动上。在各个方面，公猫都比母猫更善于表达，尽管事实上大部分被研究的猫都已绝育（性功能和荷尔蒙层面不完整）。在和饲主的沟通和互动上，公猫也更为活跃。公猫也会比母猫更贪食／不挑食。相比之下，饲主的性别对喂食场景中二元关系的行为和互动的影响就显得弱了很多。

　　饲主的性格和猫的行为表达／性格特性是显著相关的。神经质（NEO-FFI，F1；见表9.1）得分越高的饲主往往会主动发起并维持和猫之间各种各样的高强度互动，他们对互动的渴望似乎与猫对互动的意愿相匹配，使得这些二元关系呈现出相互依附、高互动性以及行为多变的特点，但也会使得猫相对更焦虑。相反，开放性（NEO-FFI，F2；见表9.1）得分较高的饲主会较少通过声音和触摸的方式和猫进行沟通，这也使得他们不像神经质得分高的饲主那般有那么多的喂食行为，但是他们会在操作层面上进行更多的互动，比如，和猫一起进行物体游戏。这些差异证实了以下观点：特定饲主对于和猫亲密社交接触的需求（即神经质得分较高的饲主）会使得猫更加爱谈判，而不是百依百顺。这种主人会花更多的时间给猫喂食并鼓励猫进食。喂食猫会让他们感到满足，但如果猫不吃东西或者挑食，他们就会开始担心。因此，猫可能成功解读了它们主人的这个心理，并以此为谈判筹码来争取它们的利益，或是让饲主在情感上对它们更为依赖。

　　我们发现，猫个体行为综合特征的表达（一般被称为"性格"）取决于饲主的性格。有趣的是，高开放性的饲主会拥有更自信、勇敢的猫（即不焦虑、不紧张、不太受新物体影响）。这可能是因为这种人类伙伴对他们的猫来说作为社会资源的价值要比神经质高的饲主低，或是因为后者带来的"安全感"或"避风港"（在依恋理论的意义上）相对更少。

事实上，"开放"的饲主可能会促使他们的猫在应对日常的变化时变得更加独立自主。结果，这些猫可能就发展出了一种更加勇敢大胆的应对风格（相比起对饲主的社交依赖更重的猫；或者反之亦然，即饲主在社交上也对猫更为依赖）。不过，饲主在神经质上的得分越高，当主人抱起猫时，猫就显得越信任。因此，看起来这种饲主（和更加外向—宜人—尽责的主人相反，见表 9.1）更符合我们以下的预期：在社交中的相互顺从能解释他们和猫之间亲密和信任的关系。

可能有一些饲主在神经质（见表 8.1 F1）和开放性（见表 8.1 F2）上的得分都很高，因此，他们和猫能形成很亲密的关系，同时猫也能很自信—勇敢；而在神经质和开放性上得分都比较低的饲主和猫的关系可能就会较为疏远，同时猫会更焦虑和紧张。这种饲主的性格和猫行为之间的关系可能在单猫家庭中是最显著的，因为在多猫家庭中，由于更多的猫或人类登场，会出现三元或更多元、更多层次的关系，于是关系和互动就会变得更加复杂。比如，典型的"观众效应"导致第三个个体仅仅只要在场，就会影响成对个体之间的二元行为。类似地，人类观察者的出现也会对二元行为产生影响，因为对于猫来说，人类观察者本质上就是这个二元家庭的一个陌生人侵者。不过，鉴于标准化的流程以及多达 4 次的拜访，我们很有信心我们在所有的二元家庭中的表现和行为都是一致的。

由于在一般情况下，是由饲主给猫提供社会—经济环境，以及当饲主收养猫的时候他们已经成年，我们的这一假定——即主要是饲主在影响猫——似乎是合理的。不过，我们也不能排除猫也能通过它的行为或仅仅因为它的存在，来影响主人的行为和情感状态。我们目前主要是针对相关性进行分析，因此无法证明因果关系或者揭示互动行为的方向。比如，存在这样的可能性：那些特别能在社交层面给予饲主支持的猫，可能也会影响到饲主在神经质上的得分；这在社交上最亲密、最具互动性的二元关系中更是如此，这是因为，在这种二元关系中，双方可能对互动有着相同程度的渴望。然而，对于这一模式最简化的解释似乎是：饲主的性格会影响到饲主和猫沟通的风格和强度，而这可能是导致猫表达出

来的性格产生细微变化的主要因素。事实上，这项研究中大部分的猫都在幼猫时就被收养了，并且大部分都在社会化的关键时期（出生后 2～7 周）和人类有着良好的社交互动。我们的样本中只包含了两个明显害羞的猫。不过，这两个个体也足够亲切友善，值得被纳入我们的研究中。

截至目前，对宠物饲主性格的研究还主要集中在一般性的问题上。比如，养宠物的人是否和不养宠物的人有不同，或狗主人和猫主人是否有不同。令人惊奇的是，几乎没有什么研究提出这个再明显不过的问题：饲主的性格是否和互动行为有关，以及会如何影响互动行为。更奇怪的是，人类之间的二元关系的此类信息也似乎非常少，这可能是因为这种研究会以一种让人难以接受的方式侵犯到人们，或是因为目前还很少有人关注针对行为的心理学研究。这表明，人类—动物之间的二元关系甚至有作为模型系统的潜力，有助于阐释适用于人类之间二元关系的主要原则。鉴于在温血脊椎动物（包括人类）中出现的社会认知趋同，人类—动物二元关系的研究就显得尤其有前景了。我们在人类—猫二元关系中发现的性别和性格的交互影响，可能会被认为是脊椎动物中同物种间和跨物种间长期二元关系的通用准则。

# 猫繁育和猫福利

# 第九章

# 猫科动物的福利问题

伊莲娜·罗科利兹

## 概述

近年来，关于家猫福利的研究活动大大增加。值得注意的是，美国和英国（英国相对少一些）都出现了作为兽医专科学科的庇护所医学。它的出现非常令人欣慰，并且已经使得整体情况出现了很大的改善，这主要体现为猫数量过多的问题正在得到解决，这是猫福利上最重要的全球性问题之一。人们在动物收容所的管理和猫的护理方面的研究也取得了重大进展。此外，我们也开始更好地理解为什么猫会被关在收容所，人们该怎么做，以及如何促进成功的收养。因此，在一些国家，被安乐死的健康猫和幼猫的数量已经在减少了，尽管这个数字仍然过高。不管猫是在家里、收容所、寄宿的猫舍、兽医外科诊所或是研究机构，我们对它们的需求以及如何满足它们的需求也有了更好的理解。为了满足这些需求和改善它们的福利，我们正在寻找让猫的生活环境更为丰富的创新方法，并付诸实践。通过丰富在我们护理下的猫的生活，我们也丰富了自己的生活。

## 动物福利和生活质量

在讲述动物福利（animal welfare）之前，我们先定义一下这个术语并思考一下如何评估福利是最有帮助的。动物福利是一个动物个体在它所处的环境中的精神和身体状态。根据动物个体在应对它所处的特定的物理和社交环境时所经历的成功适应或者困难，它的福利状态可能会在一个从好到坏的连续量表中呈现出变化。

为了确保猫在精神状态方面的福利，其居住环境和护理方式应该能提升它的积极的感受，比如愉悦感和满足感，这会导致同物种间出现有益的互动，也能在恰当的条件下，使得人和猫之间出现有益的互动。我们提供的环境和条件应该使负面的感受最小化，比如焦虑、恐惧、无聊、厌倦和挫折沮丧。好的福利也意味着动物在生物学意义上的机能良好，

也就是说，它应该身体健康，并通过有效的预防性卫生保健措施（比如疫苗、寄生虫控制和常规的兽医检查）来防止疾病。此外，它对食物、水、庇护所、环境温度、空气质量和空间的需求也应该被满足。

　　动物康乐（Animal well-being）是一个很常用的术语，对这个术语最好的解释是良好的心理和生理福利状态（即动物是"健康且快乐的"），尽管它有时也被用作福利的同义词。"生活质量"这个术语指的是动物的整体福利状况，它是基于一段较长时间内各种经历的平衡，它还会包含对未来可能的福利状况的预测。最后，在考虑福利或生活质量时，还有一种观点认为，如果动物能够过一种相对自然的生活，并且行为方式与它们的天性一致，它们就更有可能享受高质量的生活①。有人会说，某些特定的行为构成了猫或"猫性"

---

① 为了确保好的福利，猫的居住环境和护理方式应该能提升猫的积极感受、确保良好的生物机能、尊重动物的天性目的或"猫性"本质。

的本质和目的。而干扰它们执行这些行为的能力，不管是通过选择性的繁育（比如，繁育短肢猫，导致它们在攀爬和跳跃上出现困难，见第十一章）还是手术（通过去爪术来防止作为标记行为的磨爪行为），都会毫无疑问地降低猫的生活质量。

## 对福利和生活质量的评估

对猫福利的评估通常基于行为观察和测试，以及对压力的生理测量。对流浪猫聚居地的研究，以及对猫的当前环境和其祖先物种进化的环境的比较，也有助于我们了解猫的需求，以及如何满足这些需求以确保良好的福利状态。英国猫行为工作组（The UK Cat Behaviour Working Group）发表了一张对家猫进行行为研究的图谱；英国林肯大学则创立了一个网站，上面用富媒体的形式对猫进行了详细的描述，用以促使研究者们对猫行为的描述达成共识。

在评估福利时，选择与被研究的特定物种有关的行为和生理变量以及把它的进化历史纳入考量是非常重要的。家猫从一种基本独居的食肉动物进化而来；在这种独居环境中的很多情况下，家猫并不需要发展出大的、明显的、夸张的或仪式化的信号，这些信号也没有什么用处。猫不像高度社会化的、群居的狗那样具有那么多用于视觉沟通的行为技巧，因此，评估它们的福利状态在一开始可能会显得比较困难。在面对糟糕的环境时，猫往往更倾向于变得不活跃和抑制自己的正常行为（诸如自我维护、探索或玩耍），而不是积极地展现出不正常的行为。表 9.1 中列举了一些好的和差的猫福利的行为指标。

表9.1　一些好的和差的家猫福利的行为指标

| 行为 | 好的福利 | 差的福利 |
|---|---|---|
| 维护行为[1] | 正常水平 | 减少或缺失 |
| 活动，以及对周围环境的探索和调查 | 正常水平 | 减少或缺失（很少的情况下，出现更高程度的行为） |
| 和家里其他猫的社交互动 | 存在；积极正面的（友好的）行为，比如互相磨蹭、互相梳毛、彼此靠近 | 缺失或消极负面的行为：敌意、攻击性、互相回避 |
| 和家里的人类的互动 | 主动发起积极正面的互动；对人类主动发起的互动有着积极的回应 | 不主动和人类互动；对人类主动发起的互动没有回应或消极地回应 |
| 展现出的行为种类 | 展现出多种多样的正常行为；友好的行为（比如把尾巴举起、磨蹭、发出声音） | 持续出现胆小、焦虑、恐惧或攻击性的迹象；长时间躲藏或尝试躲藏；过度梳毛；自残；过度地发出叫声；过度警觉；假寐[2] |
| 玩耍 | 有玩耍行为（自己玩耍、和物体玩耍、和其他猫或人类一起玩耍） | 缺失 |

注：1. 维护行为包括：进食、饮水、梳毛、磨爪、休息、睡觉、排便。
2. 假寐：猫看起来像是睡着了或在休息（身体处于睡眠姿势，眼睛闭上或半闭上），但实际上是醒着的并且很警觉。

基于麦丘恩（1992, 1994）以及凯斯勒和特纳（1997）的研究工作，人们设计了一套综合行为量表来量化圈养中的猫的压力。这个行为量表整合了姿态、样貌、声音和活跃度相关的元素，并包含有 7 个等级，从 1（完全放松）到 7（恐惧）。这个被称为猫压力分（Cat Stress Score）的量表已经被广泛地使用，特别是在以下三类研究中：对进入繁育所的猫的压力的研究、对进入庇护所的猫的压力的研究及对环境丰容的影响的研究。

除行为观察和用猫压力分来量化压力之外，人们还发展了一系列的行为测试。对于很多猫来说，人类或同种生物的靠近是一个非常大的应激源，而不同个体的反应会有相当大的差异。我们可以通过标准化的测试来评估一只猫受这种应激源的影响程度，这通常包括逐步向被试的猫引见一个人或一只用于测试的猫。

　　用来评估动物福利的生理参数种类繁多，人们主要通过测量应激对这些生理参数的影响来进行评估。作为下丘脑、垂体、肾上腺皮质（HPA）轴活动的指标，人们经常会测量动物的糖皮质激素且通常在血液或唾液中采样。猫对人类的操作和采血尤其敏感，这会引发血液中皮质醇和儿茶酚胺水平升高，并导致高血糖和暂时性糖尿。对大多数猫来说，采集足够的唾液样本来进行皮质醇分析是很困难的。另一种研究猫对应激的肾上腺皮质反应的方法就是测量尿液中的皮质醇。测量尿液皮质醇的优点是可以非侵入性地收集样本。大部分猫能被训练使用猫砂盆，而非吸收性的猫砂可以确保大部分尿液都能被收集到。尿液中皮质醇的浓度与肌酐的浓度有关，以反映体液平衡的变化，其结果表现为皮质醇与肌酐的比率。人们也可以通过测量粪便中或毛发中的皮质醇代谢物来非侵入性地测量猫的肾上腺皮质活动。人们已经注意到，猫压力分和皮质醇水平之间的相关性很差，但这可能是因为猫有不同的应对风格。人们也正在开发测量猫应激反应的其他生理指标的方法，比如免疫功能和反应性。

　　在兽医和外科手术的情景中，评估猫的生活质量的方法主要包括问卷调查、向饲主询问猫的行为以及猫与饲主之间的互动。有一些研究调查了在猫化疗和心脏病治疗期间饲主对猫的生活质量的看法。一种用于评估人类生活质量的量表——卡氏评分（Karnofsky's score）——在修改和调整之后应用于猫。还有一种基于问卷的方法，其内容涉及猫和人之间的关系，比如猫所受到的照顾程度和饲主的性格特征。

## 动物福利标准

　　1999 年，新西兰颁布了《动物福利法》，规定了照料动物的一般义务。随后，新西兰出版了《动物福利（伴侣猫）福利守则》，其中详细描述了与猫护理有关的最低标准和建议。与此类似，英国通过了《动物福利法》。该法案的护理义务部分描述了动物的需求，这些需求必须由它们的主人或任何其他负责人来满足，以确保良好的福利（见表9.2），随附的《猫的行为守则》提供了关于如何满足这些需求的详细建议和推荐做法。有人建议，英国《动物福利法》中概述的护理义务可以作为对庇护所和收容所进行监管的框架。

表9.2　为了确保良好的福利，必须满足的动物需求

| 1. 对适宜环境的需求 |
| --- |
| 2. 对适宜饮食的需求 |
| 3. 能够展现出正常的行为模式的需求 |
| 4. 必须与其他动物同住，或与其他动物分开的需求 |
| 5. 免受疼痛、痛苦、伤害和疾病折磨的需求 |

注：根据英国《动物福利法》的"照顾义务"条款。

## 猫收容所

正如概述中提到的，收容所医疗是兽医中发展非常快的一个专业分支。2001年，在美国成立了收容所兽医协会，并且在美国的许多大学里都有收容所项目（比如加州大学戴维斯柯尔特收容所医学项目。在英国也有动物收容所医学职位，这两个国家都在兽医专业中开设了动物收容所医学课程。大学兽医部门和收容所之间的合作对双方都是有益的。学生们可以在动物护理、收容所医疗和绝育手术上获得经验，在兽医专业范围内提高对收容所问题的认知度，而收容所也能受益于治疗费用的降低和高水平的兽医专业能力。

### 收容所的监管

人们已经认识到对动物收容所和庇护所进行监管的需要，但是在大多数国家，管理机构对这些场所都没有常规性的授权许可、管理或视察。在英国，由志愿者经营管理的猫狗之家协会（ADCH）有自己的操作守则，并且所有的协会成员都会被审查。截至目前，在

美国只有 18 个州要求动物收容所需获得许可或注册，只有 6 个州要求设立咨询委员会。部分收容所给动物提供的护理标准非常低，这也引发了收容所社区的担忧。

尽管如此，许多组织对收容所的管理以及如何达到高标准都提供了信息和建议。美国收容所兽医协会已经发布了有关收容所管理和护理标准的综合准则，还出版了一些关于收容所医学和传染病控制的书籍。加州大学戴维斯伴侣动物健康中心的科雷特收容所医学项目为收容所医学的许多方面都提供了丰富的信息。

### 安乐死数据

收容所的安乐死统计数据很难获得，因为法律没有要求记录被收容、收养（重新安置）、安乐死、被原饲主找回或以其他方式处理的动物的数量。根据美国人道主义协会的预估，2008 年，有 370 万只狗和猫在美国的收容所中被安乐死。尽管在这些被安乐死的动物中，有一些的确有严重的健康或行为问题，以至于它们难以被领养，但大多数都是健康的、可以被领养的。和狗相比，对猫实施安乐死的比例要更高（猫 71%；狗 56%）。

人们可能会认为，经济衰退会对猫的遗弃、收养和安乐死产生影响。来自美国芝加哥的一个收容所的数据显示，经济衰退（2008—2010 年与衰退前 2000—2007 年相比）并没有特别影响遗弃或安乐死，只是轻微地降低了收养的数量。相反，莫里斯等人调查了更早期的趋势，他们对 2000 年到 2007 年美国科罗拉多州收容所狗和猫输入和输出的数据进行了计算，发现收容所中被遗弃的猫的数量增加了，而被遗弃的狗的数量却减少了。洛德等人调查了更早期的趋势（1996—2004 年），同样发现收容所收容的猫数量增加了，而狗的数量减少了。对猫实施安乐死的数量也增加了，而对狗实施安乐死的数量却减少了。与此类似，英国的蓝十字和其他收容所也报告称，2009 年至 2012 年，他们接收到的动物数量有所增加，尤其是幼猫和成猫。总的来说，这些数据表明猫仍然比狗更有可能进入收容所并被实施安乐死。

## 猫的安乐死

对收容所中的动物实施安乐死是一个敏感的话题。收容所关注动物福利问题，人们普遍认为，要防止或结束动物糟糕的福利状态，就必须保留对一些动物实施安乐死的选项。为了减少收容所工作人员中的分歧和冲突，安乐死政策需要具有透明的、一以贯之的以及可辩护的决策过程；这一过程往往会引起公众的兴趣和关注。

在收容所环境中也出现了特殊的挑战：除了向动物个体提供高质量的护理，还必须考虑到收容所动物群体的整体健康。群体健康管理的原则可能会被用到，特别是在控制传染病方面。一只动物可能患有一种可治疗的传染性疾病，这会对收容所里的其他动物构成威胁。如果这种疾病扩散，治疗起来可能会非常困难或昂贵，并且对一些脆弱的动物来说可能是致命的。在这种情况下，对个体动物实施安乐死可能是最恰当的选项。收容所的预算一般很紧张，对资金的使用必须很谨慎。当更多的动物可以用同样或更少的钱被拯救时，为了拯救一只动物而进行昂贵的治疗是否合理呢？

当安乐死被用作动物收容所的一种数量控制方法时，即为了给其他动物腾出空间而杀死健康的动物，就会引起伦理上的反对意见。有人可能会认为一只健康的动物没有另一只容易被收养，因而建议对其实施安乐死，但另一部分人则反对因此剥夺它的生命。动物收容所的管理人员、工作人员和兽医都受困于这种两难的境地，不得不做出艰难的选择。

安乐死的一个重要组成部分就是在成猫或幼猫死亡之前对其进行人道的处理。收容所的工作人员必须要接受适当的培训，学习如何温柔、有效以及富有同情心地控制住动物。如果无法进行人道的约束，那就可能需要采取其他方法，比如事先进行镇静或将其关在笼中。

## "不杀"政策

近年来，公众对收容所杀死大量健康动物的行为的反对声越来越大，特别是在美国。

结果，有一些收容所采取一种"不杀"政策；很多英国的收容所也计划采取这个政策。"不杀"通常的意思是，只有在一个动物遭受巨大痛苦或对人类有威胁，以及康复预后很差的情况下，安乐死才被认为是合理的。痛苦可能是由严重的受伤、慢性或严重的疾病、高龄或严重的行为问题引发的。人们普遍认识到，在"不杀"政策下，要实现控制收容所动物数量的目标是十分具有挑战性的，而且必须要相应地开展一系列额外的收容所活动。这些活动包括积极地给猫寻找新家、绝育以及其他兽医服务、领养者网络、流浪猫项目、行为学建议以及康复服务、志愿者参与、公众教育以及市场营销。采取限制性或选择性接收政策的收容所只接收符合特定标准的猫（即，他们可能不接收年长的猫，或需要长期兽医治疗的猫），而采取开放性接收政策的收容所则接收所有猫。前一种类型的收容所会比后者更容易执行"不杀"政策。

2004 年，美国一些动物救援和福利组织呼吁制定统一的收集和报告动物收容所数据的方法，以提高透明度，鼓励收容所组织之间的合作，并减少被实施安乐死的动物的数量。《阿西洛马协定》对此项倡议进行了阐述。该协议在美国动物救援组织中被广泛采用，但在其他国家则较少被采用（在他们的网站上可以查看参与者名单）。

该协议提出了动物的三个主要分类：（1）"健康的"；（2）"可治疗的"；（3）"不健康且无法治疗的"。"可治疗的"动物指的是那些可以康复或治疗（因此包括流浪猫）的动物。"不健康且无法治疗的"动物指的是那些无法获得满意的生活质量的动物，这种评判标准是基于社区中理性且有爱心的宠物主人或监护人通常向宠物提供的护理水平。这种限制条件的列入是很有必要的，因为它确保了对动物可获得的护理水平的期望不是不切实际的，这意味着治疗费用也能保持在合理的限度内。阿西洛马分类可以作为"不杀"政策的基础，而安乐死对于第三类动物，即那些无法拥有满意的生活质量的动物，是最人道的选择。

## 收容所接收猫

很多研究显示，当猫被转移到一个新的环境时（比如收容所），它们会出现应激反应。急性应激反应症状的缓解和适应所需的时间在不同的猫和不同的情况下都有所不同，但据研究人员的描述，持续时间从几天到几周不等。这受到很多因素的影响，包括猫的居住条件、受到的照顾、性情、对人类或其他猫的社会化程度，以及之前的经历。很多猫似乎都需要至少 2 周的时间来适应新环境。

Dybdall 等人发现，和流浪猫相比，被主人遗弃到收容所的猫在前 3 天表现出了更多的应激行为（使用猫压力分测试）。在那些适合被收养的猫中，被主人遗弃的猫比流浪猫更容易生病。这可能有两个原因：（1）被主人遗弃的猫因为与主人和家庭环境分离而经受了额外的应激刺激；（2）这些猫本身就是因为那些已经对它们造成了额外应激刺激的原因而被遗弃的。

## 把猫遗弃到收容所

许多研究都探讨了每年大量的家猫被送到收容所的原因。由于民族、地区、养宠物习惯、社会经济因素、个人收容所的政策各不相同，而且不同的研究对放弃养宠物的原因也有不同的分类，因此很难对这些研究进行比较。饲主在把宠物送到动物收容所之前，经常尝试解决宠物的问题，但总是失败。他们把收容所视为最后的手段，而不是视为解决宠物所有权问题的一种途径。

帕特诺克等人的一项研究表明，人们往往可以通过适当的干预和教育来减少可能导致遗弃的风险因素。增加被遗弃风险的因素包括：猫未绝育、猫被允许外出、猫是混血而不是纯种、猫的主人没有接受过有关猫的教育、猫的主人对猫在家庭中的角色有特定的期望。米勒等人在一项规模较小的研究中也得到了类似的结果，发现年幼的猫更有可能被遗弃，而主人对猫的正常行为缺乏理解往往会导致对猫不切实际的期望。该研究发现，有诸多限制的房屋租赁条款也在遗弃猫的行为起到了重要的作用。

美国国家宠物数量研究和政策委员会（NCPPSP）调查了 12 家动物收容所 1409 只猫和幼崽被遗弃的原因。对遗弃行为最常见的解释可以分为以下几类：与人类健康相关的问题和个人问题（35%）、人类住房相关的问题（26%）、猫行为问题（不包括对动物或人的攻击性）（21%）、家中动物数量（15%）、饲主对养宠的准备和期望（15%）、因与年龄和疾病无关的原因而要求对猫实施安乐死（12%）。最常见的人类健康和个人问题被认为是家庭成员对猫过敏、饲主的个人问题、家中有新生儿以及没有时间照顾猫。有很高比例（63.5%）的猫不能到户外活动，这可以在一定程度上对以下情况做出解释，据称被遗弃的猫中有 24%在家里有乱排泄的现象，有 24% 的猫对房子造成了损害。对 NCPPSP 调查结果的进一步

深入分析，以及美国其他与遗弃动物相关因素的研究，都可以在卡斯的文献中找到。

Casey 等人获得了 6089 只猫被送至英国最大的猫慈善机构——猫保护协会的 11 个中心的记录。将弃养的猫送到这些中心最常见原因是：这些猫在被找到的时候就处于被遗弃或流浪的状态（31%）、饲主的个人原因（19%）、不想要的幼猫（14%）、从其他机构转送过来的猫（9%）、行为问题（7%）、家庭成员过敏 / 哮喘（5%）。该研究还调查了猫被领养后又被送回收容所的原因，即收养失败。在这些猫中，38% 是因为行为问题被送回，23% 是因为饲主的个人原因，18% 是因为家庭成员过敏或哮喘。内哈特和博伊德在一项关于领养后又被送回收容所的猫的研究中发现，20% 的猫是因为行为问题而被送还给收容所的，10% 是因为过敏和哮喘，7% 是因为疾病。

虽然澳大利亚宠物猫的数量在减少，但福利收容所接收到的猫数量并没有相应地减少。马斯顿和贝内特在 12 个月的时间里追踪了 15206 只被收容到墨尔本的一个大型收容所的猫的接收记录。绝大部分（82%）被收容的猫是流浪猫，整体绝育率很低（4%），而被饲主遗弃的猫的绝育率也很低（13%）。许多流浪的成猫和幼猫都很适应和人类社交，这表明它们曾有看护者或饲主，不过饲主把它们找回去的概率很低。大多数被收容的猫都被安乐死了。

显然，流浪猫或被遗弃的猫仍然是救援机构面临的一个重大问题。此外，美国和英国的研究表明，饲主个人情况的变化、人类疾病（如过敏或哮喘）以及不受欢迎的猫行为也是宠物被遗弃的重要原因。饲主的个人情况各不相同，但一些共同的问题都与健康、个人事务和住房条件有关。对饲主和医学界进行更好的人畜共患病以及猫可能引发的过敏性疾病的教育以及开展旨在让房东允许房客养猫的宣传活动，可能有助于减少因这些原因而被遗弃的猫的数量。而对猫主人进行更好的关于猫正常行为的教育，很显然将会使他们对养宠物形成更切实际的预期，并有助于他们与猫建立更牢固的人猫关系。行为问题也是猫在找到新家后又被送还给中心的一个重要原因。诚然，由于收容所条件的限制，加上收养者只有有限的时间来观察猫和与猫互动，要在收容所中识别出猫的行为问题是很困难的。行为问题可能要等到猫处于家庭环境中时才会表现出来。有一些方法可以减少由于行为问题而被遗弃或被送还回去的猫的数量，包括：（1）改善收容所的环境，这样猫就可以展现出更多的行为，人们也可以因此发现猫的行为问题；（2）增加人们和猫互动的时间；（3）重新评估用来把猫和领养人进行配对的标准；（4）在猫去新家前后都给予领养人适当的行为学建议（见第十三章）。

## 从收容所领养猫

### 收费领养和免费领养的对比

人们通常认为，要求潜在的饲主支付领养费，会确保他们对自己的宠物更具责任感；同时，收养费也会为收容所带来资金。然而，最近的一项研究发现，无论是付费还是免费，领养者对猫的重视程度并无显著差异。领养者并不认为免除领养费用的收容所不太关心他们的猫；事实上，有迹象表明，他们认为这样的收容所反而更看重他们的猫——因

为他们为了给猫找到好归宿而愿意放弃领养费。实际上，免费领养似乎可以通过缩短成年猫在收容所逗留的时间以及让更多的猫被领养来降低成本。收容所总是会选择对幼猫的领养进行收费，因为对它们的需求通常很高。

许多研究探索了能引起收容所参观者的兴趣和增加猫被领养的可能性的方法。古尔科夫和弗雷泽发现，在猫的笼子里放置玩具可以增加领养的数量。凡图齐等人报告称，住在齐眼高度（在笼子的上层而不是下层）的猫，以及那些笼子里

有玩具的猫，会被更多的领养者关注，尽管这些玩具并没有影响到猫的行为。领养人观察活跃的猫的时间会更长；在该研究期间，这些猫比不活跃的猫更有可能被领养。住在上层的猫往往比下层的猫更活跃，这可能是因为它们比下层猫更易被人看到，而且被观察的时间更长。此外，猫更喜欢高处，它们可以利用高处作为有利位置来扫视周围环境，并监控走近它们的人类，所以住在上层的猫可能比下层的猫压力更小，因此更活跃。提升笼子的可视性以及在笼子里放一个玩具，可能有助于增加领养者的兴趣，这对那些很难找到新家的猫特别有用。

这项研究没有发现猫的毛色、性别和年龄会影响领养者的注意力。相反，莱珀等人发现，影响一只猫被领养的可能性的因素包括：它的年龄（小于 1 岁的猫会更受青睐）、性别（公猫比母猫更受青睐）、绝育状态（已绝育的比未绝育的更受青睐）、毛发颜色（白色、重点色或灰色比棕色或黑色更受青睐）、品种（波斯猫比短毛家猫更受青睐）及被遗弃到收容所的原因（走失比其他原因更受青睐）。

### 把猫和潜在的饲主配对

美国防止虐待动物协会（ASPCA）已经开发出了一个"Meet Your Match® Feline-ality™"的程序，该程序把猫根据不同的行为特征进行分类，比如享受被抚摸和抱着的程度、活泼爱玩耍的程度、友善好交际的程度、好奇心的程度以及活跃度等；然后，在对领养者的预期、性格和生活方式进行评估后，把猫和领养者进行配对。虽然饲主并没有义务要选择被配对上的特定猫，但这种配对的目标是确保领养是成功的。齐格福德等人介绍了一种使用"猫性情特征"的行为测试，该测试本质上是用来评估猫对人的社交能力，但也可以用来匹配猫和潜在的饲主。在某些情况下，如果有大量不同种类的猫可供领养，那么缩小可供特定饲主领养的猫的范围，实际上可能有助于主人做出选择。

### 野生家猫和收容所

用于讨论野生家猫的术语可能会让人迷惑（见第十四章）。一般来说，"自由游荡"被用于描述那些至少有一部分时间在户外生活的猫。其中包括野生家猫和半野生猫、走丢的宠物猫或被遗弃的宠物猫，以及被允许到户外活动的有饲主的猫。野生家猫是指社会化过程中没有与人类进行过适当的社交互动的猫，因此在整个成年期都对人类保持警惕。猫可能会在一生中或在不同的环境中改变它们对人类的行为。然而，野生家猫通常会一直非常害怕人类，以至于不能被当作伴侣动物安置在家里。半野生或散养的家猫与人类有一定程度的社交关系，并且可能会向看护者寻求食物，甚至会寻求一些社交互动（取决于猫和环境）。这些猫通常由社区的看护者照顾，但没有特定的饲主。一般来说，被遗弃的和走失的宠物曾经是高度社会化的，并和人类紧密地生活在一起；但在某些情况下，比如在一个陌生或可怕的环境中，当人类靠近时，它们可能会表现出极端恐惧。不过，通常来说，在特定的条件下，这些猫可以克服它们对人的恐惧，再次成为宠物。

收容所的工作人员经常面临的一个难题是判断被送到收容所的猫是否是野生的。这只猫可能是在走失后四处游荡的状态下被人找到的，所以无法获知它的历史信息。它表现为一只极度受惊的动物，并抗拒人类的接触。它是真正的野生的动物，还是先前有过饲主并经历过社会化，后来被遗弃或走丢，只是在进入收容所时被吓坏了的动物？由于野生家猫与社会化猫的管理方式不同，因此对它们进行可靠的区分至关重要。在大多数情况下，对野生家猫最好是采用捕捉—绝育—回归（TNR；见第十四章）项目；而半野生的、和饲主关系比较疏远的，以及那些被遗弃或走丢的猫，可能是可收养的。Slater 等人对收容所和救助项目中用于区分野生家猫和非野生家猫的方法进行了调查。调查发现人们会使用各种各样的方法。然而，在 555 个受访组织中，只有 15%〔主要包括：非营利的收容所（32%）、TNR 的组织者（18%）和动物管理组织（15%）〕有书面的指南。一般情况下，猫会在收容所逗留 1～3 天，被认为是野生的猫通常会被安乐死。大约一半的收容所偶尔会将野生家猫转送给 TNR 项目。这项调查突显了收容所对可靠的评估方法的需求，而且最好能在猫被收容后不久就用这些方法进行评估，以可靠地区分野生家猫和非野生家猫。如果根据不可靠的评估做出决定，或者仓促、过早地做出决定，那么社会化的猫（包括走失的、曾有饲主的猫）就可能会被归类为野生家猫并被误杀。

## 猫的绝育

在被送到收容所的猫中，幼猫的数量过多。解决这一问题最明显的方法是防止不必要的幼崽出生。尽管近年来兽医行业、动物慈善机构和其他组织付出了大量努力，但事实证明，这是很难实现的。对澳大利亚、美国和英国的猫饲主的调查发现，被饲养的猫的绝育率很高（超过80%），但13%～20%的母猫在绝育前生过幼崽，并且大部分都不在饲主的计划中。在意大利中部的一项关于养猫的调查中，43%的猫已绝育，大约三分之一的猫生过一窝猫，而所有的幼崽都被认为是意外出生的而不是在计划中的（Slater et al., 2008）。显然，如果母猫在绝育前被允许进行繁育，那么即使达到了高绝育率也是不够的。

解决这一问题的一种方法就是在猫能够繁殖之前对它们进行绝育，即早期绝育（也称为青春期前绝育）。许多收容所和伴侣动物福利组织都支持早期绝育。美国猫科动物从业人员协会（AAFP）认为早期绝育，即在6～14周龄进行绝育，是一种安全有效的猫数量控制手段。在英国，The Cat Group① 建议将4个月大（16周龄）的宠物绝育视为正常的惯例，而对救助的动物和野生的幼猫来说，恰当的方法是更早地进行绝育（8～12周龄）。然而，尽管目前还没有短期或长期的研究证据显示早期绝育会导致重大问题，在私人执业的英国兽医中，只有28%的人同意对12～16周大的幼猫进行绝育。因为大部分绝育手术都是由私人诊所的兽医进行的，所以如果只由救助收容所进行早期绝育手术，不太可能会对幼猫出生的数量产生主要的影响。动物收容所的目标应该是通过举办教育研讨

---

① The Cat Group：一个从不同角度致力于猫福利的专业机构的组合。

会，演示麻醉和手术技术，以及强调猫数量过剩的问题，来促进兽医行业开展早期绝育。至关重要的是，当我们在猫最脆弱的敏感时期（见第一章）快结束的时候进行绝育手术时，手术操作应尽量减少（在理想情况下应该尽量消除）疼痛、恐惧和其他负面影响。

使用化学不育剂或避孕药来对猫和狗进行长期的生育控制是一个活跃的研究领域，但这类产品尚未商业化。不过，动物基金会和猫狗避孕联盟（ACC&D）的活动为这一领域的研究提供了大量的资金、资源和其他支持，使得这类产品有望在不久的将来面世。

## 猫的身份证明

一项最初特别令人震惊的收容所统计数据就是猫被原饲主找回的概率非常低；收容所中只有 2% ～ 5% 的猫能和它们的饲主重聚。考虑到以下这点，这个现象也许就并不奇怪了：进入收容所的大部分猫都没有任何身份证明——项圈和名牌，或是芯片。劳德等人发现，只有 19% 的走失猫有身份证明，这比狗的比例（48%）要低得多。

斯莱特等人指出，尽管 80% 的宠物主人认为宠物佩戴身份名牌（ID）是非常重要或极其重要的，但只有 20% 的宠物在任何时候都佩戴 ID。不给宠物佩戴名牌最常见的原因是他们的宠物只在室内活动（35%），还有 10% 的人说他们之所以不给宠物佩戴身份名牌是因为戴项圈会让宠物感到不舒服。虽然有很高比例的宠物没有任何身份证明，但宠物主人似乎对身份名牌持积极态度。韦斯等人测试了在宠物饲主带宠物去兽医诊所或绝育诊所时，或从收容所领养宠物时，为他们提供带有身份名牌的免费项圈是否会增加宠物持续佩戴身份名牌的概率。在此项干预后（4～8 周后），狗和猫的身份名牌使用率均显著增加。对于已经有饲主的宠物，身份名牌的使用率从 16% 上升到 84%；而 94% 的被领养动物在领养后仍然佩戴着自己的身份名牌。重要的是，有 18 只动物在拿到身份名牌后走丢了，但其中的 17 只被人找到并归还给了它们的饲主。不过，需要承认的是，在兽医诊所和绝育诊所招募的主人对干预后调查的回应率为 44%，而从动物收容所招募的领养者的回应率为 41%。如果该调查中其余没有回复的饲主都不再给宠物佩戴身份名牌，那么持续佩戴身份名牌的宠物的总体百分比将会更低。尽管如此，收容所、兽医和绝育诊所以及其他参与猫福利和救助的机构依然有理由为猫饲主提供免费项圈和身份名牌。

劳德等人通过对猫饲主进行电话访谈，研究了他们寻找走失的猫的过程。大多数被找回的猫（66%）都是自己跑回家或者在附近被找到（7%）；另一些饲主是通过在近邻社区张贴寻猫启事（11%）或者是通过电话联系或亲自拜访动物机构（7%）找到。只有 19% 的猫在走失时有某种形式的身份证明（身份名牌、狂犬病标签或芯片）。总体而言，在 138 只走失的猫中，只有 53% 被寻回；平均找回的时间为 5 天。幸运的是，有些猫能自己找到回家的路；但如果更多的猫佩戴身份名牌，就会有更多走失的猫能与主人重聚。相关组织的工作人员有必要告知饲主他们的猫身上有某种形式的身份证明的好处，即使对于只在室内活动的猫来说也是如此，因为它们可能会逃到户外并走失。

一些饲主认为他们的猫可能会因佩戴项圈而受伤，或者无法忍受佩戴项圈。洛德等人的另一项研究对项圈和芯片对猫的影响进行了评估，但研究结果并没有印证上述饲主的观点。在 6 个月的研究期内，超过 70%（391/538）的猫都成功地全程佩戴项圈。项圈的类型影响了项圈需要重新佩戴的频率。塑料扣项圈似乎比其他两种项圈类型（分离扣项圈、弹性项圈）更牢靠（猫更不容易挣脱），不过这种差异并不明显。总的来说，这项研究的结果超出了饲主们的预期：有 56% 的饲主表示，他们的猫对项圈的耐受度比他们预期的要好。有 18 只猫的前肢卡在项圈里，或是项圈卡在物体上或在嘴里。该论文的作者们强调，对于任何类型的项圈，重要的是要教育主人定期检查项圈，看看项圈是否需要调整。在研究期结束时，研究人员扫描了 478 个芯片，其中 477 个运转正常。该论文的作者们得出以下结论：由于一些猫的项圈可能会经常掉落并丢失，因此芯片是一种重要的备用身份证明。然而，即使使用芯片，也存在问题。在被接收进收容所的携带芯片的走失猫中，只有 63.5% 的饲主能通过芯片找到。与芯片注册有关的问题降低了芯片作为一种永久性的宠物身份认证方法的可靠性。

# 住所

## 概述

很明显，猫的居住环境和护理方式对它的福利产生深远的影响。猫可能的居住环境包括寄养所、繁育所、检疫所、救助收容所和庇护所、研究机构、兽医诊所和人类家庭。我们起初可能会觉得，只有当猫的一生都被关在某个地方时，比如被关在室内的宠物猫或者研究机构中的猫，居住环境应该特别好这一点才是重要的。然而，从猫的角度看，被关在一个特定的环境2天（例如在兽医医院）、2周（在寄养猫舍）、2个月（在收容所）或2

年（在实验室）是没有什么区别的。它的福利状态是由它每一天的生活条件所决定的，所以我们的目标应该是在所有养猫的场景中都实现高标准的居住环境和护理。

良好的居住环境的一个重要目标就是通过让动物对环境拥有一定程度的掌控力来提高它们的福利水平。排除极端情况，一只猫如果能有各种各样的行为选择，并能对它的物理和社会环境施加一些控制，那么它将会发展出更灵活和有效的策略来应对应激源。掌控力与可预测性相联系；猫不喜欢不可预测性，比如非常规性地接触不熟悉的猫或人，或者不熟悉和不可预知的生活规。

## 在研究机构中的居住环境

不管动物在什么时候被用于生物医学研究，我们都需要考虑实施"3 个 R"：替换（replacement）、减少（reduction）和改良（refinement）。虽然最终的目标应该是用无感知材料代替所有活体动物实验，但在未来的一段时间内，猫很可能会继续被用于此类研究；尽管数量在减少，但改善仍然非常重要。对于实验程序以及猫的居住条件和护理方式都需要进行改善。从合理的角度来看，我们应重点关注如何规范实验程序，并尽可能地减少疼痛，但居住条件对猫的福利也有很大的影响，所以我们也要对猫在实验室的居住环境进行规定和监管，使之达到最高标准。让猫生活在一个丰富的、能激发它们天性的，从而能促使它们展现出大量的正常行为的环境中，提高它们的福利水平，既能使得它们成为更好的科学研究对象，又能让公众对实验室动物的境遇有一个更为正面积极的认知；不仅如此，当研究人员不再需要对这些猫进行研究，并想给它们找新家时，它们将更有可能成功地适应新的家庭环境。《欧洲关于保护用于试验和其他科研用途的脊椎动物的公约》规定一只猫的隔间①面积至少为 1.5 平方米，其中还要有一个面积至少为 0.5 平方米的架子。每

---

① 隔间（enclosure）指的是猫舍、收容所、实验室以及家庭环境中的猫笼或围栏。

增加一只猫，隔间面积就需要增加 0.75 平方米，架子的面积就要增加 0.25 平方米；笼子的高度应为 2 米（可供人出入）。这比美国研究机构规定的猫住所的最小面积要大得多，一只 4 公斤重的猫可以被安置在一个占地 0.37 平方米、高度为 0.60 米的隔间里。在本章作者看来，NRC 规定的最小尺寸太小了，研究机构应该尽力给猫提供更大的住所，并对住所进行恰当的设计和装潢来满足猫的需求。

### 在收容所中的居住环境

进入收容所的猫通常种类繁多、差异性很大，它们在出身（野生的、走丢的、曾有饲主的）、社会化状况、年龄、接种疫苗的情况以及健康状况等方面都是不同的。在动物收容所里控制传染病，特别是病毒的来源，对猫来说非常重要，因此相关工作人员应注意确保管理和环境丰容的程序不会增加疾病风险。

进入收容所后，猫通常是住在单人间或双人间；尽管收容所的空间往往很昂贵，但群居的情况不那么常见。收容所的隔间从很小的不锈钢笼子——里面几乎没有足够的空间放置猫砂盆、食盆、水碗和休息区，到很大的步入式笼子——里面有室内和室外的部分，条件各不相同。人们愈发认识到，这些小笼子只适合短期居住（1～2 天）。为了改善居住条件，人们也给出了一些建议，比如在两个相邻的笼子间安上一个 PVC 材料制成的通道，将其转换成一个双隔间的笼子，以及在隔间内搭建一个架高的栖木。通过观察在收容所和猫舍群居饲养的猫，凯斯特和特纳建议每只猫应该有至少 1.7 平方米的居住面积；但鉴于这个面积适用于彼此之间熟悉的猫，收容所中的猫（不管是单独居住的还是群居的）需要的居住面积很可能更大。

收容所中的猫到底是单独居住好还是群居好？这个问题引发了大量的讨论，也出现了一些针对这个问题的研究。在本章作者看来，进入收容所的猫应被分开饲养，并按它们原本的群体进行安置（同一家庭的 4 只或 4 只以上的猫可被分成更小的组，每组 2～3 只猫），而不是被安置到它们不熟悉的猫群中。这段隔离的居住期也能让护理者对猫个体的健康、行为和个性有更多的了解，还有助于他们识别、治疗和控制疾病。如果几周后猫还没有被领养，那工作人员可能就需要考虑把猫转移到群居环境中，但前提是群体规模不能太大；有足够的空间，且具有适当的环境丰富度；群体构成也要具有一定的稳定性。与非社会化的猫相比，早先有社会化经历的猫会更适应群体居住。此外，也会有一些猫无法适应群居环境，我们应该把它们识别出来，并单独安置。

### 长期居住环境

有些猫可能会长期居住在收容所里（几个月甚至几年），特别是当收容所采取"不杀"政策时。由于社会干扰，缺乏有效的控制，以及收容所的环境中可能存在的急性或慢性恐惧诱发条件，人们对这些长期居住在收容所中的动物的福利产生了担忧。戈维亚等人的一项研究指出，与群居了 6 年或更短时间的猫相比，群居 7 年或更长时间的猫活动量更小、吃得更少，并且出现了更多的对抗性互动行为。这个研究结果给上述人们的担忧提供了实证的支持。

在如何界定短期居住和长期居住的问题上，人们还没有达成共识：一些人认为两周以上就应该算长期居住，不过以一个月为界似乎也是合理的。居住时间的长短可能会对每只猫都产生不同的影响。一旦有猫的福利水平较低，或者生活质量下降，它们都应该获得额外的关注和干预，比如给它们增加社交接触和心理安抚，还可以把它们转移到寄养家庭或新的庇护所。

### 环境丰容

环境丰容是指为了改善动物的福利而对动物的生存环境所做的改变。护理者在改善他们照料的猫的生存环境时，也可以丰富自己的生活。在第十二章和其他的出版物中可以找到关于环境丰容的全面综述。

当猫进入一个新环境（例如收容所、寄养猫舍或研究机构）时，首要的工作是帮助猫快速和平静地适应新环境。人们可以通过以下方式来实现这一点：可供躲藏的地方、架高的平面（比如架子和栖木）、不接触或尽量少接触不熟悉的猫、嗅觉连续性、可预测的日常活动、低噪声水平以及护理员温柔的照料（且接触的护理员的数量要受到控制）。如果猫所处的嗅觉环境保持恒定和熟悉，就能产生嗅觉连续性。这对于确保猫在其隔间内感到安全和不受威胁是很重要的，并有助于它适应新环境。在收容所或类似的环境中，可以通过在猫笼中提供至少两份垫纸，并且每天只更换其中的一件，来实现嗅觉连续性。此外，应该每天进行局部清洁而不是把整个笼子全部进行清洁，这样可以确保能留下一些猫的气味标记；使用费利威（Feliway™）进行信息素治疗也可能是有益的（见第十三章）。如果猫表现出已经良好地适应了环境的迹象（比如维持行为增加、躲藏时间减少、展现出正常的活动和反应能力、压力分数较低等），那么就可以适当地引入其他环境丰容的形式，比如提供玩具或增加与人类的接触。

加拿大的不列颠哥伦比亚省防止虐待动物协会开发了一种名为"躲藏—栖息和移动"的盒子。它由一个用来躲藏的纸板箱和一个托盘状的结构组成，顶部的四周被围起来，这样猫既可以栖息在那里，又可以部分地躲藏起来。克吕和凯西发现，这个盒子有助于猫适应收容所的环境，猫会把盒子用作藏身之处并栖息在盒子顶上。盒子的使用并没有减少这些猫被收养的可能性（尽管也存在一种可能，就是它们有些时候会躲起来，无法被人们看到）。当猫被领养时，这个盒子就可以被改成一个临时的运输箱。进入新家后，运输箱还可以重新组装成盒子。由于这个盒子对猫来说是熟悉的，而且仍然带有猫的气味，它将有助于猫适应新的环境。

在考量通过环境丰容的手段来改善福利的策略时，埃利斯将猫的行为反应分为两种主要类型：主动型和被动型。当猫被关起来的时候，主动型反应者表现出的行为包括试图逃跑、来回踱步、发出叫声及对人或其他动物表现出攻击性；而被动型反应者表现出的行为包括维护行为的抑制、待着不动、试图躲藏、异常安静及对互动缺乏兴趣。主动型反应者可能会从激发型的丰容手段（如玩具）中获益更多，而被动型反应者可能会从能增强它们安全感的丰容手段（如躲藏）中获益更多。埃利斯（2009）还区分了适用于感到沮丧的猫的丰容手段以及适用于感到焦虑或恐惧的猫的丰容手段。表现出沮丧行为的猫需要得到更多社交上的和感觉上的刺激、更充足的食物及更多玩耍的机会，而感到焦虑或恐惧的猫则需要更多的藏身之处和避风港（bolt holes）、更多利用垂直空间的机会及与人类更多的社交互动（如果它们社会化的程度较高），并可能受益于信息素治疗（pheromonotherapy）（见第十三章）。我们还需要对环境丰容的策略以及猫对这些策略的具体反应做进一步的研究。在理想情况下，环境丰容的策略应该根据每只猫的具体需求来进行相应的调整；这可能在家庭环境中更可行。

## 慢性疼痛

猫的长期（或慢性）疼痛是一个重要的福利问题，但往往容易被忽视。行为和生活方式的改变是猫慢性疼痛最重要的信号，但这些信号往往很隐蔽，很容易被没有经验或不知情的观察者所忽视。在很多时候，人们会把疼痛的迹象归因于老龄化，并错误地认为这种迹象无可避免且缺乏有效的治疗手段。

虽然退行性关节疾病（degenerative joint disease, DJD）的发病率在所有年龄段的猫中都很高，但诊断 DJD 和评估 DJD 相关的疼痛是有难度的。班尼特和莫顿通过评估猫对镇痛治疗的反应，发现了与肌肉骨骼疾病（musculoskeletal disease）引起的慢性疼痛相关的行为和生活方式的变化。猫饲主被要求在治疗开始前和治疗开始后的第 28 天完成问卷调查，他们需要监测猫在以下几个方面的改善情况：运动水平（比如跳跃、走路姿态是否优美，猫砂盆的使用情况和个人卫生行为）、活动水平（睡眠习惯、玩耍和狩猎行为）、梳理习惯（包括磨爪）和平时的性情（与饲主或其他动物之间的互动、平时的态度）。他们的评估与给猫进行治疗的兽医（在治疗前和治疗后，由兽医独立提供整体评分）的评估结果基本一致；而在所有监测的项目中，猫的活动水平得到了最大程度的改善（该研究中没有安慰剂组）。

除 DJD 外，其他可能导致猫长期疼痛和不适的临床问题包括间质性膀胱炎（见第十二章）、多种癌症、多种皮肤病、牙齿和口腔疾病、愈合缓慢的伤口、烧伤、某些神经疾病和术后症状。有研究表明，去爪术会导致一些猫出现长期的术后疼痛。关于接受截肢手术的猫是否会经历幻肢疼痛的研究目前正在进行中。

猫受到慢性疼痛影响的严重程度可能要在使用有效的止痛剂进行试验治疗后才会显现出来。那些具有诸如攻击性等行为问题的猫，可能正承受着由潜藏的身体状况导致的疼痛。确定疼痛的来源是至关重要的；疼痛管理也是治疗的一部分（见第十三章）。美国动物医院协会与美国猫科医师协会共同制定了有关猫疼痛管理的准则。

## 老龄化及与年龄有关的疾病

戴维斯开展了一项针对互联网用户的调研；在问卷中，他给出了宠物中一些常见的与年龄相关的疾病的症状，比如体重下降、食欲下降、口渴加剧和腿部僵硬，并调查了互联网用户对这些症状的严重性的看法。人们似乎普遍对这些常见症状的严重性缺乏认识。这项调查的参与者是懂电脑、对动物感兴趣、并会主动寻求动物健康建议的互联网用户。对普通人群来说，理解这些症状严重性的比例很有可能会更低。这种意识的缺乏可能导致猫要到疾病晚期才会被送到兽医那里接受治疗，以至于无法从镇痛等可以改善它们生活质量的治疗中受益。

随着营养的改善和兽医学的进步，宠物猫的寿命越来越长。随着老龄猫数量的增长，越来越多的猫表现出行为改变和明显衰老的迹象。这些症状可能是由认知功能障碍综合征引起的。认知功能障碍是一种神经退行性疾病，越来越多的老龄猫被确诊患有此病，我们不应将其视为衰老的正常现象而不予理会。这种疾病在行为上的症状包括漫无目的的游荡、发出叫声（尤其是在晚上）、常在夜间醒来、迷失方向、烦躁不安、易怒、具有攻击性及乱排泄。人们已经采取多种方法来治疗这种综合征，包括饮食控制或补充、精神药物治疗、信息素治疗及猫环境的丰容（见第十三章）。

## 结语

在应对会对猫产生影响的福利问题上，人们已经取得了很大的进展。不过，依然存在很多困难，尤其是猫数量过剩和野生家猫的问题。我们至少可以分出四种旨在解决猫科动物主要福利问题的策略。

第一种策略是对猫饲主和更宽泛的养猫和不养猫的社区进行教育，使他们了解养猫的责任、猫的需要以及如何满足这些需要、猫的正常行为是什么及如何解决行为问题。动物收容所和其他动物福利组织在教育现有和潜在的饲主、推广领养及给考虑放弃饲养宠物的饲主提供支持等方面发挥着至关重要的作用。兽医和相关从业人员（如动物行为学家）也可以在教育宠物饲主方面发挥作用。在应对一些特定的宠物福利问题时，兽医处于一个很有利的地位，他们能关注到诸如慢性疼痛、衰老、与年龄有关的疾病及认知功能障碍等引起福利问题的疾病。

第二种策略是防止更多的猫出生。尽管低成本绝育手术已被广泛使用，但仍有太多的幼猫出生，而且大多数都是意外出生的，饲主也不想饲养它们。未来的研究应该致力于揭示饲主拒绝给宠物绝育的复杂原因，以及克服这种抗拒最有效的激励措施。理想情况下，动物收容所中的所有幼猫在被领养之前都应该进行绝育，而且在私人诊所里也应该有一个可以进行早期绝育的地方。幸运的是，其他控制生育的有效方法（如化学止育剂和避孕药）可能很快就能问世，从而减少对手术绝育的需求。

第三种策略针对的是走失的流浪猫，在所有进入收容所的猫中，它们往往占很大比例。在这里，走失的流浪猫意味着这只猫经历过社会化，并在过去曾有过饲主，但由于缺乏有效的身份标识，无法找到主人。如果能确保所有有饲主的猫都能佩戴某种形式的身份标识（一种是项圈或名牌，另一种是芯片，最好是两种都有），那么这就很有可能会对猫福利和收容所的活动都产生重大影响。有身份标识的流浪猫可以很快离开收容所，与饲主团聚，使收容所可以把资源集中在最需要帮助的猫身上。对兽医来说，当一只受伤的猫被送来治疗时，缺乏有效的身份标识通常也会带来问题。它显然是有饲主的，但如果无法找到饲主，就很难确保它得到及时的治疗，特别是在治疗方案比较复杂或比较昂贵的情况下。

第四种策略是对野生家猫和半野生家猫种群进行人性化和有效的管理。这是一个必须要解决的巨大问题，与所有团体（包括参与野生动物保护的团体）进行对话是非常有必要的。第十四章介绍了管理这些自由游荡的猫群的一些方法。

# 第十章

# 品种和性别层面的行为差异：与家猫的古代历史和起源的关系

班杰明·L.哈特、利奈特·A.哈特和莱斯利·A.莱恩斯

当人们想要领养一只狗时，关注点通常是在狗的品种上，人们关心的是这只狗长大之后的行为、体型。而当我们采访一个准备领养幼猫的人时，他通常很少关注品种或血统成分。相反，他会考虑毛发的长度、颜色和花纹，以及领养小猫的合适地点。

在挑选幼猫时，绝大多数人的做法是领养一个普通类型的家猫，通常被称为短毛家猫或长毛家猫。领养人似乎都不太考虑猫长大成年后的行为特征。大部分人的逻辑似乎是"猫就是猫"。与之形成对比的是，如果有人领养了一只杰克罗素梗犬，他会明确地知道这只狗的行为（被动反应型、敏捷）与他之前养的金毛猎犬截然不同。

小狗的领养者通常会基于他们对小狗长大后的行为模式的期望来选择品种；通过了解不同品种的习性，人们可以在一定程度上预测小狗未来的行为。尽管人们在领养幼猫的时候似乎并不太关心幼猫长大后的行为模式，但幼猫成年后，它们的行为模式一定会影响到它们的饲主。许多猫护理者认为会让猫比较受欢迎的行为包括：对人类家庭成员友爱、外向并喜爱和人社交、熟练使用猫砂盆。普遍不受欢迎的行为包括：对人类家庭成员展现出攻击性、过于害怕访客及在家里进行尿液标记。一些敏锐的猫饲主意识到，猫之间有一些行为差异是和基因有关的。而我们谈起纯种猫时会发现，至少某一些品种会像不同品种的狗一样，在行为上呈现出显著的差异。

直到最近，只有一项研究比较了不同品种之间的行为。通过研究波斯猫、暹罗猫及普通的短毛家猫，该研究检验了猫向主人展现出的行为；这项研究结合了对猫与饲主互动情况的直接观察，以及饲主对猫性格的主观评价。尽管这两种纯种猫的行为都比短毛家猫的可预测性更强，同时也更亲人，但在这种方法下，较难看出这两种纯种猫之间的差异。

在本章中，我们将讨论一项新的研究，这项研究比较了 15 种常见品种猫之间的行为差异和相似性，并使用统计学的方法来考察哪些行为可能具有遗传基础。我们还回顾了一些古代和近代的猫品种的历史，并分析它们与现代的猫品种之间的联系。我们还进一步讨论了一些关于已绝育公猫和已绝育母猫之间行为差异的最新洞察。正如任何其他关于行为差异的遗传学研究一样，我们必须强调的是，除了基因遗传的影响，猫的早期经历和当前环境也是它们行为模式重要的决定因素。

从实用的角度来看，即使没有重点考虑领养纯种猫，了解品种间的行为差异也可能是有用的，因为这有助于了解与基因有关的行为差异。对于一个有兴趣领养幼猫的人来说，不管幼猫是否是纯种，了解一下公猫和母猫在行为模式上的差异程度是很有价值的，因为这会关系到它们是否适合成为家庭宠物。在讨论不同品种猫的行为特征时，需要注意一点：狗的行为差异有一些源自它们的工作角色，如看家、牧羊、取回猎禽等，而猫几乎从来没有被要求去做人类的工作。不过，在这项研究中分析的品种对应的都是已知在基因层面有区分度的猫群组，它们起源于不同的种群。因此，很可能是不同的遗传背景导致了它们行为上的许多差异。

对猫体型的人为选择会影响到人们对猫行为的选择。例如，波斯猫有着长而浓密的毛发，需要护理者经常梳理，

因此在繁育过程中，人们会通过对波斯猫活跃度和行为方式进行人为选择，使其能忍受护理者的大量梳理。而在布偶猫的繁育过程中，人们挑选出来的是非常友善的，并且有着动人、甜美身型的个体。缅甸猫差不多也是如此：它们是经过人工选择育成的，从体型纤瘦、感情温和的暹罗猫开始培育。繁育者们选择了圆圆的头、结实的身体，还有比暹罗猫更亲人的性格。

## 基于数据的品种和性别特征

我们在这里概述了一些关于特定品种行为的更有趣的发现，这些信息来自一个刚刚完成的基于数据的研究；该研究系统性地从许多猫科权威人士那里收集了数据。这项研究的设计参考了之前对狗品种特征的研究。研究中的权威人士包括 80 名猫科兽医，他们见过各种各样的猫，也听过许多猫饲主抱怨和吹嘘他们的宠物。该研究的主要目的是获得不同品种之间的相对排名，研究人员并不觉得可以给出一个绝对的分数。不过，研究人员预期权威人士在给各个品种的多项特征进行排名时（比如对家庭成员的亲近程度或对访客的友好程度等），结果应该是趋于一致的。

在事先安排好采访时间后，权威人士接受了约 30 分钟的电话采访。他们是从一个电话目录中随机被挑选出来的；在挑选时，研究人员的目标是让男性和女性及美国各个地区的受访人数大致相等。每个权威人士都被分配 5 个品种的纯种猫（从 15 个品种的主名单中随机选择），再加上 1 个短毛家猫（DSH）和 1 个长毛家猫（DLH），总共 7 个品种；他们要对这 7 个品种的 12 种行为特征分别进行排名。纯种猫的主名单包括：阿比西尼亚猫、豹猫、波斯猫、布偶猫、暹罗猫、缅甸猫、曼岛猫、挪威森林猫、斯芬克斯猫、柯尼斯卷毛猫、东方短毛猫、缅因猫、东奇尼猫、异国短毛猫和俄罗斯蓝猫。

进行排名的这 12 个特征都是猫饲主可能会感兴趣的，包括：活动水平、对人类家庭

缅因猫

斯芬克斯猫

布偶猫

豹猫

柯尼斯卷毛猫

成员的喜爱度、对人类家庭成员的攻击性、对其他猫的攻击性、对访客的恐惧度、对访客的友好度、爱玩耍的程度、叫声、猫砂盆的使用、在家里进行尿液标记的行为（喷尿）、抓家具和捕食鸣禽。如前所述，除遗传外，早期的经验和当前的环境也可以影响行为。通过对大量富有经验的权威人士进行调研，研究人员使用的统计方法可以最大限度地消除掉各人在经验和环境上的差异，而显著性测试揭示了不同品种之间实际与遗传相关的差异。

这项研究一开始是在一位统计学家的帮助下完成设计的。研究人员先从 80 名权威人士对这几个特征的回答中提取出猫在每个特征中的排名，然后用计算机进行处理；最后在终点分析时，用最小二乘法进行排名。研究人员假定不同品种在某些特征上的差异会很大，而结果确实如此：这 12 个特征在不同品种之间的差异都存在高度的显著性（$p < 0.001$）。在将最小二乘均值调整为 1（最低）到 10（最高）的范围后，研究人员在每个特征上都对各个品种进行了由低到高的排名。

## 行为特征排名

从几个品种排名的样例中，我们可以看到繁育者坚持不懈地对猫的行为进行人为选择而获得的劳动成果。研究人员另行发表了该研究中猫品种的完整资料集。下面我们将展示一些行为特征的品种排名样例。

### 活动水平

把家当作立体森林的品种显然不同于安静平和的品种。豹猫和阿比西尼亚猫会充分利用家里的人造"丛林"，使得它们在活动水平上排名最高。而波斯猫和布偶猫是最不活跃的，它们大多数时间都在躺着，就像是它们满足于待在丛林度假屋里休息一样。第 209 页的图描绘了该研究中所有品种的活动水平排名。

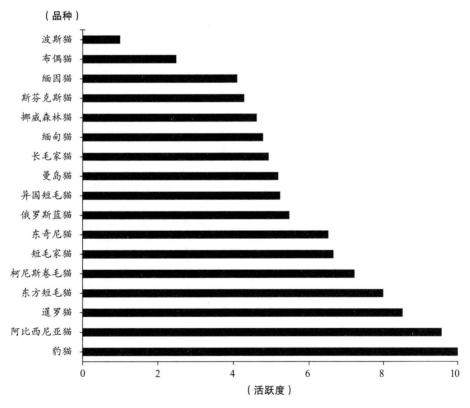

（品种）

波斯猫
布偶猫
缅因猫
斯芬克斯猫
挪威森林猫
缅甸猫
长毛家猫
曼岛猫
异国短毛猫
俄罗斯蓝猫
东奇尼猫
短毛家猫
柯尼斯卷毛猫
东方短毛猫
暹罗猫
阿比西尼亚猫
豹猫

（活跃度）

猫活动水平排序

注：用调整后的最小二乘均值对猫的活动水平从1到10进行排序。排名最低的是1，最高的是10。在把排名最靠上或最靠下的2～3个品种和其余的品种进行对比分析时，通常能发现统计上显著的差异性。

### 对人类家庭成员的喜爱

这是布偶猫脱颖而出的一个特点，排名第一。而豹猫的排名最低。正如下文中我们将提到的，豹猫是家猫和野生亚洲豹猫的杂交品种。

### 对人类家庭成员的攻击性

在这个特征中布偶猫和豹猫的排名倒了过来——豹猫排名最高，而布偶猫排名最低。

### 猫砂盆的使用

尽管猫饲主显然对这一特征很感兴趣，但研究人员的预期是这一特征可能不会在不同的品种之间出现差异；不过结果显示的确是存在差异的，只是没有活动水平的差异那么明显。在猫砂盆的使用上排名最低的是波斯猫，最高的是东奇尼猫。

### 尿液标记（喷尿）

这种行为是寻求治疗的猫中最常见的行为问题（见第十三章）。这与正常的领地意识有关，特别是对于公猫。虽然通过绝育就可以消除大部分公猫的尿液标记行为（不管是在成年后还是在性成熟前绝育），但整体而言，绝育后的公猫中有大约10%仍然会进行尿液标记。不过，不同品种的绝育公猫在家里进行尿液标记的可能性和程度是有差异的。虽然大多数的品种在这个行为特征上的得分都非常接近，但豹猫比较突出，排名最高，而斯芬克斯猫的排名最低。

## 性别差异：谁能想到公猫更温顺

其实，敏锐的猫观察者早就知道这一点了。对于那些想要领养幼猫的人来说，品种的作用是可有可无的，但是猫的性别在几乎所有情况下都会起到很大的作用。对猫科兽医权威人士进行电话采访时，研究人员会请他们在对品种排名之前，先给绝育的母猫和绝育的公猫在 12 个特征（见上文）上进行排序。在性别层面的对比是独立于品种的。

在人们的预期中，猫的情况应该与先前对狗的研究结果大致相同——公猫（已绝育）会更有攻击性、更不亲近人；但这是大错特错的。事实上，已绝育的公猫要远比已绝育的母猫更加外向和亲人；母猫要远比公猫更具攻击性。而不出意料的是，公猫在家中进行尿液标记的可能性远高于母猫。

对大多数的猫饲主来说，对性别的选择可能会有一点复杂。只养一只猫的时候，挑选一只亲人的、没有攻击性的已绝育公猫可能是一个合理的决定。因为只有一只猫的时候，公猫进行尿液标记的可能性就相对较小。而对于多猫家庭来说，再养一只没有攻击性的、外向的公猫似乎也是有道理的，但是猫之间的互动可能会成为诱发尿液标记的主要因素，这就可能会给家庭带来麻烦了。因此，挑选公猫还是母猫不是一个简单的决定。不要忘记，猫进行尿液标记的可能性在遗传基因层面也是不同的，比如豹猫进行尿液标记的可能性最高，而斯芬克斯猫最低。因此，在做决定的时候也要考虑到这一点。

## 猫品种的古老起源

关于猫是什么时候开始被驯化的，有多种不同的说法，估测的时间取决于追溯的手段。但人们一般认为，猫是在 8000 ～ 10000 年前开始被驯化的，那时人类停止了狩猎和采集的生活方式，开始过上以农业为主的生活。而猫的驯化现象在新月沃土尤为突出。随着定居下来的人类学会了种植，并把改良后的谷物当作主食，他们的粮食储备很快就被啮齿类动物盯上了，而捕食这些啮齿类动物的正是那些小型野猫。我们不难想象这之中会有多少最终成为家庭宠物；于是，驯化的过程就开始了。最近的系统发育研究揭示，基因层面的驯化过程全都起源于近东。

这些早期驯化的猫跟随着主人，几乎传播到了亚洲和欧洲的所有地区，最主要是集中在古代文明之间的贸易路线上。最终，在亚洲、西欧、东非和地中海盆地发现了基因上存在明显差异的猫种群。和西欧和北美的品种相比，东南亚的品种形成的种群位于基因谱的另一端。

猫的驯化中有一个很有趣的方面：在持续的全球迁徙中，许多发展中的品种在形态和功能上仍然与它们的野生猫科动物祖先非常相似。人们普遍认为，与狗和其他常见的家养动物相比，现代猫在行为方面并没有完全被驯化，主要体现在许多品种的狩猎技能完备，完全可以自给自足，甚至在没有人类直接帮助的情况下也能生存——也就是所谓的野生家猫。

某些品种身体特征的发展可以追溯到世界上很多地区。有一小部分拥有相似身体特征的猫，在经过大量的繁育和人工选择后，得以在后代中稳定地维持其标志性的身体特征，它们就成为纯种猫的祖先。这些纯种猫在一段时间后就有可能被各种猫协会认可。近来，新品种的开发一般都是基于初始品种简单的单基因变异而进行的人工选择。

在分布在世界各地的猫家族中，发现了广泛的遗传变异，即杂合度。缅甸猫的杂合度

缅因猫

布偶猫

最低，由此可见，它们近亲繁殖的程度是最高的。这与布偶猫形成了对比，布偶猫的杂合度是被公认的品种中最高的。

尽管波斯猫的杂合度不是最低的，但它被认为是最古老的猫品种。这个品种，以及它历史比较短的近亲——异国短毛猫，都经历了极端人为选择，从而形成了短头型（或短鼻型）的头部和浑圆的体型。尽管波斯猫起源于古老的波斯，但令人惊讶的是，它与西欧的猫在基因上出现了很大的相似性，而现代波斯猫在基因上已经和起源地没有什么联系了。和波斯猫不同的是，有着窄头型（也被称为长头型）的暹罗猫一直在基因谱系和地理分布上保持着同一性，并被用作其他长头型品种的基础群，尤其是东方短毛猫。

猫品种发展的古老历史是引人入胜的，而最近开发出来的两个新品种的例子展现出了人们在集中繁育和人工选择上付出的大量努力，他们不停地寻找合适的杂交品种，来找到符合繁育人奇想的新品种。这两个例子都来自南加州。一位狂热的养猫爱好者在一次去东南亚丛林的旅行中看到了身上有斑点花纹的亚洲豹猫，她显然被这只豹猫的外表迷住了。

旅行结束后，她从一家专营珍奇动物的宠物店得到了一只雌性亚洲豹猫，同时还把一只雄性家猫带回家作为交配对象。它们的雄性后代是不育的，但雌性后代在和雄性家猫配种后，生出了有生育能力的后代。之后他又引入了一只来自印度一座动物园的雄性亚洲豹猫进行配种，进一步的繁育使它的后代呈现出独特的、像豹子一样的玫瑰花纹和条纹，看起来就像一只小型野猫。这种小型的亚洲豹猫脾气很暴躁，很难驯服。在豹猫品种的开发中，人们在获得亚洲豹猫奇异的花纹的同时，也使得这个品种对人类的喜爱程度比较低、对人类和其他猫的攻击性比较高、活跃度很高（见第 209 页图）。

与豹猫的发展形成对比的是布偶猫的起源。布偶猫的繁育归功于一个波斯猫的繁育者，她在邻居家猫繁育的后代中发现了一只性格非常温顺的猫，并被它深深地吸引住了。她决定把这只温顺的猫和她的一只波斯猫进行配种。令她高兴的是，它们的后代非常温顺，抱起来的时候会挂在手臂上，就像一个玩具布娃娃。于是，她决定继续进行这项繁育试验，她用缅甸猫及其他品种的猫来进行杂交，但总是挑选出温顺的和喜爱被人抱起来的个体进行繁育。布偶猫这个名字也就被定了下来，并成为官方认证的品种。布偶猫的行为特征与豹猫几乎是完全不同的；在上述研究中的 15 个猫品种中，布偶猫在对家庭成员和其他猫的友好程度上排名最高，而在攻击性方面排名最低（见第 210 页图）。

## 结语

在了解人类历史上最受欢迎的伴侣动物方面，我们现在可以认识到，自从早期人类开始有规律地耕种以来，家猫就一直和我们在一起。随着人类祖先在世界各地迁徙，贸易路线也随之得到发展，人们在旅途中带上了他们最喜欢的猫，猫也因此被传播到全世界；最终，猫的基因谱系在世界上的不同地区发生了分化。

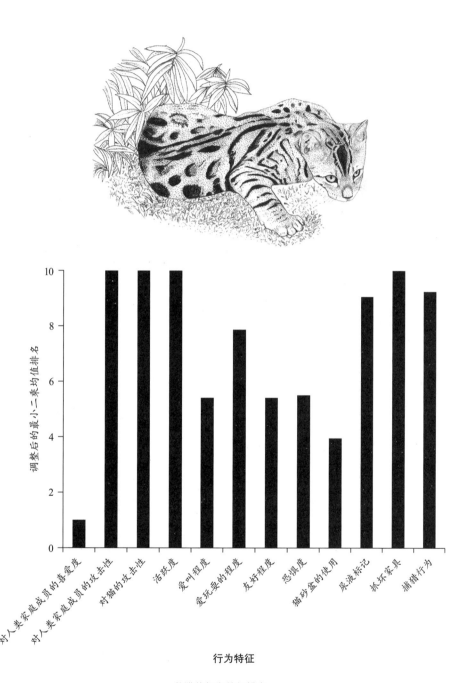

豹猫的行为特征排名

注：图中显示的是豹猫和其他品种对比下的排名（从1到10），用调整后的最小二乘均值从1到10进行排序。排名最低的是1，最高的是10。

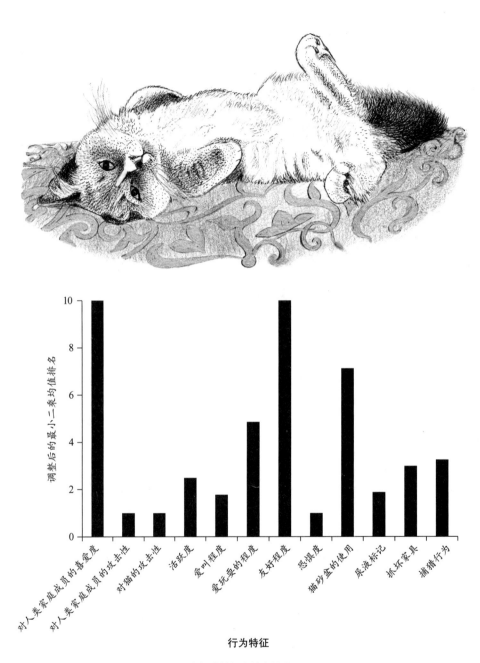

布偶猫的行为特征排名

注：图中显示的是布偶猫和其他品种对比下的排名（从1到10）。用调整后的最小二乘均值从1到10进行排序。排名最低的是1，最高的是10。

　　不同的亚种产生了不同的体型和不同的行为特征，所有这些都反映了该地区繁育爱好者的奇想或愿望。在体型的分类中，有头部窄长而身体瘦长的猫，也有短头颅而身体浑圆的猫；有适合在最寒冷的国家生活的健壮的长毛猫，还有娇弱的无毛猫。在行为方面，有友爱的、没有攻击性的、对访客友好的猫，也有过度活跃的、不亲人的、有攻击性的猫。由于猫在体型和行为特征方面的调整与改变相对容易发生，我们可以预见，猫的品种的发展会持续进行，而且在发展的过程中会给人们带来更多身体特征和行为特征上的惊喜。

# 第十一章

# 猫展

安妮·格雷戈里[1]、史蒂夫·克罗[2]和希拉里·迪恩[3]

---

① 英国猫迷管理委员会（GCCF）全品种裁判、GCCF董事会董事。

② GCCF裁判、GCCF基因委员会主席、GCCF副主席。

③ GCCF裁判和赛事组织者协会秘书长、GCCF董事会董事。

## 概述

　　猫的不同品种是一个相对现代的概念，只能追溯到大约 150 年前。其他家养动物的品种历史要古老得多，特别是狗和马，它们被有意地驯养来为人类服务，并且在某种程度上，当它们与人类的关系还处于早期阶段的时候，就被人们选择性地进行育种，以满足人类的需要。人类几千年来一直追求繁育不同身体"类型"的动物，包括大小、重量、速度还有特定的心智能力或性格特征，不过大多都是随机发生的。到了 18 世纪，一些家养物种的人工繁育方法得到了很大的改良，从而出现了大量具有明显差异的狗和马；而在 18 世纪中期农业革命之后，各种农场动物如牛、羊、猪和家禽也有了很多不同的品种，以满足人类社会不断发展的各种需求。在当时，刻意的选择育种还没有应用到家猫身上，但到了 19 世纪下半叶，随着人们对基础遗传学有了越来越多的了解，人们意识到他们可以选择、延续甚至改进家猫身上某些有吸引力或与众不同的特征。孟德尔发现的遗传原理起初被人们忽视，直到 20 世纪初，开始渐渐为人接受。人们发现，通过让特征相同或血缘关系很近的动物进行交配，它们的后代可以表现出人们特别想要追求的特征，不过当时的人们还没有完全了解其中的原理。虽然家猫与人类的关系至少有 4000 年历史，但这种关系主要是一种利用性质的圈养，人们养猫主要是为了在城市和农村环境中对啮齿类动物和其他害虫进行有效的控制。因为这些作用，猫被认为是非常有用的，并逐渐被视为一种伴侣动物（见第六章）。然而，就繁育而言，家猫在很大程度上是被完全放任自由的。事实上，查尔斯·达尔文在评论猫品种时，显得非常不屑一顾，他说："猫在夜间活动的习惯是没有动物可以匹敌的。尽管它们被妇女和儿童所珍视，但我们却很少看到一个稳定的独立品种。虽然我们有时的确能看到一些不同的品种，但它们几乎都是从其他国家进口的，并通常是从岛屿进口而来的。"

　　然而，随着时间的推移，家猫实际上已经表现出许多影响颜色、花纹和被毛长度的基因突变。家猫的祖先——非洲野猫原本的天然花纹是黑鲭虎斑纹。但与所有物种一样，在进化的过程中，基因突变会偶尔发生，而如果这些突变对动物适应环境有好处，它们就可能会被复制并延续到后代。在世界范围内对毛色和长度的讨论已经进行好几年了，而在目前达成的共识中，人们普遍认可猫的大多数突变基因都出现在很久之前。首先出现的可能是非刺鼠纹，即纯黑，其次是斑纹或经典虎斑纹、斑点虎斑纹和刺鼠虎斑纹。在刺鼠纹中，猫的单根毛发呈现出变化的颜色，但身体上没有或很少有交替出现的花纹。所有这些在其他或大或小的猫科动物中都有出现。我们有理由确定的是，其他的突变，比如淡色基因、花斑基因、白色斑点基因、橙色基因、显性白色基因和长毛基因已经存在了数百年。抑制基因（银色）也可能是一个古老的突变体，但很难估测出它出现的时间。有些突变体在世界上某些地方出现的频率很高，这可能暗示着它们的起源地。橘猫在远东比在欧洲更常见；重点色的猫起源于暹罗（泰国）；长毛基因似乎最先出现在俄罗斯，然后沿着贸易路线传播到波斯和土耳其。

在 19 世纪，许多贵族和富有的中产阶级在欧洲、小亚细亚和其他更远的地方到处旅行，而把包括猫在内的具有异域风情的宠物带回家成了一种时尚。经过精心的培育，它们的颜色、花纹和被毛的长度得以一代代地延续下去。从那之后，人们就开始热衷于"炫耀"他们所拥有的珍贵猫。

有记载的最早的猫展于 1598 年在英国温彻斯特的圣吉尔斯集市上举行，并颁发了两个奖项：最佳大鼠捕猎者和最佳小鼠捕猎者。然而，第一次对展出的猫的类型、皮毛、形态、花纹和颜色进行评判的有组织的猫展，是 1871 年在水晶宫举行的。组织者是哈里森·威尔，他是英国皇家园艺学会的会员，同时也是一位艺术家、作家，并自称有嗜猫癖。包括威尔本人在内，总共有 3 名评委和 170 只猫参与了这次猫展。

## 品种标准是如何设立的

管理机构或注册机构会制定并发布评分标准，描述什么是完美的猫。世界各地的裁判会根据参赛猫和这个完美标准的接近程度来进行评估。威尔制定了英国第一个评判猫的标准，他称之为"卓越评分"。他根据重要性来给猫的不同特征分配不同的分数，满分为100分。这种分配分

数的制度一直延续到今天，被所有的注册机构所采用，从而为裁判的打分提供了标准。表11.1比较了在水晶宫的首次猫展中暹罗猫的得分分配，与2010年英国猫迷管理委员会（GCCF）[①]发布的现行标准。对比这两者权重的差异是很有趣的。

表11.1　暹罗猫的得分

| 1871-哈里森·威尔的卓越评分 | | 2010-GCCF标准评分 | |
| --- | --- | --- | --- |
| 头 | 10 | 头15；耳朵5 | 20 |
| 眼睛 | 15 | 眼睛形状和眼距5；颜色15 | 20 |
| 体型大小和形态 | 10 | 身体15；腿和脚5 | 20 |
| 尾巴 | 5 | 尾巴 | 5 |
| 颜色 | 20 | 身体颜色 | 15 |
| 花纹 | 20 | 重点部位颜色 | 10 |
| 毛皮 | 10 | 毛发质地 | 10 |
| 毛皮状况 | 10 | | |
| 总分 | 100 | 总分 | 100 |

---

① 猫迷管理委员会（Governing Council of the Cat Fancy，GCCF）：英国首屈一指的猫注册机构。

## 猫展的发展和标准的设立

威尔在 1871 年举办的猫展为全世界的猫选美比赛奠定了基础；而在英国，一种新的爱好开始流行起来。1887 年，在亚历山大宫的一场猫展后，一些猫爱好者决定成立一个参展者和繁育者的俱乐部。于是，英国国家猫俱乐部诞生了，威尔担任首任主席。该俱乐部对猫进行登记，并向小型俱乐部颁发举办猫展的许可证。1898 年，马库斯·贝雷斯福德夫人创建了猫俱乐部，该俱乐部也登记并颁发猫展许可证。这两个俱乐部为裁判颁布了评分标准，但彼此激烈竞争，带来了很多麻烦：参展者们必须在两家俱乐部都进行登记，才能在他们的规则和标准下带猫参展。到 1902 年，威尔对猫展中的一些成员不再抱有幻想，他意识到这些人似乎更看重赢得奖杯，而不是照顾自己的猫（时至今日，猫展的裁判还时常深有同感）。更令他感到失望的是，短毛英格兰猫（如今被称为英国短毛猫）的数量在不断减少，而安哥拉猫和波斯猫却因为它们的长毛而越来越受欢迎。因此，他退出了俱乐部、裁判队伍和猫展。

1903 年，弗朗西斯·辛普森的《猫之书》出版，并立刻成为爱猫人士的"圣经"。她在写作的过程中受到威尔鼓励，并在介绍中感谢了他的支持。她为各种各样的品种制定了标准，并配上有关各个评分点的说明（见左侧图）。她觉得世界上基本上只有两种猫，长毛猫（或东方猫）和短毛猫（或欧洲猫）。她说："即使在这里，'品种'这个词也是经过深思熟虑后才使用的，因为不管外表的皮毛、颜色或毛发长度是什么样的，每一种猫的体型轮

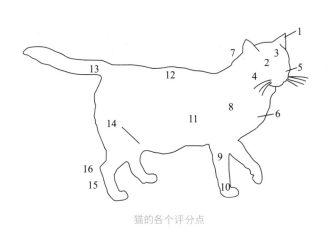

猫的各个评分点

廓实际上都是一样的。"表 11.2 展示了她在 1903 年出版的书中关于烟熏色波斯猫的评分标准与 2010 年出版的 GCCF 评分标准的比较。

表11.2　烟熏色波斯猫的得分表

| 银色和烟熏色波斯猫协会 | | 2010-GCCF 标准评分 | |
| --- | --- | --- | --- |
| 头和表情 | 20 | 头的整体形状；前额；耳距；鼻子长度、宽度、鼻窝 | 25 |
| 眼睛颜色 | 15 | 眼睛：大小、形状和颜色 | 15 |
| 体型 | 10 | 体态、体型、腿、尾巴等 | 20 |
| 尾巴 | 10 | | |
| 毛发和毛发状况 | 20 | 毛发和毛发状况；颜色；渐层及其分布、质地和品质 | 40 |
| 底层被毛颜色 | 10 | | |
| 无花纹 | 15 | | |
| 总分 | 100 | 总分 | 100 |

　　在世纪之交，人们成立了越来越多的品种俱乐部，包括银色和烟熏色波斯猫协会、蓝波斯猫协会、短毛猫俱乐部和暹罗猫俱乐部。每个俱乐部都给他们所代表的不同品种颁布了评分标准，并负责挑选裁判。辛普森认为，评分标准的制定是为了给参展者和繁育者提供指导，而不是为评委制定的。她表示："我敢断言，当一个裁判被要求给不同品种的各项评分点打分时，如果他在自己的信念、经验和常识之外，还需要任何别的工具来协助他进行判断，那么他就不配当裁判。"

## 猫迷管理委员会的成立

　　1910 年 3 月，来自各个俱乐部的代表应邀参加了在伦敦举行的会议，猫迷管理委员会（GCCF）也随之诞生了。GCCF 现在拥有在英国登记和发行血统证书，以及在饲主之间转移猫所有权的全部权利。人们成立了越来越多的猫俱乐部，也有越来越多的猫展得到了许可。每个隶属于 GCCF 的俱乐部都可以派代表参加每年四次的理事会会议；会议会讨论并批准由品种俱乐部推荐的裁判以及对规则和评分标准的修改。今天，GCCF 是英国纯种猫繁育和展览的主要注册机构。GCCF 以所有猫的健康、福利和福祉为使命，给所有的猫饲主提供建议、教育和支持。

## 20世纪猫展的发展

在 20 世纪的大部分时间里，各品种俱乐部负责挑选和训练裁判，并维护他们的评分标准。他们的代表会参加理事会的季度会议，并表达他们的意见。在 20 世纪 80 年代后期，管理委员会投票设立了相应的品种咨询委员会（BAC）[①]，由下属的各品种俱乐部的代表来管理相应品种的所有事宜，并在 GCCF 裁判任命计划中对裁判和候选人进行监督和培训。这有效地收回了裁判先前拥有的大量权力，并让更多的饲主和繁育者承担起给品种制定决策的责任。

## 裁判是如何培训出来的

起初，裁判是不受培训的；组织者会挑选他们认为有足够的知识和经验能做出明智评判的人。在威尔的第一次猫展中，参展的 170 只猫都是由他自己、他的兄弟约翰·詹纳·威尔和牧师 J. 麦克唐纳来评判的。

辛普森对裁判有非常明确的想法。她说："我认为裁判是天生的，不是后天培养出来的。那些没有敏锐的观察力、不能迅速得出定论的人是不可能成为令人满意或称职的裁判

---

① 品种咨询委员会（Breed Advisory Committee，BAC）：在 GCCF，BAC 主要为各自品种名单（Breed List）上的猫的利益服务。BAC 会监管裁判和候选人的挑选、培训和表现；审查标准评分、注册条例和育种条例，并在必要时对其进行修改，同时还要兼顾该品种的健康和未来发展。

的。"她写了一些关于她自己的评判方法的细节，这些信息对那些渴望加入正在不断增长的猫裁判群体的人来说是非常有价值的。

在品种俱乐部出现之后，就开始由品种俱乐部来负责从有影响力的繁育者中挑选裁判。那些希望成为裁判的人会先在猫展中担任资深裁判的助手，从观察中学习并积累经验，直到他们自己被邀请成为裁判。

这种培训裁判的方式一直延续到 20 世纪 80 年代末 BAC 的成立。当时的执行委员会起草了一份文件，其中载有 GCCF 裁判任命制度的理念和原则以及章程和程序规则。

在这个新系统下，展出的猫品种被分为七个部分：波斯猫、半长毛猫、英国猫、外国猫、缅甸猫、东方猫和暹罗猫。候选人先作为相应品种正式裁判的助手来开始他们的培训。他们必须完成一定量的工作任务，完成助理证书并转交给 BAC 的秘书。BAC 每年至少举行两次会议，讨论候选人的培训进展情况并提供反馈。

在下一个阶段中，候选人将成为一个品种的实习裁判。然后，他们会被允许对幼猫组别进行评判，以及对该品种内混合组别的各种猫进行评判。正式裁判会给予他们指导；BAC 每年会组织品种研讨会，并要求候选人参加。经过至少两年，再加上 2 到 3 次评审（通常由 BAC 挑选的正式裁判进行），候选人可以申请成为正式裁判。BAC 常常会对已经准备好晋升的候选人表示不满意，并要求候选人在重新申请之前进行进一步的评审和测试。经过一些修订，这一制度在 GCCF 内一直延续到今天。这是一个漫长而艰难的过程，当然也会淘汰掉那些对这项工作缺乏必需的责任感的候选人。

其他世界各地的注册机构也有类似的制度。他们的猫通常被分组如下：波斯猫和异国短毛猫；半长毛品种；短毛猫和东方品种。在一些机构的分组中，波斯猫和半长毛品种被放在一起，而异国短毛猫被放在了短毛组。候选人可以通过助理项目，或成为裁判的助手，来进行培训。还有一个制度，就是在同一个猫展中，让候选人和他们的导师同时进行评判，来评估候选人的能力。候选人被要求参加研讨会；在实践能力考核之外，经常会

有书面考试，考试内容包括品种标准、基础遗传学和组织历史。由于这些裁判接受的是跨品种培训而不只是单个品种，这种途径往往能让他们在更短的时间内成为一个全品种裁判。

当下，裁判和来自 GCCF 董事会的 BAC 的官员正在研究如何简化裁判培训的流程。他们设计了一个更具教育性和支持性的助理项目，这个项目将由 GCCF 裁判和赛事助理协会进行监督和管理。

作为曾与许多助理和见习裁判一起工作过的 GCCF 的裁判，从个人经验上来说，我们倾向于认同辛普森的观点，即具有欣赏某一品种独特特征和品质的"眼睛"的人是天生的；如果一个人没有这种能力，那么他就很难学会如何"看"猫。当一组猫中有一只出众的猫时，选出获胜者是非常容易的；但当一组中的猫都比较平庸时，要给出合理的排名就变得非常有挑战性了。

## 20 世纪的新猫品种

随着 20 世纪猫繁育和猫展的普及，特别是第二次世界大战以来，繁育者开始对一些自然进化的品种进行改良，赋予它们更具品种特色的样貌。这些品种的身体特征介于粗壮短身型的北欧猫和来自气候更为温暖的亚洲的曲线型纤瘦身材的猫之间，其中包括俄罗斯蓝猫和阿比西尼亚猫。它们在早期的猫展上亮过相，之后在不断的人工选择培育下，繁育出以下特点：更精致的楔形头、敏捷轻盈的身体、发达的肌肉、细长的腿、呈椭圆形的爪。如今，这些原本属于"外国部分"的中等体型品种是猫展中最大的组成部分，它们的特征介于拥有硕大短头的波斯猫和拥有楔形长头的暹罗猫之间。

一种新的现象也出现了，人们通过挑选出具有罕见突变的个体进行培育，来刻意创造品种，比如柯尼斯卷毛猫、德文卷毛猫、赛尔凯克卷毛猫和拉邦猫的波浪状毛发；或者通过让两个或两个以上的品种杂交，创造出一个全新的品种，如亚洲猫或东奇尼猫。另一种情况是，人们刻意地开发出某个天然品种的长毛版或者短毛版，并把它培育为一个独立的品种，比如索马里猫，它在 1962 年被承认为阿比西尼亚的半长毛变体品种，再比如异国短毛猫，它在 20 世纪 60 年代作为波斯猫的短毛版被创造出来（见第十章，关于美国培育的豹猫和布偶猫品种）。

　　繁育者和猫饲主总是想得到与众不同的新品种，而这种心理激励着上述的繁育行为。这些行为本身可能是完全可接受的，但可能会被那些传统主义者所抵制，他们希望能保持猫品种的纯度，并会对新的眼色、花纹或毛发长度提出质疑。

## 猫展对家猫的外观产生了哪些影响

　　哈里森·威尔认为："举办猫展是很有意义的，这样人们就会更仔细地注意到不同的品种、颜色、斑纹等等。"他的这一观点对于突出强调什么是猫更理想的毛色、花纹和质地，有着立竿见影的效果。安哥拉猫和波斯猫那种需要每天梳理的长毛令人印象深刻，它们也逐渐变得越来越受欢迎。

　　威尔为第一次猫展制定的评分
标准被证明对纯种猫的发展和注册
机构的建立都是十分重要的。对每
一个被承认的品种来说，制定标准
的主要目的是通过强调该品种的特
征只能用这种方式来实现，来提倡
良好的育种实践。这些标准给繁育
者提供了一个"完美的"猫模型，
他们可以尽可能地按照这个标准来

进行繁育，并以此参与猫展的评比。这些标准也为评判的一致性提供了基础；不过在评判
的时候，裁判对标准的主观诠释也总能影响到比赛结果。

　　当繁育者基于猫展现出来的天然差异来进行改良并试图开发独特的新品种时，猫的体
型和皮毛质地的差异性就会变得更加明显，有时甚至是极为夸张的。这种倾向的主要驱
动力有两个：（1）繁育者对创造和维持一个血统纯正的品种的渴望，而近亲繁殖可以促成
这一点，并使得这个品种的差异性特征固定下来（这个差异性特征是它作为一个独立的
新品种的基础）；（2）繁育者对改良某些特征的渴望，比如明确的类型、毛色的深度和基
调、花纹的清晰度及毛发的长度和质地。19世纪后期以来，由于人们渴望在各种猫展中获
胜，并获得冠军头衔（也就是每个品种的最佳范例），这一过程明显加快了。

## 猫展的形式、级别和奖项

　　正如不同的机构对裁判有不同的培训计划一样，世界各地的机构在猫展的组织、级
别和奖项等方面也存在巨大的差异。在一些猫展中，所有的猫都是按品种顺序被关在围

栏中，裁判一个接一个地去评判；而另一些猫展则采用一种名为"环赛制"的制度进行评判。我们将概述世界上最资深的猫注册机构——美国的猫爱好者协会（CFA）[1] 和英国的GCCF——所使用的制度。

这两个机构都设有成猫组和绝育猫组。所有的组别都被分成雄猫组和雌猫组，不管它们是否已绝育。幼猫的组别和成年猫的类似，参赛者有机会争夺最佳品种奖，但是并不会被授予头衔。在 CFA 中，幼猫满 4 个月就可以参赛，并且从 8 个月大开始参加成年组比赛；而在 GCCF 中，幼猫满 14 周就可以参赛，但要到 9 个月才能参加成年组比赛。在CFA 中，那些还没有获得成猫组资格但已经获得注册机构承认并被授予了品种名的品种，可以先参加杂项竞赛，再参加临时竞赛；在 GCCF 中，它们则可以一步步地从初级组比到中级组。在这些低级别组竞赛中获胜是进入成猫组比赛的必要条件。

## CFA 采用的环赛制

在 CFA 中，一场猫展是由许多独立的小展组成的，这些小展在展出大厅里不同的评判"环"（judging "rings"）中同时进行。这些评判环分为品种组别和专项组别。在后者中，只有具有相似的被毛长度或群组的猫才能参赛。饲主将猫带到不同的圆环上进行评比。猫展有多个环，参赛者必须仔细聆听公告，以确保他们的猫在正确的时间出现在正确的地方！由于参赛者可能要带着他们的猫长途旅行，所以CFA举办的猫展通常为期两天。在美国，一次典型的猫展每天有 6 个环，最多评比 225 只猫。

---

[1] 国际爱猫联合会（Cat Fanciers' Association, CFA）：总部位于美国的注册机构，是世界上最早的猫注册机构。

## CFA 的头衔和奖项

　　成年后，一只在 CFA 注册的猫就可以开始它的职业生涯了。它首先参加的是公开组（Open Class）的比赛，根据它的品种或毛色，它会被分进一个小组；在这个小组中，它需要得到第一名，并获得一个晋级绶带（Winner's Ribbon）。它在第一个环中评比结束后，就要到下一个环中接受不同裁判的评判。当它被授予 6 个晋级绶带时，它就成了冠军猫／优胜猫（Champion/Premier）。在大型的猫展中，一只特别出众的猫可以在一天的时间内就在 6 个环中赢得头衔。

　　接着，裁判们开始评估各个冠军猫和优胜猫，并争夺大满贯头衔和排出名次。之后，再评出品种最佳奖（Best of Breed），再之后是所有相关猫中的最佳冠军／优胜猫（Best Champion/Premier）。当每一个裁判都已经评判完所有不同组别的成猫、幼猫和绝育猫后，他们会举行一场决赛。而在决赛中获奖的 10 只猫将被授予玫瑰花形状的大奖花。

　　对于每一只获得最佳冠军／优胜的绶带的猫，它在该品种中每击败一只冠军猫／优胜猫就会相应地获得一个大满贯头衔积分。为了获得大满贯头衔，一只冠军猫在美国需要得到 200 分，在诸如英国那样较小的地区需要 75 分；而一只优胜猫则需要 75 分（美国）或 25 分（其他较小的地区）。此外，每一只猫还必须要赢得一个该品种的第一名（Best Cat）或一个第二名（Second Best Cat），或者必须取得一个"决赛"的排名。这些得分至少要由 3 名不同的裁判给出。

　　所有环里的裁判都会不断地重复上述过程，但由于每一个环都是独立的，一只在一号环（Ring One）被选为"最佳"的猫可能并不会在其他环中获得这么高的排名。总而言之，在一次 CFA 的猫展中，每一个环都可以被视为一个独立的猫展，每一个环都有自己的主裁判来负责授予奖项、挑选获胜者及评选出最佳猫。CFA 赛事中的顶级猫会继续参赛，来收集积分，这样才能竞争区域或国家奖项。

在 CFA 中，家养宠物可以参加家猫组或纯种猫组的竞争。对它们进行评判时，不考虑性别、年龄、被毛长度或颜色，而是根据它们的性格、健康情况和状态来考虑。它们中的优胜者会被授予优异奖。

## GCCF 猫展形式

GCCF 猫展为期一天，由受许可的会员俱乐部组织开展。猫展可以专门针对一个单一品种，也可以面向一组类似的品种或面向所有品种。有时，两个或两个以上的会员俱乐部会在一个大型场地同时举行猫展，以分担费用，并让猫能在当天竞争多个奖项。

GCCF 展览按品种顺序排列。每个品种都有自己的级别，裁判沿着围栏一排一排地进行评判，并按级别顺序对每一只进行打分。参赛者通常会在品种等级评比期间离开展览大厅，或留在离栏位较近的区域，以便为评比留出足够的空间并营造出安静的氛围。GCCF 举办的 500 只猫的全品种猫展可能需要 40 名裁判。猫展经理为不同的品种和头衔级别分别聘请裁判；在每一个赛季开始的时候，经理都会拿到一份必须要被列入猫展的各种猫级别的清单，以及一份关于每一个 GCCF 裁判的资质的清单。品种组别的裁判会全面地评估所有该品种的参赛猫（包括已经获得头衔的猫），并评出品种最佳奖。随后，成猫组、幼猫组和绝育组的各个品种最佳奖获得者会共同竞争最佳品种奖，获奖者有资格评选猫展最佳奖。

## GCCF 的头衔是如何获得的

一旦猫达到 9 月龄，它就可以进入适当的品种类别来竞争一个挑战或优胜证书。这只猫需要从 3 个不同的猫展和 3 个不同的裁判那里获得 3 个证书后，才能获得头衔。

一旦成为冠军或优胜，这只猫就必须进入大满贯冠军级或优胜级的比赛。同样地，它必须在3个不同裁判的3场比赛中赢得3个证书才能获得头衔。在这一组别中，不同品种的猫被放在一起评比，也就是说，猫开始和不同品种的猫进行竞争以赢得冠军，这与CFA的奖项是不同的。

拥有大满贯头衔的猫有资格进入特等级的比赛。要获得优胜，猫需要获得5名不同的裁判颁发的5张证书。参赛的猫必须要和所有品种的猫进行竞争。

2010年6月，GCCF引入了一个新的头衔——奥林匹克。为了竞争这一个声望最高的头衔，参赛者需要与所有7个部分的特级大满贯冠军进行竞争，因此获胜者的品质一定是非凡的。这个头衔有3个等级，分别是铜、银、金，每个等级需要5个证书。

GCCF还会举办自己的年度超级展，在这个超级展中，有大满贯或以上头衔的猫可以一起竞争"全英奖"。要想把梦寐以求的"UK"两字加入猫的头衔中，至少需要获得两张超级展中颁发的证书。

家庭宠物可以参加GCCF的非纯种宠物展或纯种宠物展。主办方会根据它们的被毛长度和颜色将它们分成不同的组，裁判再根据外观、状态、性情和性格对它们进行评判。

家庭宠物的头衔从"大师级猫"开始，之后就和纯种猫比赛一样，头衔一级级递增，直到终极头衔——"全英奥林匹克金牌特级大满贯大师猫"。

## CFA和GCCF展的其他特征

这两个机构都在努力使他们的展览对参赛者和参观者更具吸引力。CFA针对那些喜欢玩带羽毛逗猫棒或晃来晃去的玩具的猫设计了一个猫敏捷度的比赛项目。这个项目对所有猫开放，而通常都是家庭宠物成为当天的总冠军。GCCF的节目有各种各样的类别，如"繁育者"或"青少年"，在这种类别的比赛中，猫会和其他品种进行竞争，并在不同的裁判名下进行评判。对于希望知道某个特定裁判的意见的参赛者来说，这可能是个很宝贵的机会。

CFA 有青少年参展者项目，GCCF 有青年参展者计划，这些能让年轻人更多地了解他们的猫的爱好。事实证明，在这两个机构中，这都是一项成功的创举，使得猫展能在未来继续健康茁壮的发展。

## 繁育者和裁判对纯种猫的生理特征有哪些影响

在两次世界大战，特别是第二次世界大战期间，由于缺乏食物（没有多余的食物给猫）和轰炸造成的破坏，许多繁育人被迫放弃饲养猫，导致英国纯种猫的数量严重下降。从那以后，在英国和其他地方，特别是美国，新品种的数量出现了激增。这些新品种的出现主要有两个途径：（1）作为世界上某个地方的一个自然种群而被发现；（2）更常见的是现有品种杂交的结果（如上所述）。在同一时期，人们对遗传学有了更深入的了解，比如帕特·特纳和罗伊·鲁宾孙这样的先驱就通过研究和实验性的育种获得了更多知识并增进了对遗传的理解。这一知识体系激励了繁育人采取更科学的方法对纯种猫进行育种，并在一定程度上确定了某些品种基因疾病的起源。

由于繁育者一直在努力改良猫的颜色、毛发和体型，以达到评分标准中理想情况，没有品种能在形态上始终保持不变或固定，它们都必须持续地进化、改变和发展。随着时间的推移，评分标准已经变得更加详细和完善，这一方面受到繁育者的影响，另一方面也受到猫展裁判对标准的诠释的影响。随着个体猫的颜色在丰富度、色调的活力及花纹的清晰度上得到改良，其所属的品种也在整体上得到了改进，因而，相关的评分标准也随之修订，对理想情况的要求越来越高了。绝大多数裁判都参与过或正在参与纯种猫的繁育工作，而且往往有着多年的经验；他们对自己的品种非常熟悉，有非常宝贵的个人知识和对品种的理解，也知道什么是最好的类型和品质。许多繁育者成为裁判是为了分享他们的知识和经验，并保护品种的纯度和完整性。

把猫培育到完美的高标准绝非易事，对许多人来说，这是一生的工作，他们达到的每一个高峰都为登上下一个高峰打下坚实的基础。随着品种品质的提高，要想繁育出最优良的动物就变得愈发困难。在猫展中获胜能让繁育者的声望达到顶峰，这体现了专业机构对那些达到评分标准的猫的认可和嘉奖，这些猫也因而获得很高的头衔。

一般来说，这应该会是一件好事。随着时间的推移，它鼓励繁育者减少或消除那些对猫的完美样貌有害的基因，这里的完美样貌指那些被认为是最具吸引力和最理想的类型、构造、颜色、色调或被毛长度和质地等。然而，在繁育者和裁判之间，存在着某种紧张关系：繁育者试图繁育出的完美典范及他们在展示台上展示的成果，和裁判对评分标准的个人理解，可能是有矛盾的。如果裁判们喜欢繁育者展示的猫，并授予它们证书，使它们能够获得声望很高的头衔，参赛者通常就会很高兴。然而，如果一个繁育者或一小群繁育者发现他们所展示的猫无法赢得比赛，他们就会选择让其他可能对现行的标准有稍许不同理解的裁判进行评判，或是尝试繁育特定的某个裁判或一组裁判会更喜欢的猫类型，以期获得奖项。这就可能会鼓励繁育者选择培育更极端的猫特征，比如根据不同的品种特性，培育出更长或更短的脸、更大或更小的耳朵、更大更醒目的或更倾斜和深陷的眼睛、更浑圆或更苗条的身体构造等。这就可能导致（在某些情况下已然发生了）猫的某些特征不断往基因谱系的某一极端靠近，比如让波斯猫体型更为浑圆粗壮、头颅更短，或是把身材修长、优雅、骨骼纤细的暹罗猫的长而窄的巨大楔形耳朵的位置放低，让它们的头看起来像协和式飞机。

## 这些夸张的特征产生了什么问题，这些问题应该如何解决

让某些特征显得更夸张的危险性在于它们会导致遗传问题及整体的健康和福利问题。

为了让猫的某些特征更为显著并把这些特征"固定"到这个品种中，一些繁育者进行大量近亲繁殖和人工选择，这会增加有害的隐性突变的风险，进而可能导致遗传性疾病。一些被人为放大的特征类型也是某些身体健康问题的罪魁祸首，比如猫的鼻尖和鼻孔都很小、鼻子过短就容易导致呼吸困难，而波斯猫过于平坦的脸容易引发泪腺阻塞，从而导致泪液分泌增加。在另一个极端，为了培育出长而窄的楔形头而造成的斜视和深陷在眼窝中的小眼睛、前额颅骨凹陷、由于骨头没有顺利融合而导致的头骨后侧突起，或是由于人为选择培育纤细的腿而导致骨骼易脆等，给暹罗猫和东方猫这两个品种带来了很多问题。长期的近亲繁殖也会使猫的体型在往后的几代中不断缩小，致使猫失去"杂交优势"，并缺乏天生的免疫力（详见第十章）。

对与众不同、更极端，甚至独一无二的品种的追求，仍然对繁育者产生着强大的影响，尤其是当这种差异化的特征能在猫展中得到嘉奖时。其他物种中也大量发生过这种现象，而且程度比猫还要严重。为了防止这种极端化带来的危害，家猫管理机构一直在试图给繁育者提供准则和建议，并在某些情况下对繁育者进行制裁。在过去的 20 年里，人们对遗传学和猫的基因组的了解有了显著的提高，而与此同时，人们还可以利用 DNA 来检测基因异常，这些对于防止极端化带来的危害都有很大的帮助。全世界所有的猫注册机构都从遗传学家（并且在他们的组织内都成立了某种形式的遗传委员会）和兽医专家那里获取建议。GCCF 拥有一套完善的治理结构；新品种 GCCF 的遗传委员会和兽医小组委员会能够就正在申请承认的新品种及与现有品种有关的健康和福利问题向董事会和育种咨询委员会提供咨询建议。

2010 年 1 月，GCCF 公布了《一般育种条例》，为所有纯种猫的繁育者制定了明确的准则，以帮助繁育者更负责任地进行繁育工作。该条例对过度近亲繁殖的危害发出了警告，并且拒绝为父母 / 后代和亲兄弟姐妹之间的配种提供注册。同时，该条例积极鼓励使用 DNA 和其他检测手段来帮助识别并最终消除遗传病。该条例还明确表示，对于那些基于已知对猫的健康、福利和生活质量有有害影响的基因突变而培育出来的新品种，GCCF 将不会予以承认。这一政策在 GCCF 网站上是公开可见的。GCCF 还要求每个品种咨询委员会（BAC）都必须编写一份育种条例，来给相应品种的繁育者提供指导、教育和支持。

在大多数注册机构中，异种杂交是一个有争议的话题。一个明显的好处是可以在最初的几代中增加杂交优势；而如果允许开展有规律的异种杂交，并使之成为受控制的育种计划的一部分，那么这种遗传变异性就可以保持在一个健康的水平。与此相反的概念是基因"纯度"，即猫品种的定义；一些繁育者不仅反对新品种及异种杂交，还反对在他们自己的品种中加入新的颜色或花纹。一些守旧的人认为几个最近被承认的品种不是"正规的"纯种猫，而是杂交品种（crossbreeds），不一定能纯育。最近，GCCF 在英国引入了一项有关所有被承认的纯种猫品种的异型杂交约定，但这个尝试受到了一些人的反对和抵制，反对者们认为，比起定期引入遗传变异来提高杂交优势及防止过度的近亲繁殖带来的有害影响，所谓的血统的纯正度要更为重要。然而，负责任的各个 BAC 正在努力为他们各自的品种争取利益，并通过文献和研讨会，尽一切可能倡导健康的育种。这个计划最近的一个例子，就是在 2012 年 2 月的 GCCF 代表会议上，烟熏色和舌尖色波斯猫品种咨询委员会申请的淡化系列的绿眼银波斯猫和金波斯猫成功获得协会承认。这对 BAC 来说是一个巨大的胜利。虽然这些猫已经被世界各地的主要机构承认，包括 CFA、FIFe①和 TICA②，但过去争取 GCCF 承认的努力一直是失败的。然而，在一次研讨会上做了一次非常积极的报告后，他们的坚持终于得到了回报。让这些猫能够得到展示，进而鼓励繁育者进行杂交，从而扩大基因库——这是一个合乎逻辑的步骤。这个项目的繁育者在报告中提到，幼崽都很健康，而猫的体型、成分和生长发育都得到了很大的改善。

当我们回顾猫新闻报道和猫展目录时，有一些证据表明，特定的品种、颜色或毛发的

---

① 猫科动物国际联合会（Federation Internationale Feline，FIFe）：一个世界性的爱猫协会和注册机构。

② 国际猫协会（The International Cat Association，TICA）：国际性的猫注册机构。

流行度会发生变化。至少在某种程度上，这与生活方式的选择、社会的变化、家居方式和工作生活的平衡有关。很多人没有时间给长毛猫（甚至一些半长毛猫）定期梳毛；其他品种，比如暹罗猫和豹猫，则被认为太吵闹了、太需要人的陪伴了（见第十章），这对于住得离别人很近的饲主而言，可能是一个需要考虑的因素。注册机构和单独的品种俱乐部正在承担起越来越多的责任，鼓励潜在的饲主去了解不同品种的猫的不同特征，并挑选最适合在特定的环境和 / 或生活方式中生活的品种。表 11.3 展示了 GCCF 在 2009 年和 2010 年对注册品种的分析，在仅仅一年的时间内，就出现了显著的变化。

The Governing Council of the Cat Fancy
5 Kings Castle Business Park
The Drove
Bridgwater TA6 4AG
Tel: 01278 427 575
Fax: 01278 446 627
Email: info@gccfcats.org
Web: www.gccfcats.org

表 11.3　2009 年和 2010 年 GCCF 注册品种分析

| 品种 | 2009 | | 2010 | |
|---|---|---|---|---|
| | 注册数量 | 排名 | 注册数量 | 排名 |
| 英国短毛猫 British Shorthair | 5415 | 1 | 5204 | 1 |
| 布偶猫 Ragdoll | 2665 | 3 | 2686 | 2 |
| 暹罗猫 Siamese | 2696 | 2 | 2310 | 3 |
| 缅因猫 Maine Coon | 2076 | 4 | 2191 | 4 |
| 缅甸猫 Burmese | 1702 | 7 | 1736 | 5 |
| 波斯猫 Persian | 1755 | 6 | 1494 | 6 |
| 豹猫 Bengal | 1996 | 5 | 1355 | 7 |
| 伯曼猫 Birman | 1384 | 8 | 1237 | 8 |
| 东方短毛猫 Oriental Shorthair | 988 | 9 | 938 | 9 |
| 挪威森林猫 Norwegian Forest | 621 | 11 | 623 | 10 |
| 异国短毛猫 Exotic Shorthair | 674 | 10 | 607 | 11 |

（续表）

| 品种 | 2009 | | 2010 | |
| --- | --- | --- | --- | --- |
| | 注册数量 | 排名 | 注册数量 | 排名 |
| 东奇尼猫 Tonkinese | 310 | 15 | 367 | 12 |
| 俄罗斯蓝猫 Russian | 333 | 14 | 366 | 13 |
| 斯芬克斯猫 Sphynx | 242 | 17 | 352 | 14 |
| 德文卷毛猫 Devon Rex | 349 | 13 | 338 | 15 |
| 阿比西尼亚猫 Abyssinian | 287 | 16 | 322 | 16 |
| 亚洲猫（包括蒂芙尼猫）Asian (including Tiffanie) | 380 | 12 | 286 | 17 |
| 埃及猫 Egyptian Mau | 172 | 19 | 194 | 18 |
| 赛尔凯克卷毛猫 Selkirk Rex | 231 | 18 | 176 | 19 |
| 雪鞋猫 Snowshoe | 92 | 26 | 141 | 20 |
| 索马里猫 Somali | 112 | 24 | 140 | 21 |
| 西伯利亚猫 Siberian | 145 | 20 | 138 | 22 |
| 柯尼斯卷毛猫 Cornish Rex | 143 | 21 | 113 | 23 |
| 欧西猫 Ocicat | 108 | 25 | 112 | 24 |
| 巴厘岛猫 Balinese | 132 | 22 | 110 | 25 |
| 科拉特猫（包括传统暹罗猫）Korat (including Thai) | 127 | 23 | 107 | 26 |
| 东方长毛猫 Oriental Longhair | 30 | 30 | 62 | 27 |
| 土耳其梵猫 Turkish Van & Vankedisi | 81 | 27 | 59 | 28 |
| 褴褛猫 RagaMuffin | 30 | 31 | 57 | 29 |
| 新加坡猫 Singapura | 49 | 28 | 56 | 30 |
| 拉邦猫 LaPerm | 49 | 29 | 24 | 31 |
| 曼岛猫 Manx | 5 | 32 | 8 | 32 |
| 其他品种 Other Breeds | 38 | | 21 | |
| 总计 Total | 25417 | | 23930 | |

## 猫机构对杂交和人工品种的态度是什么

中国有句谚语说，人驯养猫是为了养虎。我们永远无法阻止人们去试验或找寻与众不同的新事物。多年来，世界各地的爱猫人士一直渴望拥有一只有着野生动物般独特斑纹和特殊皮毛的家庭宠物。这种欲望导致了一些美丽的品种的诞生，但也带来了不少的问题，比如这些品种的后代作为家庭宠物时，在性情和对家庭环境的适应能力方面都会存在问题；早期的杂交品种需要在特殊的护理者的照料下成长，这些护理者必须十分了解幼崽的需求，并小心翼翼地将它们社会化。在英国，GCCF 唯一认可的杂交品种是豹猫，这是一个引人注目的漂亮的品种，是亚洲豹猫（Asian Leopard Cat）和埃及猫（Egyptian Mau）、阿比西尼亚猫（Abyssinian）和欧西猫（Ocicat）等品种交配的产物。豹猫的问题是与生俱来的：F1 代的雄性通常是不育的，而 F2 代和 F3 代的雄性也经常发现有生育问题。在行为方面，直到第四代才会被认为驯化完成，这就留下了一个相当大的福利问

题。豹猫俱乐部在其官网上表示："豹猫品种的发展目标，是既让它们保持与其美丽的野生祖先在外形上的相似性，又能成为一个宜人的和值得信赖的家庭伴侣。"

从个人经验来看，我们在猫展上遇到的绝大多数的豹猫都既漂亮又友善，但它们有时候会很吵闹，而且往往喜欢来回踱步，这可能会吓到附近或对面围栏中其他品种的猫。GCCF 在 20 世纪 90 年代承认了豹猫，但自那时起就发表了一个声明："经过慎重考虑，GCCF 决定做出一项政策声明，即除了家猫和亚洲豹猫杂交产生的豹猫，GCCF 不会承认任何其他非家猫物种杂交的后代。"除了豹猫，繁育者们还把家猫和虎猫（Margay）、山猫（Bobcat）、猞猁（Lynx）、丛林猫（Jungle Cat）、薮猫（Serval）、美洲云豹（Geoffroy's Cat）、渔猫（Fishing Cat）和印度沙漠猫（Indian Desert Cat）等进行杂交，并培育出了相应的杂交后代，这些品种都注册在其他的机构中。

## 猫展是如何为猫带来益处以及提高猫福利标准的

在过去的 140 年里，猫展和繁育事业得到了发展，而猫饲主、繁育者和兽医之间的沟通协作也得到了发展。许多早期的猫展是可怕的猫肠炎（feline enteritis）和猫"流感"（cat 'flu'）的滋生地，大量参展的猫在展览后不久就开始生病乃至死亡。1901 年，在英国国家猫俱乐部组织的猫展中，主办方在展览入口处，给所有参展的猫都安排了兽医检查；这种在 GCCF 展览中安排值班兽医的做法一直延续到今天。在猫展上感染的疾病对参展的猫来说一直是一种切实存在的危险；直到第二次世界大战后，人们才研发出了针对肠炎的疫苗，猫流感疫苗则要到更后来才出现。如今，每只参展的猫都必须拥有处于有效期内的猫泛白细胞减少症病毒（FIE）、猫病毒性鼻气管炎（FVR）、猫杯扰病毒（FCV）的疫苗接种证明，否则将被拒之门外。在英国，给猫定期接种疫苗十分常见，疫苗保障了所有猫的健康，提升了它们的福利和福祉，拯救了许多猫的生命。

猫协会（Cat Fancy）和兽医行业之间一直保持着密切的关系，双方的合作也得到了长足的发展。英国猫科动物咨询局（FAB）[①]等支持性机构为所有的猫饲主和繁育者提供了宝贵的建议。研究猫遗传学和猫疾病的科学家也做出了巨大贡献；繁育和科学研究之间形成了一种互利的双向合作机制——繁育者向世界各地经认证的实验室提供受感染和未受感染猫的 DNA 和其他样本，这有助于改良针对基因异常的检测手段，也有助于完善针对细菌、病毒或真菌感染的疫苗或预防干预措施。在 GCCF 中，有不少品种咨询委员会的《注册条例》(Registration Policies) 要求繁育者提供该品种常见问题的 DNA 测试，该测试必须由独立的第三方执业兽医进行，并且只有当检测结果为"阴性"或"正常"时，这只猫才能被注册。通过这种方式，负责任的繁育者可以在 5 年的时间内完全消除那些可能危及生命的疾病，如丙酮酸激酶缺乏症（Pyruvate Kinase Deficiency）。

如前所述，当人们通过育种来改变物种的形体，以产生不同的品种类型时，危险也随之产生：选择夸张的特征，并将这种样貌"固定"下来，有可能会导致畸形。大多数关注健康和福利的注册机构都有一份缺陷清单（Veterinary Defect List），供裁判和繁育者使用。GCCF 与其兽医小组委员会（Veterinary Sub-Committee）合作，于 1985 年 6 月首次向理事会提出了他们对该问题的担忧，并于 1986 年编制了一份说明性和描述性的清单，作为评分标准（Standard of Points）的序言。该清单不仅包括可能导致各种健康问题、单睾症和隐睾症等的缺陷，还包括斜视和纠结尾。该清单自发起以来定期接受审查和修订，最新版本于 2010 年出版。除了以上提到的缺陷，如果裁判认为参展的猫身体状况不佳，或就它的年龄和品种而言体型较小，他们都有权拒绝授予奖项。这与早期的情况大不相同，那时参展的猫会被装在一个衬着稻草的篮子里，用火车送到展会上，繁育者期盼着他们的猫能得到展会经理的接待，在展会上吃饱，然后平安无事地回来！

---

① 猫科动物咨询局（The Feline Advisory Bureau，FAB）：一个致力于促进猫的健康和福利的慈善机构。

大多数展会的规则相当严格，要求参展的猫身体健康，没有寄生虫或任何疾病的症状。负责审查的兽医发布了相关的准则，让繁育者严格遵守。兽医会给每个参展猫进行健康检查，并检查疫苗接种证，确保在有效期内。未能遵守规则的繁育者将被取消资格，这可能意味着来自该繁育机构或繁育者家庭的所有参展猫都将被拒之门外。

从 19 世纪的第一次猫展到今天，对这一爱好的追求在不断推动着繁育者和饲主增长知识，维持猫最高标准的健康和幸福。尽管他们的动机可能是为了赢得最高的荣誉和繁育"最佳"猫的名声，但最终获益的还是猫本身。

参加猫展的当地游客常常会对展出的不同品种的纯种猫以及家庭宠物的数量感到惊讶（其中，家庭宠物在自己的展区内比赛，并根据性格、健康情况和状态进行评比）。这些游客可以和饲主、繁育者交谈，得到有关动物护理、美容和饮食等方面的建议。事实上，我们通过让绝育猫也能赢得最高荣誉（包括在 GCCF 年度展上的超级展最高头衔），也在很大程度上鼓励了人们将不用于繁殖的猫进行绝育。诸如 The Cat Group 这样的机构都建议尽早给猫绝育，并向繁育者和他们的兽医提供建议。这让繁育者有了一种安全感，因为他们知道，在未激活的注册名单上出售的幼猫不会被那些假装是在买宠物的不道德的饲主用来进行配种。

在全世界，任何一个猫注册机构的会员俱乐部都会非常认真地提高各品种猫的福利，以及生活在他们所在地区的所有猫的福利。他们做了大量的工作，比如为那些可能会遇到麻烦的饲主提供建议和支持，或是救助猫并帮助它们找到新家。在很多情况下，帮猫找新家是很有必要的，比如饲主的家庭或经济状况发生变化、饲主搬到了不适合养宠物的新家或猫被忽视或虐待。在发生全国性灾难的地方，世界各地的猫机构会提供资金援助，以支持受影响的猫的救助和康复。虽然世界各地不同的猫机构对某一品种的类型、构造及相应的标准都有不同的看法，但就对猫的支持和猫的福利而言，他们之间存在着一种紧密的关系。在举办第一次猫展时，哈里森·威尔写道："通过这些展览，我们希望那些经常遭人鄙夷的猫能得到它们理应得到也必须要得到的人类的关注和善待。不仅对猫是如此，对其他所有无法为自己发声的动物亦然。"我们相信，他从来没有想过猫会在世界各地如此受欢迎，乃至被公认为"第一宠物"，不过可以肯定的是，猫展在实现这一成就上发挥了重要的作用。

# 第十二章

# 个人和环境对猫的健康和福利的影响

J. L. 斯特拉和C. A. T. 巴芬顿

## 概述

个体的健康和福利状况源于个体与其所居住的环境之间复杂的相互作用。最近的研究发现了那些能改变疾病风险的个体易感因素、与自然历程大相径庭的生活环境对动物的影响及人类和动物之间的互动在双方的福利中起到的核心作用，这些新发现使得我们对个体和其居住环境之间的关系的理解发生了范式的转移。

本章将从家猫健康和疾病的角度来介绍这些问题。了解这些因素是如何影响猫的，能为我们了解影响其他物种健康和疾病的因素提供一个范例，在这里，猫就好比"煤矿里的金丝雀[①]"。在本章中，我们将概述会对猫的行为和福利造成影响的环境因素，包括在动物收容所、研究机构和兽医诊所居住时的隔间环境、家庭环境和猫笼环境，以及如何通过提供资源、控制感和可预测性来最大限度地减少可察觉的威胁，从而优化它们居住的环境。

## 家猫的进化

现代家猫是自然选择的产物，而这个自然选择的过程分为两个阶段：前 1100 万年是在一个没有人类的世界里，之后的 12000 年是在一个日益被人类主宰的世界里。家猫，作为野猫的一个亚种，从一个孤独的小型猎物捕猎者进化而来，直到现在仍然如此。当然，它也是更大型的食肉动物的猎物。

在世界上许多地方，猫越来越多地被关在室内当作宠物饲养，但它们往往被描述为还没有真正被驯化的"受利用的圈养动物"。驯养是人类出于经济原因对某一物种的利用，通常包括控制动物的繁育、给它们提供食物及限制它们的活动范围。

---

① 煤矿工人过去带着金丝雀下井。这种鸟对危险气体的敏感度超过人。如果金丝雀死了，矿工便知道井下有危险气体，需要撤离。

虽然人为控制的繁育对驯化至关重要，但在圈养中繁育出来的动物不一定是被驯化的。事实上，野猫不太可能被驯化，因为它们有专门的食物（纯食肉动物）、相对独居的社会系统及对专属领地的保护意识（使得它们更依附于特定的地方而不是特定的人；见表 12.1）。此外，它们对人类的效用也是有争议的；即使从捕杀老鼠的角度来看，狍犬和雪貂通常比猫表现得更好。基于所有这些原因，我们几乎没有理由认为，在早期的文明中野猫会被当作宠物来驯养。更有可能的是，野猫利用了人类的定居点，而最终从野生形态中分化出来（见第六章）。因此，与其他驯化物种不同的是，家猫似乎更多的是源于自然选择，而非刻意选择（尽管肯定发生过一些人为的刻意选择）。

表 12.1　影响物种驯化的关键特征

| 特征 | 有利的 | 不利的 |
|---|---|---|
| 社会结构 | - 有统治者的等级序列<br>- 大型群居群体<br>- 以雄性为社群中心<br>- 社群成员稳定 | - **领地意识**<br>- **家庭社群或独居**<br>- **雄性分散在不同的社群**<br>- 社群成员对外开放 |
| 食物偏好 | - 无偏好（食草动物或杂食动物） | - **专食性（食肉动物）** |
| 圈养繁育 | - **一雄多雌制/群交**<br>- 雄性主宰雌性<br>- 雄性主动发起交配<br>- 以运动或姿势作为求偶信号<br>- 早熟<br>- 容易剥夺幼年动物的所有权<br>- 单位饲料/时间肉产量高 | - 交配前先进行配对<br>- 雌性主宰，或雄性取悦雌性<br>- 雌性主动发起交配<br>- 用颜色或形态作为求偶信号<br>- **晚成**<br>- 难以剥夺幼年动物的所有权<br>- **肉产量低** |
| 物种内/跨物种的攻击性 | - 没有攻击性<br>- 可驯服的/易于驯化的<br>- 易受控制的<br>- 寻求关注和照料 | - 天生具有攻击性<br>- **难以驯化**<br>- **难以控制**<br>- **避免被关注和照料/独立** |
| 圈养时的性情 | - 对环境变化的敏感度较低<br>- 敏捷度有限<br>- 生活范围小<br>- 环境容忍度高<br>- 不会寻找庇护所<br>- 面对威胁时呈现向内爆发的从众反应 | - **对环境变化高度敏感**<br>- **敏捷度高/难以限制**<br>- **生活范围大**<br>- 环境容忍度低<br>- **寻找庇护所**<br>- 呈现向外爆发的从众反应 |
| 和人类的互动 | - **开发利用人类环境** | - 避开人类环境 |

注：加粗表示猫的特性。

与野猫相比，家猫的自然选择过程会更有利于社会行为可塑性的形成。目前还没有研究报道过野猫的群居行为，但有研究发现，在 2～7 周龄的社会化敏感时期与其他猫、人类、狗等生物进行社交的幼猫，会比只由猫妈妈抚养的幼猫更有可能适应群体生活。此外，这一发展社交偏好的社会化敏感时期似乎在猫科动物中普遍存在。一项对来自 5 个谱系 16 种小型猫科动物的研究发现，这种现象并非仅存在于家猫的谱系中，而是广泛地分布在这几个被研究的物种中。这一发现表明，早期的生活事件以及遗传性的"被驯服的倾向"可能可以解释家猫的进化。这种特性被确定下来后，家猫全球性的传播可能就打消了人类驯化其他小型猫科动物的念头。

那么家猫真的被驯化了吗？许多猫是不满足完全驯化的标准的，比如，它们不依靠人类获取食物和住所，繁育也不受人类控制。了解驯化的过程和属性对动物福利的研究至关重要。驯化会在不同的程度上违反祖先物种在其生活环境中的决策规则，这种违反达到一定程度后，就会导致动物当前的生活环境与其决策规则发生演化的环境之间出现错配，从而引发负面的主观体验（痛苦折磨）。在这个意义上看，我们可以认为，家猫与动物园中的动物相似，它们生活在一个被限制的空间里，附近有同种个体和其他的捕食者与猎物，以及只有有限的资源和机会来表达该物种典型的行为，这些因素加起来一起影响了猫对周围环境的控制感及对威胁的感知，而这种感知又决定了它们的福利水平。

## 饲养宠物

在美国，把猫关在室内已成为兽医的普遍建议。2007 年 12 月《美国猫科动物从业人员协会关于圈养室内猫的声明》的立场是："鼓励兽医向客户和公众宣传让猫自由到室外游荡的危险。"自由游荡的猫可能会遭受伤害、痛苦、被车撞死、被其他动物攻击、被人类虐待、下毒和陷阱等。此外，这些猫更有可能感染猫特有的疾病和人畜共患的疾病。

最后，坚持这一立场也减少了猫对本地野生动物种群的捕食，这是 AVMA 和 AAFP 的目标和政策。但这并不是官方的政策，也不代表大多数欧洲兽医的立场。相反，如果政策的发起和推动不妥当的话，这种政策还有可能被认为对猫很残忍。

虽然把猫关在室内可以降低猫遇到一些健康问题的风险，但长期以来，人们都知道也有部分健康问题的风险会增加。1925 年，柯克认识到，"过于严格地把猫关在室内"会增加其患下泌尿道症候群和肥胖的风险。之后的流行病学研究发现，室内生活与猫各种常见疾病问题发生概率的提升有关（比值比），包括猫破牙细胞再吸收病害（约 4.5）、肥胖（1.6 ～ 15.8）、Ⅱ 型糖尿病（1.4 ～ 4.6）、甲状腺机能亢进（4 ～ 11.2）和行为障碍。不过，也有研究表明，不完全被关在室内的猫也会出现这些疾病，这意味着影响这些疾病发生的因素，可能不是室内环境本身，而是猫所处环境中的一些其他变量。

猫所处的环境中最有可能带来疾病风险的一个特征就是猫对控制力和可预测性的感知。对周围环境缺乏控制能力（不管是它自己感知上的或是实际上的）可能是圈养动物生活中最大的应激源。圈养动物几乎无法控制和谁进行社交、与其他动物之间有多少空间；食物和水的类型、数量和可得性；在何处、何时及如何排泄，环境刺激的质量与数量，包括亮度、噪声、气味和温度。可预测性意味着对活动何时发生以及由谁执行有着准确的预期。无法准确预测圈养环境中的事件可能会导致猫出现应激。如果有选择的话，动物一定会选择可预测性，而不是不可预测性，更不用说那些令它们厌恶的事件了。

## 应激和逆境生理学

进化的成功取决于繁殖的成功。繁殖成功又取决于超强的感知和应对环境威胁的能力，这样才能维持足够长的生命以确保遗传物质的传递。为了成功进化，动物必须应对不断变化的环境，因此，一种被称为稳态的过程就被发展出来，它使得内环境的调节只在很小的范围内发生变动，以维持正常生命活动。

当动物与它们所处的环境互动时，它们会通过感觉系统（嗅觉、味觉、听觉、触觉、视觉和信息素）来不断收集新信息。这些信息由中枢神经系统（Central Nervous System，CNS）整合，并作用于（或不作用于）一个以毫秒为时间常数的恒定重复周期。当没有察觉到威胁时，它们会按照一开始的路径来行动，而当察觉到威胁时，它们就会采取不同的行动。

威胁是一种应激源，它作为一系列环境事件会激活中枢神经系统（CNS）的应激反应系统（Stress Response System，SRS），从而让个体回到稳态。外部环境威胁可分为：（1）物理层面的，如失血、过热、过冷或噪声；（2）心理层面的，如对先前经历过的逆境的习得反应；（3）社会层面的，如领地争端。应激源可以进一步分为急性的（单一、不频繁、有时间限制）或慢性的（频繁、长期或持续的暴露）。应激反应同时包括生理和行为特征，其目的是：（1）减少个体对不利环境条件下的暴露，增加回归正常状态（稳态）的可能性；（2）适应或容忍这些环境条件；（3）保持情绪稳定；（4）维持社会关系。这种能让个体生物成功应对威胁的系统是经过数亿年的自然选择而形成的，具有复杂性、交互性和冗余性等特点。SRS 最初可能是作为对有害环境刺激的局部防御反应（Local Defence Responses）而发展起来的，建立在血管、免疫、内分泌和神经系统上。随着这些系统变得越来越复杂，它们的功能也得以不断扩展。不同环境事件对生物个体造成威胁的可能性也会因个体的独特生活经历、事件发生的情景以及个体对事件的预期结果而大不相同。

SRS 的反应可能是由外部环境因素（"自下而上"）激活的，也可能是由个体对威胁的感知（"自上而下"）而激活的。大部分来自内环境和外环境的感觉信号通过丘脑而被中枢神经系统（CNS）接收，然后被传送到大脑皮层进行进一步处理，最后传递到运动系统。威胁性信息也会被直接传递到中枢情绪运动系统，进而传递到下丘脑的 SRS。内部或外部的刺激引发的应激反应，会激活外周神经系统、激素系统和免疫系统的各种组合反应。到底哪种模式被激活，取决于威胁的性质和动物个体因素。

SRS 的激活会导致下丘脑释放促肾上腺皮质激素释放因子（CRF），它具有两种功能：一是作为一种神经递质来刺激交感神经系统的神经活动；二是作为一种激素来诱导脑垂体释放各种不同组合的激素释放因子。其中之一是由脑垂体前叶释放的促肾上腺皮质激素（ACTH），它会刺激肾上腺皮质释放糖皮质激素。交感神经系统在激活后，会通过激活定向和警戒行为来对威胁做出即时反应，此外，还会做出持续时间更长的反应行为，比如"僵住不动、逃跑、战斗、惊恐、晕倒"等。糖皮质激素的释放一方面促进了个体面对应激源时的生理和行为反应，另一方面通过一系列的负反馈环来抑制 SRS 的活动。

有机体在行为、生理和结构上进行调整或改变，以适合一种环境，这被称为"适应"。适应可由遗传或表型变化引起。遗传适应发生在群体层面，并且要经过数代才能发生；而表型适应则发生在个体层面，通过生理适应和行为调整而产生。对个体来说，适应在很大程度上是表型的，这是因为环境制约因素变化太快，以至于遗传适应难以在个体层面发生。个体是否能成功应对取决于制约环境的多种成分变量，包括其物理维度和复杂程度。

控制和可预测性是动物是否能适应环境的决定因素。控制力和可预测性让动物有能力采取那些能帮助它们适应环境的行为反应，而这反过来又能使动物成功地应对往后的应激情况。学会预测重大事件也有助于适应。在自然环境中，动物非常重视那些能表明其他生物正在靠近或者它们的意图的线索，以及诸如日出、日落或季节变化等环境事件。动物在形成预期联想的过程中（这是经典条件反射的基础），很可能会演化出预测重要的消极或

积极事件的能力。有研究人员表示，当动物学会对不重要的事情置之不理，而对重要的事情采取行动时，我们就可以认为它们已经适应环境了。

当稳态受到威胁时，动物也有一套机制来应对。对稳态的威胁导致了应变稳态（通过改变来保持稳定）过程的激活，这一过程有助于动物适应环境，并试图通过改变生理过程和行为策略来恢复稳态。SRS 的快速激活有助于个体应对突发的、意想不到的事件。不过，SRS 的敏感性和环境的威胁性结合在一起会导致应激反应系统的持续激活，这种持续激活可能会造成身体的慢性损耗。身体系统的损耗（被称为适应负荷）则会导致疾病。

当环境事件强烈、持续、有害或新奇，超出了 SRS 的适应能力时，就会引发健康状况不佳、痛苦和预期寿命缩短等问题。

## 病态行为

SRS 也会作用于免疫功能。免疫系统被激活后，其中的一种表现就是释放促炎性细胞因子从而引发病态行为。病态行为是指个体受感染时表现出的一组非特异性临床和行为体征；研究人员发现，所有被研究的物种都会出现病态行为。病态行为被认为反映了动物动机的变化，其行为会从日常活动（如觅食或社交行为）转变为有助于身体复原的活动（如抑制高代谢的活动和增加促进康复的活动）。虽然病态行为通常被认为是在应对外部有机体的时候发生的，但最近也有研究发现，心理压力也和免疫激活和促炎性细胞因子的释放有关。此外，最近的一项研究还将病态行为、细胞因子激活、情绪症状和慢性疼痛联系了起来。

我们发现，在受到环境干扰时，猫也会表现出病态行为。斯特拉等人报道说，当人们对猫的居住环境进行日常维护和清理时出现不同寻常的环境事件时，圈养群居的猫都会表现出病态行为的增加，而且不管是健康的还是患有猫特发性膀胱炎（最近巴芬顿提出可以称之为"潘多拉综合征"，以更贴切地表明其系统性的特征）。这些环境事件包括：短暂地（一周）中断与主要看护者的接触或互动、日常喂养时间的变化、让不熟悉的看护者进行照料及在一项对喂养选择的研究中把喂食时间推迟 3 小时（持续一周）。类似的环境干扰在兽医诊所、研究机构、收容所以及家庭中都很常见。

最常见的病态行为是呕吐（毛发、食物或胆汁）、食欲下降及在猫砂盆外排泄。就猫而言，这些行为通常会被饲主和兽医认为是正常的（呕吐）、挑食的（食欲下降）或不可接受的（不使用猫砂盆）。其他不太常见的病态行为包括过度梳毛或者减少梳毛行为、恐惧或攻击行为、减少与其他猫和人类护理者的友好互动以及减少玩耍行为。这些结果表明，在对猫进行临床诊断时，兽医和其他护理人员可能需要考虑到，外部事件和内部事件都有可能引发这些行为。此外，这些行为并不是猫独有的；有研究表示，其他物种在应对环境干扰时也会出现类似的行为。

病态行为反应的动机状态有其生理学基础，人们在评估福利状态时，应该把它与其他动机状态放在一起考虑，比如恐惧、饥饿和口渴。当猫发生感染时，可能会出现一直想休息、持续躲藏以及自我护理等适应性反应；这些行为和猫应对威胁时出现的兴奋和逃避反应一样，都是非常正常的行为。然而，如果这种动机状态是由个体无法应对的长期环境干扰造成的，那就说明猫的福利状态受损，我们应该尽快解决。因此，对猫病态行为的日常监测为护理者提供了一种实用的、无创的方法来评估猫的应激反应，从而衡量猫的整体福利状态。

## 早期生活经历

从许多领域收集的证据表明，生物个体的 SRS 也可能因为早期生活经历而变得对周围环境敏感。在患有"潘多拉综合征"的猫中，我们发现的解剖学证据（小肾上腺皮质）表明，怀孕的母猫对应激源的反应会影响其后代。除了这些影响，还有可能出现中枢应激回路的神经变化。

那么环境线索为什么及如何试图将发育中的有机体的生理机能与其出生后的环境相匹配？来自临床、流行病学和实验观察的证据促进了相关理论的发展。"健康与疾病的发展起源"的假说提出，当怀孕的雌性暴露于足够严酷的应激源时，随之产生的应激反应的激素产物会穿过胎盘影响胎儿的发育过程。将这种反应传递给胎儿的生物学"目的"可能是在一个具有威胁的环境中诱使胎儿产生应激反应，并促进能提升其警惕性的行为的发展，从而增加胎儿未来生存的可能性。如格拉克曼和汉森所述，胎儿可能会利用环境中的线索来做出预测性的适应性反应"决策"。也就是说，如果从母体发出的信号中感知到威胁或营养不足，胎儿的发育轨迹可能会改变，以提升它们在所预测的环境中的繁殖适应度。

在妊娠期和产后早期发育过程中，各种发育"计划"决定着胎儿各个身体系统的成熟度，而和这种发育"计划"的活跃度有关的母体 SRS 产物会影响胎儿的发育，其造成的影响既取决于暴露的时机，又取决于暴露的程度。以肾上腺为例，如果胎儿在肾上腺的发育计划开始前暴露在应激源下，胎儿可能不会受任何影响。然而，如果对应激源的暴露发生在肾上腺皮质发育成熟的关键时期，对啮齿类动物、食肉动物（包括家猫）以及灵长类动物的各项研究都表明，受影响的胎儿会出现肾上腺体积缩小的现象。如果在肾上腺皮质发育的关键时期过后出现了足够严重的应激反应，那么肾上腺体积和相应的肾上腺皮质的应激反应可能会增加。

研究发现，多种慢性疾病可能是由于生物体所居住的环境与所预测的环境不匹配造成的。例如，在患有"潘多拉综合征"的猫身上发现了与其他器官系统相关的多种临床症状组合，如胃肠道、皮肤、肺、心血管、中枢神经、内分泌和免疫系统。认知功能也受遗传和发育的影响。研究人员在早年经历过不利环境条件的成年体中，发现了以下现象：对压力环境应对能力不足，与恐惧和焦虑相关的行为增加，以及下丘脑—垂体—肾上腺轴失调。研究人员已经发表了不少关于哺乳动物生长发育过程中的压力事件对其健康的持久性影响的研究，研究对象包括啮齿类动物、食肉动物、灵长类动物和人类。

敏化并不局限于发育时期，但似乎的确更可能发生在神经内分泌系统的发育成熟期。SRS 的敏化可能是更普遍的"生存表型"的一部分，其中也包括出生时体型更小（或更大）。虽然表型似乎不影响生殖能力，但它与各种不良的临床结果存在相关性，包括代谢综合征、肥胖、心理障碍和最近发现的肠易激综合征。

最近的研究表明，SRS 敏化的一个潜在机制可能和一个被称为基因表达的表观遗传调节的过程有关（见第一章）。这一普遍的生物学过程介导了很多人们司空见惯的事件，比如通过性别和器官特异性的基因表达以及令那些不适合特定组织环境的基因沉默，来使得生物体呈现出最终表型。研究人员发现，早年经历过不利的环境条件的患者在应激反应上存在差异，而基因表达的表观遗传调节可能是一种可以解释这种差异的机制。有时，即使 SRS 发生了敏化，也不会立刻产生影响，可能要到后期生活中遭遇不良经历时才会展现出来，而展现的方式可能是通过另一轮基因表达的表观遗传调节。基因表达的改变一旦出现，就有可能是相当稳定的，且难以进行医疗干预。

## 福利

动物福利是指动物如何应对其所处的环境，满足其基本的自然需求。"应对"是指通过改变应激源，或减少与应激源相关的情绪，来减少由应激源诱发的生理性激活的过程。

福利是一个由坏到好连续变化的个体特征。它不是静态的，它可能在一天内就发生变化，也有可能会随着季节、繁殖状态和动物的生命阶段而变化。应定期监测每个个体的福利，并根据需要做出适当的调整。福利受损被认为是积极和消极经历之间的长期失衡，导致长期的应激和无法应对不利的环境。人们现在认为，与人类一样，长期的应激可能会导致动物承受精神痛苦，不管这个动物是否有健康问题。

我们通过三个方面来评估动物福利：身体健康、情感状态和表达天性的能力。身体健康和生物机能可以通过衡量疾病、损伤、存活率、生长发育情况和繁殖能力来进行评估。情感状态的研究则主要集中在识别和量化消极的情感状态（疼痛、恐惧、痛苦）上。然而，由于情感状态无法被直接观察到，进行这方面的研究仍是十分困难的，因此人们通常通过测量生理变化（心率和 / 或皮质醇的增加）和行为反应（发声、畏缩）来评估动物的情感状态。应该尽可能让动物过上符合它们天性的生活，并且让它们自由地表达出它们特有的行为。通过对野生环境中的同物种动物的研究，动物护理人员可以了解什么是该物种典型的"正常"行为，并且能为圈养动物群体设立一个动物福利的目标，或者至少能成为一个不错的出发点。要实现这些目标，环境丰容就变得非常重要。

## 环境丰容

环境丰容被定义为"一种描述了应该如何改变圈养动物的生活环境以符合它们的利益的概念"，以及"一种在行为生物学和自然历史层面上改善圈养动物的生活环境和护理的过程"。这是一个动态的过程，而在这个过程中，需要对环境结构和饲养方式做出改变，其目标是丰富动物的行为选

择，让它们能充分表现出该物种特有的行为和能力，从而提高动物福利"。圈养动物的环境丰容和家猫的环境丰容看起来似乎关系不大，但如果考虑到许多猫饲主把猫限制在比它们的自然栖息地小得多的空间中，比如经常把猫关在笼子里、关在室内或只允许猫出入很受限制的室外空间（在这种室外空间中，还可能会出现潜在的威胁），也就不难理解两者之间的共通性了。在这些环境中饲养的猫与动物园中的动物在生活方式上是很相似的。与动物园中的动物一样，环境质量对猫的健康和福利也有着重要的影响。

　　环境丰容的目标是：（1）增加正常行为模式的范围、数量和多样性；（2）减少异常行为的发生；（3）增加对环境的积极利用；（4）以更正常的方式提高应对威胁的能力（Young, 2003）。这些目标旨在创造和维持一种对周围环境的控制感和可预测感，从而使动物茁壮成长。目前已确定了5种主要的环境丰容类型和子类型（见表12.2）；这些类型和子类型已经被应用在家猫身上（见第九章）。

表12.2　猫环境丰容的类型和子类型

| 环境丰容类型 | 环境丰容子类型 |
| --- | --- |
| 社交 | （A）接触型<br>　　a）其他猫（一对、一群、暂时的、永久的）<br>　　b）其他物种（人类、狗、其他宠物）<br>（B）非接触型<br>　　a）视觉、听觉、协作设备<br>　　b）人类、狗、其他宠物、室外野生动物 |
| 技能 | （A）心理层面（智力游戏、对环境的控制）<br>（B）运动锻炼（攀爬、磨爪、奔跑和玩耍、在猫笼外的活动时间） |
| 物理 | （A）隔间<br>　　a）大小<br>　　b）内容丰富度（可供攀爬/栖息/磨爪、躲藏/休息）<br>（B）配件<br>　　a）隔间内<br>　　　i. 永久性的（家具、木杆）<br>　　　ii. 暂时性的（玩具、绳子、衬垫）<br>　　b）隔间外（悬挂着的物体、智力游戏） |

（续表）

| 环境丰容类型 | 环境丰容子类型 |
|---|---|
| 感觉 | （A）视觉（录像、电视、图片、窗户）<br>（B）听觉（音乐、发声）<br>（C）其他刺激物（嗅觉、触觉、味觉） |
| 营养 | （A）食物形式（例如罐头、干粮）、加工方式、感官性状<br>（B）食物配给的方式（频率、计划、呈现方式）<br>（C）类型（新奇、多种多样、零食） |

始终如一的、具有可预测性的日常生活惯例对猫来说是必不可少的，特别是当猫被关在笼子里的时候。如上所述，我们发现，改变平日里照料和喂食的时间会导致集群饲养猫出现更多的病态行为——这代表着它们出现了应激反应。这可能同样适用于住在家里和住在笼子里的猫。

对被圈养在收容所、研究机构、兽医医院、寄养所或室内的猫来说，环境丰容的概念和需求都是类似的。我们的建议是，不管是宏观环境（猫的房间或室内房间）还是微观环境（猫的笼子或限制区域），都要进行丰容（见第九章）。

## 社交互动和环境丰容

在野外自由生活的家猫倾向于生活在由有血缘关系的母猫和它们的幼猫组成的小群体中，它们的幼猫被集中在"托儿所"中一同抚养。公猫比较孤僻，倾向于生活在群体的边缘。它们通常在更大的活动区域内猎食，并且不会给母猫或幼猫提供食物。在一项对双猫家庭的研究中，在大约一半的时间内，两只猫都是在彼此看不见的地方度过的，尽管它们也非常频繁地出现在距离彼此1～3米的地方。因此，由于猫倾向于独居的行为策略，因此它们的健康和福利可能很容易受到室内环境的限制。

猫似乎没有像群居物种那样发展出解决冲突的策略，所以它们可能会通过避开同类或减少活动来避免激烈的冲突。这些猫可能更喜欢拥有单独的食物和水源、猫砂盆和休息区，以避免对资源的竞争和不必要的互动。和有血缘关系的猫相比，没有血缘关系的猫住在一起时，彼此互动的时间似乎更少。推理者可以在网上找到关于如何恰当地把猫引入新家庭或群体生活系统的指南。

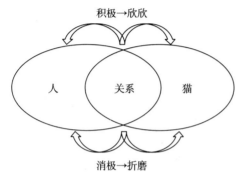

人猫关系的质量对双方的影响

对许多猫来说，人类的存在也许是它们生活环境中最主要的特征。猫和人之间会反复地进行互动，最终使得彼此能够对对方的行为做出预测。而由此产生的人猫关系的好坏（积极的或消极的）可能决定了猫（和饲主）的生活质量（见左侧图）。此外，在很大程度上，是人类决定着互动的数量和性质，从而决定关系的质量。不幸的是，迄今为止，大多数关于人类与动物关系的研究都把重点放在了这些关系对主人的影响上，而非对动物的影响上。

通过对家畜的研究，人们已经确定了动物最厌恶的人类行为，包括击打、拍打、喊叫和快速移动。而积极的互动行为包括轻拍、抚摸、把手放在动物身上、与动物交谈及刻意放缓移动速度。这些行为可能会对猫产生类似的影响，因此帮助护理者理解这一点可能会促进人与猫之间的互动，从而改善人与猫之间的关系。

比起其他与人类互动的动物物种，我们要更加注意避免对猫的惩罚行为。可能是由于它们一直以来就是一个相对孤僻的物种，猫似乎没有发展出群居物种成员之间典型的互动行为。与其他动物一样，在初次接触的时候，使用柔和的声音（不要发出嘶嘶声）、间接眼神交流（避免像捕食者一样盯着它）、缓慢地眨眼、缓慢地移动、让猫发起互动，并让猫控制接触的程度，会降低猫感知到威胁的概率。

要对猫进行有效的管理，一个熟悉、信任的人似乎是其中的关键。当猫每天看到同一个友善的人时，它们会更快、更容易地适应新环境。研究表明，动物很容易学会区分两个不同的人。如果动物能够识别和区分它们经常接触的人，那么它们就能通过这些人来预测生活中的突出事件（比如食物、痛苦）。这是一个经典的条件反射反应——人成为条件刺激或突出事件的预测因素。我们可以用这个原理来改善动物的福利。

在许多环境中，由于时间的限制，人类与动物之间的互动质量可能比互动的数量更为重要。如果一个熟人每天花一些时间抚摸猫、和猫交谈、给猫提供食物，那么当他进入房间时，猫更有可能呈现出积极的反应。这个人也会逐渐熟悉猫通常的行为和情感，因此能够很快地识别出任何可能预示着健康或福利变化的行为变化。无论在家庭环境中，还是在更受限制的环境中，都是如此。环境造成的威胁越大，熟悉的人对猫的重要性就越高。

当猫感受到威胁时，它们似乎会以一种试图恢复对环境的"控制"的方式来做出反应。在这样的反应中，一些猫变得好斗，一些呈现出更多的躲避行为，还有一些会生病。当受到其他动物（包括人类）或笼外（或屋外）的猫的威胁时，猫之间的冲突可能会激化。幸好，通过少量实践，人们就能识别出冲突的迹象；这样，护理者就能及时采取行为以降低冲突的激烈程度。当然，不管是什么物种，群体内部发生一些冲突是正常的。我们的目标是减少猫之间不健康的冲突，从而达到一个更容易管理的水平。

## 宏观环境

可能与猫的应激有关的宏观环境因素包括灯光、声音、气味和温度。这些环境因素会根据猫是被关在笼子里，还是被关在有它们无法控制或无法远离的讨厌的因素的地方，而对猫产生不同的影响。

猫比人类对光线更敏感。繁育者在为猫提供住所时应该考虑到这一点，因为光线强度会影响猫的福利。猫（和大多数物种）的听觉频率、范围远超人类，这使得我们很难评估高频噪声对猫的福利的影响。我们建议声压级保持在尽可能低的水平（<60 分贝：安静

会话水平；目前，有许多免费的 App 都可以相当精确地测量环境的分贝值），具体控制在多少分贝取决于我们对猫在环境中的耐受情况的观察。不过，这一声压级（60 分贝）仍然远远高于自然界的声压级——比如热带草原栖息地为 20 ～ 37 分贝；而热带雨林为 27 ～ 40 分贝。几乎所有哺乳动物都比包括人类在内的大多数灵长类动物更依赖嗅觉线索（宏观渗透）。因此，引发反感的气味可能是圈养动物慢性应激的另一个来源。猫可能会讨厌的气味包括狗（猫是它们的天然猎物）、其他的猫、酒精（来自洗手液）、香烟、清洁剂（包括洗衣粉，但它们似乎喜欢漂白剂的气味）、一些香水和柑橘类水果的气味。猫最适宜的环境温度要比许多物种都高得多。家猫的热中性区是 30 ～ 38 摄氏度。大多数猫的居住区域没有这么温暖——大多数猫所处的家庭和实验室环境的温度一般保持在 22 ± 2 摄氏度。

## 微观环境

可能成为猫应激来源的微观环境因素包括食物（种类和呈现方式）、排泄设施、躲藏和栖息的机会，以及典型行为的表达途径。这些环境因素可以是应激的来源，也可以是环境丰容的来源，这取决于它们的类型、呈现方式和可及性。

## 食物和喂养

作为小型猎物的机会型捕食者，在野外自由生活的猫通常都少食多餐，一天中的大部分时间都用来获取食物。如果每天在碗里提供一到两顿大餐，那么猫只需要花很小的力气就能喂饱自己。市售干猫粮的成分和质地与"野生猫粮"非常不同。这可能会导致圈养的猫吃得过少或者过多，并且可能会让它们感到无聊。自由采食的猫通常更喜欢每天少食多餐，而不是每天吃一到两顿大餐；而如果有选择的话，大多数猫还是会去捕猎。尽管自由采食会让猫少食多餐，但每天吃一到两顿大餐的喂食策略剥夺了猫展现捕猎天性的机会，并可能导致肥胖或其他健康问题。由于猫是作为小型猎物的"孤独狩猎者"进化而来的，因此把猫的食盆放在别的猫看不到的地方会营造出一种"单独"进食的氛围，从而降低猫之间因竞争资源而产生冲突的风险。

有时，猫会根据早期生活中遇到的食物来产生对特定食物的强烈偏好；不过，这些偏好通常可以在后期生活经历的影响下得到调整（见第一章）。一些猫还会渐渐不喜欢之前大量食用的食物（所谓的"单调效应"），并展现出对新食物的偏好。尽管一些饲主认为他们的猫很挑食，但有证据表明，拒绝进食也是猫面对环境威胁时的一种常见反应。不过，施坦巴赫－吉尔林和特纳也发现，猫变得"挑食"是因为饲主"屈服于"猫的意志，猫则会在当天的其他时间内用更多的社交互动来"奖赏"饲主。

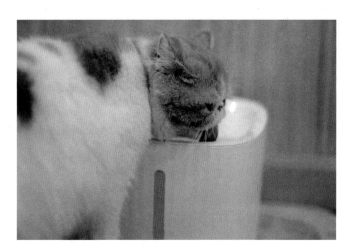

现有证据已经证实，市售的

猫粮充分满足了家猫的营养需求。此外，如果在满足营养需求之外，还能尽可能地模仿猫在自然环境中的偏好，那就可能带来额外的丰容。例如，护理者可以参照猫的自然捕食习惯，增加它们的日常活动，比如在益智玩具中提供食物。这种益智玩具包括球状的漏食器或其他专门为猫设计的装置，当猫把玩这些玩具时，就会释放出干粮或零食。

猫似乎更偏好那些它们能去探查的水。与水相关的因素包括新鲜度、味道、运动状态（喷泉、滴水的水龙头或用鱼缸的空气泵把空气打到水碗里造成冒泡的效果）和容器的形状（有些猫在喝水的时候似乎不喜欢让胡须触碰到容器壁）。

## 排泄设施

与盛食物和盛水的容器一样，猫砂盆应放置在安全、安静的地方，以确保猫进出的通道不会被其他动物阻挡，远离可能会突然启动并打扰猫正常排便的机器。在安静、便捷的地方放置猫砂盆有助于改善排泄时的环境条件。如果给猫准备了多种猫砂，最好将它们分别放在单独的猫砂盆里；有研究表明，猫个体对猫砂类型也有偏好（见第十三章）。封闭式的猫砂盆可能会锁住猫熟悉的气味，还会使猫在排泄过程中无法处于一个能时刻观察其他动物是否在不断靠近的安全有利的位置。因此，不少猫不喜欢封闭式的猫砂盆。而对于群居的猫，我们应该为每只猫（或每个群体）提供一个猫砂盆，并且再额外放置一个猫砂盆；猫砂盆之间要隔开，彼此不可见。大多数猫偏爱无味的细颗粒猫砂，因此凝结砂是一个理想的选择。

## 物理环境

物理环境应该为猫提供攀爬、磨爪、躲藏和休息的条件。猫似乎更喜欢从高处监视周围的环境，而且似乎很喜欢攀爬架、吊床、平台、高架走道、架子或靠窗的座位。猫似乎更喜欢柔软的衬垫，比如枕头或羊毛床；它们也更喜欢温暖的地方，比如安全加热床或阳光充足的窗户等。当家里有多只猫或把数只猫关在同一笼子里时，饲主需要给猫提供足够的空间，使每只猫在水平和垂直方向上都能与其他猫保持1～3米的社交距离。虽然有些猫会在一起休息，还会相互磨蹭，但大多数猫会在一天中的不同时间交替使用公共的休息、栖息和躲藏区域（见第五章）。因此，照料多只猫的人需要为每只猫提供安全、舒适和私密的区域，以避免引发它们对稀缺资源的竞争。

猫既是捕食者，又是猎物，所以攀爬是一种重要的猫科动物行为，可以帮助它们占据安全有利的位置并进行观察。理解了这种行为需求，管理员就会认为猫的攀爬倾向是正常的，他们会乐于为猫提供攀爬机会，并做好相应措施以防止它们进入禁区。

磨爪和标记是猫特有的典型行为，因此，繁育者需要向圈养的猫提供有吸引力的、合适的物体来让它们表达这些行为。磨爪行为可以维持爪子的健康，并留下视觉和信息素记号来标记领地。

## 结语

环境丰容的有效性取决于对猫、居住环境和护理者的各项参数的识别和调整适应。与猫相关的因素包括遗传基因、表观遗传及个体早期经历。与居住环境相关的因素包括家庭中或居住环境中猫的数量和其他动物的数量，以及改变环境的可行性。与护理者相关的因素包括人与猫之间关系的密切程度、识别可改进因素的能力及投入财力和时间来创造和维持一个丰富的环境的意愿。由于缺乏对照试验，因此目前还无法证明这些环境丰容的手段中哪一项是最重要的，也无法预测在任何特定情况下究竟哪一项是最合适的。

尽管我们还需要通过研究来给出更精确的建议，但基于对物种典型行为的认知，环境丰容带来的益处是毋庸置疑的。环境丰富能为猫提供表达其正常行为的机会，也为改善猫和环境（包括人类）之间的关系提供了一个令人信服的目标。

# 第 十 三 章

# 猫的行为问题和解决办法

本杰明·L. 哈特和利奈特·A. 哈特

## 概述

在过去十年左右的时间里，猫已经成了人最常见的伴侣动物。原因是相当明显的：它们在排泄行为上的洁癖是众所周知的，因此饲主不需要为了让它们排泄而花时间遛它们；当我们坐在沙发上时，它们会凑过来紧挨着我们；它们能欢迎访客，甚至可以处理偶尔出现的害虫问题。猫已经成了人们越来越亲密的家庭成员，它们为人类家庭成员提供了重要的情感支持。它们付出了"感情和无条件的爱"。这对于那些抑郁的人、与他人隔离的人、有特殊需要的人（比如需要一直卧床的人）及那些大量时间精力都用于照顾别人的人（比如照顾一个阿尔茨海默病患者的人）是很重要的。

然而，一只本来很可爱的、给人提供情感支持的猫一旦出现了行为问题，就有可能影响饲主对它的态度，甚至会让饲主觉得无法忍受而不愿再将它养在家里，这是特别可悲的。幸运的是，许多损害人猫关系的猫行为问题是可以解决的，甚至是可以预防的。这些行为问题中，最严重的就是乱排泄，这是饲主在咨询猫专家时最常问的一类问题。与攻击性相关的行为问题虽然不像狗那么常见，但有时也会变得很严重。对许多养猫的人来说，一个常见的问题是家具被刮花。如今，越来越多的猫被关在室内，尤其是在美国和城市地区，而猫啃食室内植物的行为可能会对两类饲主造成困扰：一类是不希望自己的室内花园被弄得一团糟的饲主，一类是担忧猫可能会吃到有毒的室内植物的饲主。

在本章中，我们将讨论行为问题产生的原因，以及解决和预防这些问题的方法（至少在很多情况下是适用的）。需要牢记的是，许多行为对于我们人类来说是有问题的，但对猫来说却是正常的——这些行为通常反映了它们的野生祖先遗传下来的天性，而对于这些野生祖先来说，这些行为具有生存上的意义。

# 乱排泄

引发猫乱排泄（不管是排尿还是排便，或者两者都有）的原因可能是行为层面的，也可能是疾病层面的，例如下泌尿道疾病、肠道疾病或影响猫砂盆使用的关节炎。在对猫进行诊断评估时，可能需要排查这些疾病原因。如果乱排泄被判断是由行为原因引发的，我们还需要区分乱排泄和尿液标记，然后再给出相应的解决方案：我们将在下文中对这两种情况分别进行解释。

## 不恰当的排泄行为

在猫的排尿问题中有一个重要的概念是：猫会倾向于到一个已经有粪便和尿液气味的地方去排泄，因为在自然界中，这代表着一个堆放粪便和尿液的厕所区域。在自然环境中，几乎所有的猫都会携带少量的肠道寄生虫。寄生虫的虫卵随着猫的粪便被排出体外，然后开始繁殖。几天后，粪便中的虫卵就会孵化成具有感染性的幼虫，并附着在任何经过的东西上。如果路过的是一只猫，幼虫就会附着在猫的毛发上，然后，猫在梳毛的时候就有可能吞下寄生虫，因此感染或再次感染寄生虫。

一个带有一些粪便和尿液气味的户外厕所区域，代表着可以排泄的地方。这样，粪便和尿液就会被集中在一个远离睡觉和休息的区域。如果猫去那个地方，挖一个洞，盖住排泄物，然后离开那里，那么肠道寄生虫感染或再次感染的风险就会降到最低。不过，如果过度使用该厕所区域，使得粪便变得过于集中、具有感染性的幼虫数量过多，那么随之产生的强烈气味就会把猫赶走，因为这意味着这里是一个"寄生虫雷区"。

如果将这一概念应用到家庭场景中，那么一个合适的厕所区域应该有以下特点：猫砂盆应该有一点点粪便和尿液的气味（我们闻不到），但气味又不能强烈到把猫赶走的程度。这种解释是一种"根本原理"，并不表示猫能理解其中关于寄生虫的部分；对猫来说，它们可能只是厌恶强烈的气味。

乱排泄的典型情况是，猫把它的厕所区域（猫砂盆）换到房子的另一个地方或另外几个地方。原来的猫砂盆很少被使用或不再被使用了。乱排泄的可能是尿液、粪便或两者都有。当仅涉及排尿时，应将乱排尿与尿液标记行为分开。表 13.1 列出了两类排尿问题的区别。主要的鉴别标准是尿液标记通常是在垂直的表面上（或是在地板上的物体上），且每次排出少量尿液进行标记；而乱排尿从不在垂直的表面上，并且会排空膀胱中的尿液。

表 13.1　乱排尿和尿液标记行为的区别

| 行为 | 乱排尿 | 尿液标记行为 |
| --- | --- | --- |
| 姿势 | 蹲下<br>排空膀胱 | 站立，有时候也会蹲着<br>不排空膀胱 |
| 猫砂盆的使用 | 通常会停止使用猫砂盆 | 在猫砂盆中进行正常的排尿和排便 |
| 排尿区域 | 一些比较舒适的水平面，比如毯子、床单、盆栽的土壤等 | 以垂直的平面为主；会有明显的行为特征 |
| 预兆或诱发因素 | 可能会表达出对猫砂的厌恶，比如跨蹲在猫砂盆边上（不接触猫砂）、甩动爪子、不掩埋排泄物等 | 可能会有一些比较明显的刺激源，比如和同屋猫或者外面猫之间的敌对行为 |
| 排便行为 | 经常会伴随着乱排便 | 一般不会用粪便进行标记 |

家猫乱排尿可能源于对猫砂盆的厌恶，而对室外猫来说，可能是源于恶劣的天气或者狗或猫的骚扰；当然，也可能是因为猫被一些特定的地方或材质所吸引，比如地毯。猫可能会在猫砂盆中排便，但在其他地方排尿；或在猫砂盆中排尿，在其他地方排便；或者排尿和排便都发生在猫砂盆外。

乱排泄（粪便、尿液或两者兼有）最常见的原因是繁育者对猫砂盆的清理不够频繁。一些权威人士表示，诸如跨蹲在猫砂盆上（避免接触猫砂）、接触猫砂后抖动爪子、在猫砂盆外的地板上刨地、不掩埋粪便及从猫砂盆里跑出来等行为都可能预示着乱排尿问题的出现。这些行为通常与不常清洁的猫砂盆有关，但对猫砂盆的厌恶也可能是因为更换了一种（猫不喜欢的）新型猫砂、改变了猫砂的深度、使用猫砂盆衬垫或使用自动猫砂盆。

乱排泄问题的解决方法取决于问题产生的原因。对于猫厌恶猫砂盆的情况，建议繁育者每天清洁猫砂盆、每周更换脏猫砂。由于猫砂盆本身会吸收气味，所以这种清洁的方式既能防止出现"寄生虫雷区"，同时又能保留厕所区域特有的气味。如果不确定猫喜欢哪种猫砂，建议进行猫砂测试。这能告诉我们猫到底喜欢哪种猫砂。做法是：从包装纸盒上剪下纸板，做成 5 个托盘来作为临时的猫砂盆，然后把用于测试的猫砂放入这几个纸盒中，比如当前猫砂、沙子、普通的黏土砂和不同类型的凝结砂。人们普遍认识到，猫更喜欢细颗粒状的凝结砂，当然，使用凝结砂还能让猫尿的清理变得更容易。此外，研究人员还建议使用没有气味的猫砂，因为有气味的猫砂会增加猫乱排泄的可能性。对于多猫家庭来说，应该放置足够数量的猫砂盆。一个经验法则是猫砂盆的数量比家里成年猫的数量多一个。而且，不同的猫可能喜欢不同类型的猫砂。猫砂盆应放置在所有猫都容易找到的地方。猫砂盆应该用温和无味的洗涤剂清洗，避免使用漂白剂、氨水、松脂清洁剂和其他气味强烈的清洁剂。

对于那些通常在户外排泄的猫来说，我们可以消除一些负面的因素（比如狗的骚扰和恶劣天气的影响）来增加厕所区域的吸引力和可及性。在厕所区域安装一个屋顶，可以帮助猫免受糟糕天气的影响。如果是用商业用沙来作排泄区的猫砂，那么应该像室内的猫砂盆一样经常进行清理。这样，室外厕所区就能保留一种特有的气味，但不会让有辨识能力的猫把它当成"寄生虫雷区"。

一旦一个各方面都具有吸引力的猫砂盆准备就绪，房子里之前乱排泄的区域就应该进行彻底的清洁，让猫无法再进入这些地方，比如用塑料布覆盖起来或者布置一些陷阱（双面胶或运动传感报警器等）。由于猫对气味的敏感程度几乎是人类的 10 万倍，因此我们不太可能把厕所区域的气味清洁到猫察觉不到的程度。

最后，对于一些有问题的猫，可能有必要暂时把猫限制在一个它很有可能会使用猫砂盆的更小的空间里，比如地板是瓷砖或乙烯塑料材质的浴室或杂物室。一旦猫开始有规律地使用猫砂盆，我们就可以让它逐渐进入房子的其他区域。由于把猫关起来可能会让它很反感，所以这个方法应该作为最后的选择。

当人们从一个已经使用猫砂盆的地方领养幼猫或成年猫时，猫使用猫砂盆的经验也会带来一定的影响。为了让猫能习惯在新环境中使用猫砂盆，领养者最好使用猫熟悉的猫砂盆和猫砂。如果无法做到这一点，至少应该使用相同类型的猫砂。等猫适应新环境之后，可以通过新旧混合的方式逐渐替换成另一种类型的猫砂。

## 尿液标记（喷尿）

猫在进行尿液标记时，会在垂直表面（偶尔在水平表面）喷尿。喷尿行为对于未绝育的公猫来说是正常的，发情期的母猫也有可能会喷尿。一般而言，绝育后大部分猫的喷尿行为都会消失，但是有大约 10% 的绝育公猫和不到 5% 的绝育母猫依然会喷尿。

尿液标记是生活在自然环境中的猫的正常领地标记行为，公猫可能会对某个目标物体进行反复标记，其中最常见的就是树木。猫不只是在生活范围的边界上进行尿液标记，还会在除了睡觉区域（通常情况下）的所有生活区域内进行尿液标记。仅仅通过尿液标记，其他猫就可以判断这只猫的性别、繁育状态（发情期）及熟悉程度（熟悉或不熟悉）（见第三章和第四章）。在更自然的、低密度的地方，猫的领地意识会很强，它们留在树上的气味是生活在这个区域的猫的"嗅觉签名"；当其他猫路过的时候，它们就能辨认出气味。如果一棵树一段时间没有被标记，气味就会消退。在自然界中，这对于一只从此地路过、正在寻找领地的猫来说，可能意味这块领土目前没有被占领。因此，尿液标记必须经常更新，以免出现不必要的领土争端。被标记的目标并不构成领地边界，只涉及领地内几棵较为突出的树木或灌木。

在青春期时，大多数公猫的睾酮会激发尿液标记行为，之后通过持续的雄性激素分泌来维持。如果通过性腺切除术来断绝雄性激素的分泌，那么尿液标记行为就会消失。然而，大约有10%的公猫（一旦在青春期开始了尿液标记）对阉割导致的雄性激素减少并不敏感。许多相关的权威人士，包括为猫做手术的兽医，都误解的一点就是，猫绝育时的年龄（从青春期之前到成年）对已绝育公猫进行尿液标记行为的倾向是没有影响的。这可能是违反直觉的，一只公猫在绝育前不管有没有尿液标记行为，都不会影响它绝育后是否会继续进行尿液标记；或者说，如果一只猫在青春期前就绝育了，也没法断言它长大后一定不会出现尿液标记。

我们现在将上述背景转换到家庭中。猫会选择要标记的目标区域，这些区域通常是垂直表面，如墙壁或家具。有时，选定的标记目标可能具有特定的嗅觉特征，如饲主的衣服，而这时候标记的对象可能是在一个水平的表面上。家庭音响和电器也有可能成为尿液标记的目标，这可能是从电绝缘体中释放出的挥发物质而引起的标记行为。与自然界中一样，目标区域会被反复标记以保持气味信号的强度。

尿液标记和乱排尿的区别见表13.1。最重要的判断标准就是看尿液是否是在垂直表面上，这一点经常被猫饲主忽略，有时甚至连兽医都会忽略这一点。泌尿道疾病有时会引发乱排尿行为，但目前还没有证据表明下泌尿道疾病会引起尿液标记行为。最常见的诱发尿液标记的因素包括：与其他猫之间出现冲突（无论是与同一家庭中的猫还是与外界的猫）、家里来了一只新猫、搬到新家、把一只户外的猫变成室内的猫、饲主旅行归来、家庭日常生活的重大改变及猫繁殖季节的开始。

有多种方法可以解决尿液标记问题。如果是未绝育的公猫，进行绝育有大约90%的可能性让猫停止尿液标记行为；绝育后，可能会立刻停止尿液标记，也可能会需要一两个月的时间。

和猫乱排泄的情况一样，繁育者有必要关注猫砂盆的卫生状况。一项研究表明，保持猫砂盆的卫生能让70%的母猫尿液标记行为减少一半，而让剩下30%的母猫尿液标记行为消失。但是，这种方法对公猫似乎没有效果。

在自然界中，尿液标记行为要求猫频繁地更新目标物体上的尿液气味，因此应该把之前被标记过的物体摆放到猫接触不到的地方，或者使用黏糊糊的防滑毯反面或双面胶带来阻止猫前往之前标记过的区域。铝箔也可能派上用场，但需要先测试一下猫是否不喜欢在铝箔上行走。

我们还需要关注尿液标记行为的诱发因素，例如猫之间的冲突。在这种情况下，如果发现猫之间的争斗可能会引发标记行为，那就应该把猫各自的生活区域分隔开。如果触发标记行为的是透过窗户看到外面的猫，那就应该考虑在关键时刻拉上窗帘。

另一种控制尿液标记的方法是一种名为猫信息素（Feliway®）的喷雾剂，它与猫的颊腺分泌物有一些相似之处。当喷雾剂喷在那些容易被标记的地方时，据称会引发猫的友善行为，从而减少标记行为。临床试验表明，信息素喷雾减少尿液标记的效果不一，从轻微到几乎完全消除都有可能出现。

虽然上述方法（可能需要组合使用）可能会减少尿液标记行为，有时甚至能完全消除尿液标记行为，但经验表明，对于有尿液标记习惯的公猫，通常需要使用一种抗焦虑、增加血清素的药物。根据猫主人的意愿，可以先尝试行为疗法，如果不成功，再施以药物治疗。不过，似乎大多数养猫的人都很着急，并希望将行为疗法和药物治疗结合起来。

多年来，人们使用了一系列的抗焦虑配方，包括孕激素、安定和丁螺环酮，但目前的药物是选择性 5- 羟色胺再摄取抑制剂、氟西汀和氯丙咪嗪。氟西汀的试验结果表明，要使标记频率至少降低 90%，可能需要 16 周的治疗，而有一些猫甚至需要 32 周的治疗。不过最终几乎所有的猫都有响应。

药物治疗中尚未解决的临床问题是标记行为的复发：即使经过长达 32 周的治疗，大多数猫的标记频率会恢复到基线的 50% 或以上。有些猫可能不得不无限期地接受治疗，每 6 个月左右尝试停用药物，并进行健康评估。氟西汀和氯丙咪嗪在长期治疗中似乎都没有什么副作用，但建议定期监测肝功能。虽然没有经过试验，但我们可以合理地推测，如果在停药过程中，能很好地控制那些可能引起标记行为的诱发因素，那么在停药后标记行为的复发概率就会降低。猫似乎对氟西汀的第二期和第一期治疗都有响应；这样一来，临床医生就可以让猫先停止治疗，以测试复发情况，同时还能比较放心，因为即使标记行为复发，也能再次得到控制。而且，即使经过几个月的治疗，猫似乎也不会对最初使用的剂量产生耐药性。

## 攻击行为

虽然攻击行为在家中的猫之间并不少见，但这个问题远不如排泄问题那样常见。猫在与人交往时通常不会遵守纪律，与其他猫之间通常也不会形成从属关系，而狗则能通过从属关系来维持和平。与狗不同的是，母猫（已绝育）对其他猫或人的攻击行为要比公猫（已绝育）多。在猫这个物种中，绝育的公猫更友爱、更喜欢和平（见第十章）。与其他问题行为一样，攻击性倾向的差异也与品种有关（见第十章）。

不同的权威机构对猫的攻击性进行了分类；下文中列出的分类是相当典型的，并为诊断和治疗提供了一些指南。有些类型的攻击行为只针对其他猫，即领地性的和雄性间的；而另一些类型的攻击行为可能同时针对猫和人，即与恐惧有关的；还有一些类型的攻击行为只针对人，比如与玩耍有关的、重定向的和由抚摸引起的。正如下文中将提到的，护理人员的管理通常是最成功的治疗方法。

### 领地性的攻击行为

这是一种常见的攻击类型，通常出现在家里来了一只新猫的时候，原来的猫会试图赶走"入侵者"。当然，新猫可能也会报以相应的攻击行为。猫可能最终会适应彼此，或者这种攻击性可能会无限期地持续下去。猫对不同个体的社交偏好或排斥不尽相同，它们在幼年时期对其他猫的社会化状态也会在维持家庭和平方面发挥作用（见第五章）。有时，在家中居住的猫离开一段时间后返回时，也可能会发生领地性的攻击行为；这是因为它可能被当作陌生人对待。当邻居家的猫来到猫的领地上时，也可能会出现领地性的攻击行为。在同一屋檐下长大的猫之间也会出现这种攻击行为；甚至是同窝的猫之间或母猫及其后代之间也可能出现攻击行为。在这种情况下，这种攻击行为似乎是扩散行为的一种表现，常见于家猫的野生祖先。这种攻击行为不同于与恐惧有关的攻击行为，因为在这种情况下猫不会故意避免彼此相遇。

要想解决领地性的攻击行为，就要在介绍猫互相认识的时候，采取一个循序渐进的方法。要做到这一点，可以先把家里的猫隔离开，给它们提供单独的食物和猫砂盆，但它们仍然可以看到对方及闻到对方的气味。人们应该尽可能阻止猫打斗，因为打斗的行为可能会增加猫的攻击性，同时引起另一只猫的恐惧。

## 与恐惧相关的攻击行为

猫可能会在遇到其他猫或人类（尤其是访客）时表现出这种行为。比如，猫会呈现出典型的防御性攻击：背部弓起，或是蹲伏着，同时耳朵拉平，瞳孔放大。后一种姿势不应被误认为顺从的姿势，因为一旦其他动物或人类靠近，它很可能会发起攻击。一般来说，如果猫无法躲避或避免与人类访客接触，就会表现出这种行为。这种攻击行为通常出现在猫处于恐惧状态却无法逃脱的时候。猫希望通过这种行为来远离这些令它们感到恐惧的刺激源（其他猫或人），如果有效，这种行为就会得到加强。

这个问题的解决方法很直接明了，那就是避免那些让猫感到恐惧的情形。解决方法通常包括对引起恐惧感的刺激物采取逐渐脱敏的方式，直到它们脱敏为止。使用氟西汀等抗焦虑药物似乎合乎逻辑，但还没有临床试验评估过其可行性。猫之间与恐惧相关的攻击行为有一个比较容易混淆的问题：当一只感到恐惧的猫刚刚回避了另一只猫时，抗焦虑药的使用可能会增加它的攻击性。

## 公猫之间的攻击行为

虽然我们也可以把这种攻击行为称为"猫间攻击性"，因为母猫和公猫一样会打架，但这个词特指未绝育的公猫在室外与其他公猫发生打斗的强烈倾向，这种打斗通常是很激烈的，并会导致猫受伤。通常情况下，公猫在和其他公猫打斗完后，会带着伤口，甚至是脓肿回来。这在未绝育的公猫身上比在狗身上更常见，这也反映出猫之间不太会通过表示主导或屈服的肢体语言来避免打斗。在成年公猫中，绝育有大约 90% 的可能性消除这一问题，而如果在青春期之前就使公猫绝育，我们就能预防这一问题。

如上所述，猫的一些攻击或类攻击行为通常只涉及人类家庭成员，比如与玩耍相关的攻击行为、重定向攻击行为和由抚摸引发的攻击行为，下面将对此进行讨论。

## 与玩耍相关的攻击行为

当猫对一个移动中的人类做出跟踪、跳扑、咬和抓等行为时，这种与玩耍相关的行为可能就会成为问题。这种行为可能是以下两点结合起来所导致的：（1）猫活跃、好斗的顽皮性格；（2）当饲主长时间不在家时，猫出现了一些"玩耍剥夺"。人工抚养的猫更有可能出现这种行为，特别是当护理者鼓励它玩耍性质的咬人之时。这对儿童和老人来说尤其是个大问题。

处理这个问题的方法很直截了当，那就是尽量避免会引起这种行为的场景。如果有必要，可以用绑在绳子上的玩具，把猫的注意力从人身上转移到别的地方。由于猫有很强烈的玩耍欲望，因此人们可以经常使用适当的玩具陪猫玩耍（比如把装满填充物的袜子挂在钓鱼竿上）。另外还有一种方法：当你被猫攻击时，不应该用手推开猫，因为这只会激发

更多的玩耍行为，而应该尝试一种令它厌恶的威慑性行为，比如在猫开始发动攻击时偶尔向它喷水。不过，在使用这种方法之前，应该先安排好恰当的玩耍行为，作为猫情绪的出口。

## 重定向攻击行为

这个术语来源于古典行为学，指的是当一只猫被高度唤起，处于一种攻击性状态时（通常是因为在敌对的环境中看到另一只猫），会转而向抚摸它或正在接近中的人类发起攻击。由于猫在其他时候是友爱的，主人可能不知道是什么引起了攻击，因此把这个行为解释为对自己的无端攻击。这个问题通常比较容易解决，方法就是当猫被唤起时，避免与猫互动。等到猫平静下来，比如进食或梳理毛发的时候，再和它互动。

### 由抚摸引发的攻击行为

这种行为虽然很奇怪，但并不罕见，表现为一只被抱着的猫突然转身去抓或咬正抚摸着它的人。这一行为通常（但不总是）伴有一些警告信号，如烦躁不安、尾巴抽动和耳朵后缩。只要别长时间抱着猫，就可以避免这种攻击行为。除了要注意猫发出的警告信号，饲主还可以了解一下一般抱多长时间后猫会出现这种攻击行为。但是，要记住：被猫咬伤和抓伤后，一旦划破皮肤，就需要彻底消毒，并及时接种疫苗！

## 抓花家具

这个问题是由猫抓了"错的"东西而引起的。在自然界中，树干上的抓痕对于其他猫来说是一种视觉性的标记，而在抓痕附近留下的足部腺体分泌物则是一种化学信号标记，在猫的语言中，这意味着该地区已经被占领了。我们可以回想一下之前提到的，猫的野生祖先是独居的，会赶走所有它能看到的"入侵者"。不过，这种标记需要经常被更新，这样才能持续地向外界传达"该地区已经被占领"的信息。这和尿液标记需要经常更新的原因是一样的。不管留在树上的是足部分泌物还是尿液标记，这些化学信号都会很快消失。

由于猫有着非常强烈的"领地标记"的倾向，它们在家里经常会选择像树一样的地方来抓，比如沙发的一角。一旦选定一个地方，猫往往会持续地抓那里——因为领地标记需要经常更新。物体的质地通常会影响猫的选择；材质上需要满足的条件就是猫必须能把爪子拖下来。猫在磨爪的时候（不管是树还是沙发），也能起到去除老化的角质的作用（在新的指甲已经准备就绪的时候）。

解决磨爪问题的办法并不是去阻止这种行为，而是将磨爪行为转移到一个恰当的目标上，比如一个代替树干的猫抓柱。第一步，用适合猫磨爪的材料把柱子包裹起来，并放在

和被抓坏的家具差不多相同的显眼位置。可以从被抓坏的家具上剪下一些布料绑到新柱子上；这么做有助于吸引猫磨爪，因为这些布料上的气味会吸引猫去更新标记信号。有时人们会问，在新柱子上摩挲猫脚是否能鼓励猫去磨爪。答案是肯定的，但并不是因为人为地演示了这个地方可以磨爪，而是因为粘在柱子上的足部分泌物会吸引猫去磨爪。当猫习惯了使用柱子之后，就可以在几天的时间里逐渐把它移到房间的一边。猫倾向于在同一个物体上磨爪。

当猫有了一个喜欢的磨爪柱子后，家具被抓坏的部分就应该被移到一边，或者用诸如厚塑料之类的东西暂时覆盖住，使猫无法接触到。也可以用动作感应警报器或胶带来让猫对被抓坏的家具产生反感。猫一旦有了新的磨爪对象，就应该彻底禁止它抓家具。领养幼猫的时候，如果幼猫有正在使用的猫抓板／柱，领养者可以要求把这个猫抓板／柱一同带回家，让猫到新家之后还能在以前标记过的物体上磨爪，这可以让猫有一种"宾至如归"的感觉，更好地适应新的环境。尽管人们通常并不赞成去爪术（如果不是非法的），但是把去爪术作为最后的手段还是引发了很多讨论。一些有关猫的书籍和文章称，去爪术可能会导致膀胱炎、哮喘、皮肤疾病、前肢肌肉萎缩坏疽、骨折和手术中的感染。此外，也有人声称，去爪术会对猫的社会关系、攀爬、打斗等产生负面影响，而且去爪的猫更有可能咬人，从而对人造成威胁。然而，调查研究表明，如果手术操作正确，猫极少会出现健康和行为问题。

## 啃咬草和植物

　　随着人们越来越强调要让猫一直待在室内，饲主们很快意识到一些猫喜欢啃咬室内植物。因此，对于那些喜欢在家里养很多植物的人来说，这种行为可能是一个严重的问题。在把猫啃咬植物的行为作为一个问题行为来处理之前，我们先来对这个行为做一些分析和讨论。

　　我们经常能看到猫和狗吃草或其他没有营养价值的植物。长期以来，人们对这种现象的解释是，植物提供了纤维，或者是当动物感到不舒服的时候，可以通过吃草来诱发呕吐。但是，新的发现和流行的观点与之相反，只有10%或更少的猫和狗的饲主注意到他们

的宠物在吃植物之前通常有生病的迹象；此外，只有约 20% 的人注意到他们的宠物在吃植物之后通常会呕吐。日常膳食的类型并不会影响到猫食用植物的行为，因此，植物提供膳食纤维的观点可能并不成立。这些发现都表明食用植物是完全正常的，野生猫科动物和犬科动物都经常吃草，并且人们发现有 5% ～ 10% 的狼和美洲狮的粪便中含有植物。

本章作者支持的观点是，吃草主要发生在正常的狗和猫身上，与疾病或饮食需求无关，但反映了一种遗传自其野生祖先的天性，其功能是清除肠道寄生虫。在自然界中，动物一直有感染肠道寄生虫的风险，所以生活在野外的犬科动物和猫科动物可能已经进化出了自己的驱虫剂，或寄生虫疗法，这和在黑猩猩身上的研究发现基本是一样的。此外，吃草也许还有一个有趣的次要功能，那就是猫不时摄入的草和其他植物可能有助于它们排出在舔毛时吃进肚子里的毛发，这可能主要发生在家庭环境中。草的茎和叶会包裹住毛球并带着它们通过肠道，这和清除肠道寄生虫的原理应该是一样的。

假设猫吃植物是正常的（差不多就像梳理毛发或发出呼噜声一样正常），那么就不存在行为问题。然而，有两种情况可能会带来一些潜在的问题。

第一种情况是当猫吃植物的频率明显增加的时候。在自然界中，如果肠道寄生虫因某种原因多了起来，可能会让猫产生肠道不适的感觉。然后，猫就会通过多吃植物来应对肠道不适，以此来加大清理肠道寄生虫的力度。如今在家庭环境中，肠胃不适更可能源于肠道菌群或毛球的问题，而不是寄生虫增多。猫无法区分到底是哪一种原因造成了肠胃不适，因此就会默认采取它们在自然界中的行为，即把草当作现成的草药来进行自我治疗。我们注意到，草是第一种、也是唯一一种猫的草药，这个观点不应被忽略。作为关心猫的护理者，我们应赞叹猫自我解决问题的聪明才智；而当我们发现猫食用植物的行为在持续增加时，就应该积极寻求现代医学的帮助。

第二种情况是当猫被严格限制在室内，并偶尔有一些自发地去吃植物的行为时。我们需要关注的是猫会去吃什么植物。如果家里有一种或多种有毒的常见植物，它们可能会被猫吃掉，从而引发肠胃紊乱，症状包括呕吐、腹泻和 / 或厌食。常见有毒植物的列表可以在网上找到。一个解决办法是为猫提供一个专属的猫草地。即使家里没有室内植物，也可以给猫种一些猫草，毕竟对于一些猫来说，这是一种顺应其天性的行为（就如同梳毛一样）。

## 结语

在第十章中，作者提出了一个观点：在所有的家养动物中，只有猫保留了其野生祖先的基本天性。其中包括一系列强烈的行为倾向，而这些行为倾向是猫在其原始生存环境中通过自然选择而产生的。这些行为会体现在生活在我们家里的猫身上，并影响它们的排泄行为、尿液标记行为、抓家具的行为、与其他猫和人类家庭成员的攻击性互动行为及啃食植物的行为。这些行为可能会给猫的饲养者带来严重的困扰。要理解这些问题行为产生的原因并给出解决问题的策略（如本文所述），有赖于参考家猫及其野生祖先在自然环境中的各种行为的功能。

第 五 部 分

未 来

# 第十四章

# 猫群体数量管理

艾莉·海贝、哈里·埃克曼和伊恩·法里纳

## 概述

如今，家猫在人类社会中几乎无处不在，这证明了猫作为伴侣动物或"害虫杀手"的价值。在一些国家，包括英国、美国和中国，猫已经超过其他物种，成为最常见的家庭宠物。然而，猫会给人类和其他物种带来一系列的问题，而它们自己可能也会遇到福利问题（welfare problems）。由于猫在没有人类照顾的情况下也能生存和繁殖（不过也可能的确有人类无意间地喂养），它们的数量以及随之而来的问题可能会增加到一个社会无法接受的水平，于是就有了对猫的数量进行管理的动机。全球家猫的数量一直以来都是难以估计的；贾维斯提出全球有 4 亿只猫；然而，一份 2007 年递交给世界动物保护协会（WSPA）的未发表的报告收集了来自 194 个国家的已发布的宠物统计数据以及对非政府组织和兽医的调查研究问卷，该报告估计全球总计有 2.72 亿只猫，其中 58% 被认为是流浪（stray）或野生（feral）的（关于这些术语的定义，见下文）。

野生家猫（feral cats）通常被认为是种群数量管理的重点。"野生家猫"一词可能最适合用来描述那些没有饲主的、没有被社会化的猫，这种猫不适合作为家养宠物。这和生物学中用"野生"这个词来描述家养动物"野生化"是不同的。事实上，下文中疾病、滋扰和捕猎等章节中所描述的许多问题都与无主猫有着更密切的关系，因为这种无主猫和有主猫相比不太可能接受绝育、疫苗或被人类喂养。然而，将野生家猫视为一个独立的种群会造成对猫种群流动性的误解。许多饲主报告说，他们的猫离开了家，再也没有回来，而许多看上去没有饲主的猫被人们收养在家里。例如，有学者研究发现，34% 的猫饲主称他们养的猫是流浪猫，而施耐德发现，25% 的猫会在一年内离家出走。一个英国的非政府组织"猫保护"应公众要求为猫提供绝育服务。2011 年，这些请求中有 34% 是关于流浪猫的，其余的被确认为宠物；而那些被确认为宠物的猫中，约有 28% 最初是在流浪状态下被人们找到的（这些数字中不包括那些正规的救援机构或组织提出的请求，比如猫保护组织绝育组）。同样地，如果把野生家猫视为唯一需要关注的种群，那就忽略了数量可能大得多的半饲养猫——一般集中居住在栖息地，有一个或多个护理者——以及自由散养的有主猫。在美国和澳大拉西亚，室内猫更为常见，除这两个地区以外，大多数有饲主的猫都处于自由散养的状态，因此很难区分一只没有饲主的猫和一只有饲主而在外游荡的猫。由于猫种群的流动性和"野生"这一术语太过狭义，在本章中我们将把"游荡"猫作为种群管理的重点。这些游荡的猫没有被关起来，它们可能有饲主、也可能完全没有饲主（包括传统意义上的野生家猫和刚被饲主遗弃的猫）或介于这两种状态之间的半饲养猫（也被称为"群居猫"）。

## 猫种群数量的问题

猫可能会通过传播人畜共患病（一些由动物传染给人类的疾病）而增加公共卫生风险。欧洲开展的一个重要的项目——CALLISTO（2012），以评估对来自伴侣动物的人畜共患病传播风险的认知，并提出有助于减少此类风险的建议。狂犬病可能是目前最著名和最可怕的人畜共患病，它可以感染所有哺乳动物，包括猫和人，如果动物在感染后不进行及时的治疗，致死率几乎是100%。目前还没有发现和猫有关的狂犬病毒株变异，而且由狂犬病猫引起的传播链（初始感染源引起的继发性感染的数量）似乎很短。到目前为止，没有证据表明猫的种群能独立地成为狂犬病的蓄积地。然而，在野生动物或犬类种群狂犬病流行的地方，猫可能被狂犬病动物感染，从而成为把狂犬病传播给人类的媒介。值得庆幸的是，狂犬病疫苗非常有效，人类可以通过定期接种很容易地避免这种风险。

另一种与猫有关的人畜共患病是弓形虫病，它是由弓形虫感染引起的。对于免疫系统正常的人，弓形虫病的症状是比较温和的，甚至没有症状；然而，对于免疫功能受损的高危人群（包括发育中的胎儿、婴儿和老年人），症状可能会很严重。猫是弓形虫的最终宿主，它们会将卵囊随粪便排泄出体外；人类可能会因为清洁猫砂盆、食用未清洗的水果或蔬菜（粘有受污染的土壤）或在园艺工作后意外地摄入卵囊。然而，大多数人是因为食用含有组织包囊的未煮熟的肉类而感染的。人类可以通过戴手套、在园艺或清洁猫砂盆后仔细洗手、清洗水果和蔬菜及不吃未煮熟的肉类来防止感染弓形虫。

在寄生虫与疾病的转移或传播方面，游荡的无主猫对有主猫的健康和福利的影响可能是另一个令人关注的领域。然而，研究表明，猫免疫缺陷病毒（FIV）和猫白血病病毒（FeLV）等疾病在有主猫和无主猫群体中的患病率都比较低。尽管猫有感染其他传染病的风险（例如猫杯状病毒、猫疱疹病毒），但是饲主只要能确保猫定期接种疫苗，就可以最大限度地降低猫感染的风险。研究表明，在有人类管理的猫群体中，通过给这些猫绝育及采取其他的健康卫生措施，能有效地降低它们对其他猫造成的健康风险。

在讨论是否需要对猫的数量进行管理时，猫的捕食行为对野生动物的影响是一个非常两极化的问题。猫显然是技巧纯熟的捕猎者。然而，与其他捕猎者，或者其他破坏生态环境的威胁相比，猫的影响可能被夸大了（见第四章）。总的来说，我们应该对每一个地区中猫对野生动物的影响分别进行客观的评估，而不是简单地概括和归纳。对猫捕猎行为更详细的讨论可以参见菲茨杰拉德和特纳的论文。

猫的那些令人生厌的行为可能也构成了人们控制猫数量的动机。对于住在附近的人来说，猫的交配行为和打斗可能会很吵，而且具有一定的破坏性。同样地，猫在垃圾桶里觅食的时候也会很吵，但更有可能引起人们厌恶的是四处散落的垃圾。然而，人们对猫自身所面临的福利问题也给予了同样程度的关注；在一项针对得克萨斯州普通民众的问卷调查中，人们认为猫福利是继那些令人生厌的行为之后最重要的问题。在得克萨斯州，一项对一个相对较小的游荡猫群体的研究发现，在 14 个月的研究期内，成年野生家猫的存活率为 0.56；死亡原因都是创伤性事件，其中大多数为道路交通事故，但也有部分是被狗袭击和遭受枪击。幼猫的死亡率往往较高：例如，在对美国游荡猫群体的研究中发现，只有

25% 的猫能活到 6 月龄；其中将近一半的死亡是由于创伤性事件——主要是受到狗的攻击；不过，研究人员怀疑另一半的死亡原因是疾病。在一些国家，人们会将无主猫集中起来，重新安置在收容所中。在这种情况下，与限制活动范围的圈养相关的福利问题就成了人们需要关注的重点，特别是对于那些习惯自由游荡、之前没有圈养或与人类密切接触经历的猫。这些猫的命运也可能带来一些重大的道德问题，因为许多猫由于没有住所而被安乐死（更多关于猫福利的讨论可以见第九章）。

## 猫的数量管理是必须的吗

许多野生动物群体会经历与游荡猫群体相似的福利问题，因此一些人可能会质疑对其群体数量进行干预的必要性。猫通常被定义为家畜；然而，它们看起来和它们的野生祖先很相似，同时，在没有人类照顾的情况下，它们的生存和繁殖能力表明它们保留了许多适合野外（或至少是一种人类城市式的野生环境）生存的行为和生理能力。这可能是因为直到最近，人类对猫的繁殖几乎没有控制，这点与狗和典型的农场动物是不同的。即使是现在，有目的的繁育或绝育（以防止繁殖）也只在一些国家比较常见。可见，猫在各国人民心中的地位可能不同，因此各个国家针对猫的法律义务也可能不同。例如，在英国，动物福利立法规定，关于应该如何护理猫的准则应适用于所有的猫；然而，在新西兰，类似的法规只适用于伴侣猫，而野生家猫受《生物安全法》保护。不幸的是，在许多国家，猫（通常还包括其他所有动物）根本得不到任何对其福利的法律保护，因此，它们可能会在控制群体数量的名义下遭受无节制的虐待。

因此，是否进行种群数量管理的决定可能会受到三个因素的影响：(1) 国家或当地民众对猫的看法；(2) 对猫福利的关注程度；(3) 对猫种群造成的问题的客观衡量。然而，有一点很重要，那就是不管猫在社会上的地位如何，作为有感知能力的生物，它们有感受痛苦的能力，因此任何管理它们种群数量的尝试都必须以人道的方式进行。

在本章的余下部分，我们将讨论猫种群数量管理的准备工作和实际操作。在最开始，我们需要进行一些评估，以便于做好周密的准备并选择适合的数量管理办法。尽管人们在猫的种群数量管理上投入了大量的资金，但这方面的研究工作仍然相对有限，因此我们将参考经同行评审已发表的文献、未发表的数据和来自当前项目的报告，来说明猫种群数量管理方法的实际应用。

## 评估和监控猫的数量

不管管理哪个种群的数量，一个核心原则是，首先要清楚地了解该种群所造成的问题和这些问题的根源。例如，如果问题是收容所由于缺少一个好的家而被安乐死的游荡猫数量太多，那么评估阶段的关键问题就是：这些游荡猫来自哪里？这些猫的来源是什么？它们是无主游荡猫的后代，还是被遗弃的幼猫（由主猫生下来的），或者被遗弃或走失的成年猫的后代呢？如果它们是游荡的有主猫，为什么它们既没有被新饲主领养，也没有被原饲主认领回去呢？花些时间研究这些种群并回答这些问题能让我们把重心放在正确的亚种群上，这将使得种群数量管理方案更有效地解决关键问题。

我们在评估阶段很有可能无法自信地回答这些问题。但是，一个很重要的事情就是要在方案开展的同时不断进行评估，以便对其成功与否做出评价。深思熟虑的评估及随后对方案的不断改进，将有助于我们更好地从根源上理解这些重要问题，从而能更有效地解决猫种群造成的问题。

可用于评估、持续监测和评价的方法大致可分为两类：一类旨在从相关人员那里收集信息和观点，另一类则侧重于猫种群本身。猫饲主和定期喂猫的人是评估常用的目标群体；家庭调查问卷或焦点小组（对一小部分人的深入访谈；这些人经过精心挑选，以尽可能地代表目标群体）只是调查工具中的两种。收容猫并提供领养服务的非政府组织及负责管理动物种群和人畜共患疾病的政府机构也是两个重要的目标群体，接触这两类群体最好的办法就是采访这些组织中的关键人物。当我们考察猫的数量时，我们可以从非政府组织和政府机构那里获得有用的统计数据，包括被送到收容所的猫的数量和类型、无法找到新家的猫的比例及人们对于猫数量投诉的数量和类型。这些统计数据有可能详细到能突显出一些存在问题的特定地理区域。我们也可以通过直接观察游荡猫的数量，来对猫种群数量的规模和动物福利进行一些评估。关于评估猫的数量和监测其随时间变化的方法的更多细节可以在 ICAM 联盟的《猫咪数量的人道主义管理指南》中找到。

从我们在评估过程中讨论的潜在目标群体的数量就可以清楚地看出，猫种群数量管理方面的工作不是纯理论性的、远离实际的。许多利益相关者对处理的方法都有自己的看法。他们中的一些人可能已经在积极地试图管理猫的数量，这或是因为他们在法律上对此

负有责任，或是出于对猫福利的兴趣，抑或是为了减少猫的数量对其他动物的影响。因此，在评估阶段以及实际执行和评价的阶段，明智的做法是建立一个包含各种利益相关者的委员会，这样可以避免重复工作，并使得方案获得最大限度的支持。

## 种群数量管理

我们将"猫种群数量管理计划"定义为一套全面或整体地改善游荡猫的福利，并用最恰当的方式来减少其种群数量对特定情况造成的问题的方法。这样的工作方案是由各种工具或要素组成的，但是每个要素的使用要因地制宜。没有任何一种单一的方法可以适用于所有情况。如前文所述，我们应该首先对当地情况进行评估，对整体情况有一定的了解，并判断哪些因素组合起来能形成一个最行之有效的方案。使用的要素越多元、采取的方法越符合当地实际情况及越具有独创性，项目往往就越成功。

关于种群数量问题的根本原因，初始的评估能给我们提供一些信息，这将有助于我们制订种群数量管理计划的目标。例如，如果发现半饲养猫种群能成功将幼猫抚养到成年，那么这就可能成为该地区下一代游荡猫的一个重要来源。因此，针对该地区，一个有效的目标可以是达到并保持一定的半饲养猫绝育比例（在此处，绝育指的是防止猫繁殖，也可以使用"摘除卵巢"或"阉割"等术语）。如果发现被饲主遗弃的幼猫是游荡猫的重要来源，一个有效的目标可以是重点关注饲主并提升负责任的养猫行为，特别是通过增加对有主猫的绝育和减少遗弃行为。如果发现许多有主猫要到第一次"意外"产崽后才进行绝育，那么这一方法就需要进一步改进，比如针对特定的群体（如年轻的母猫）进行绝育。与此同时，提升兽医知识并推动他们鼓励及早对猫进行绝育，也将有助于人们实现这些目标。这些目标的实现将会带来人们想要的效果，例如减少游荡猫的数目、改善游荡猫的福利和减少投诉滋扰的数量。

## 数量管理计划的各项要素

### 生育控制

手术和非手术方法都可以用来控制猫的生育（见第九章）。鉴于目前的监测和监督水平并不适用于大规模的无主猫群体，当前非手术治疗（避孕或绝育）主要针对的是有主猫群体。随着通过非手术手段来控制生育的方法和产品的持续开发和测试，在更大范围内开展应用将会变得更具可行性（实际上，由于成本的大幅降低和所需基础设施的减少，这种方法也会更受欢迎），但目前，手术仍然是最可行的方法。

手术绝育（对公猫进行阉割或对母猫进行卵巢摘除）是一种永久性控制生育的措施，在世界各地被广泛使用。它需要训练有素的兽医和辅助人员，以及相当完备的基础设施和资源，这可能会使成本（比如猫饲主给猫绝育的直接成本，或进行种群数量管理计划时的投资成本）高得令人望而却步。如果兽医基础设施已经到位，那么应该鼓励其提供绝育服务。兽医可以与地方当局或动物福利组织展开合作，这将有助于数量管理计划的长期成功。

在意大利罗马，国家立法支持对游荡猫进行绝育，并且在当地的兽医公共服务机构与猫护理者的通力合作下，猫种群数量管理计划获得了成功。在鼓励和促进人们负责任的饲养行为方面，兽医行业也发挥了关键作用，他们为饲主提供负担得起的绝育手术、疫苗接种及驱虫手段，这有助于从根源上解决游荡猫群体的出现。此外，它还能有效地消除误解和改变人们普遍持有的观念，比如允许猫在绝育前生一胎。在西班牙巴塞罗那，市议会的动物福利部门为野生家猫和走失猫提供了一个绝育诊所，并向相应城区执行这项工作的动物福利组织提供财政资助。

在游荡猫种群中，人们通常采用 TNR（捕捉—绝育—释放）来开展绝育计划，有时也被称为 CNR（捕获—绝育—释放）。游荡猫被人道地捕捉，经过手术绝育，再被送回到它们之前被捕捉的地方。TNR 项目在世界各地都有，但它们有效的程度取决于该方法是否彻底和高效地应用于猫群体。TNR 的本意通常是好的，但是经常会受阻，因为被捕捉、绝育和释放的猫的数量占总数量的比例很小。每个月在一个由 40 ～ 50 只猫组成的群体中选取 1 ～ 2 只猫进行绝育，不太可能对猫的总数产生影响，因为繁殖的速度将超过绝育的速度。TNR 的短缺可能是由许多原因造成的，比如财务支持不足，兽医的数量、时间和精力有限，或捕捉猫的技术能力不足。

在一个群体中，猫的生存能力和繁殖能力决定了这个群体数量增长的速度，也决定了为达到群体数量稳定或减少而需要进行绝育的比例。在不同的群体中，存活率和繁殖成功率可能有显著差异；表 14.1 给出了两个示例，示例 1 结合了纳特等人 2004 年研究成果和施密特等人 2007 年的研究结果，在他们的描述中，他们观察到的美国野生家猫的数量是类似的；示例 2 采用的是布德克尔和斯莱特 2009 年的研究报告，他们分析了各种不同地区的猫群体数量参数，表中选用的是他们报告中由"低"到"高"值的中点。利用这些数据，人们可以估计出猫群体数量的增长率和为了稳定群体数量所需要绝育的母猫比例。

表 14.1 中示例 1 所估计的猫群体数量年增长率为 1.01，而示例 2 的估计则为 2.11，是示例 1 的两倍多。为了使示例 1 中的群体数量保持稳定，只需要每隔一段时间（繁殖季节之间的时间，通常小于 1 年）对 1% 的未绝育母猫进行绝育，使得总共有 3% 的母猫处于不育状态。而对于示例 2 中的情况，相应的比例就要分别达到 41% 和 76%，才能使得群体数量保持稳定。显然，根据示例 1 中的参数值，我们只需要很小的绝育比例就可以减少群体数量，但群体数量是否会持续减少将取决于幼猫和成年猫的存活率，我们需要知道当前的低存活率到底是该地区固有的特征所导致的，还是因为该地区的猫密度太高以至于接近其承载能力的极限值。纳特等人将创伤性事件列为猫死亡的原因，但这种创伤性事件的发生并不依赖于猫的密度（尽管一些死亡原因不明的情况可能如此）；如果某些死亡原因与猫的密度有关，那么存活率可能会随着猫群体数量的减少而增加，这就需要更高的绝育率

来进一步减少群体数量。示例 2 中猫的存活率要高得多，这可能是一个猫的密度远远低于地区承载能力的群体的典型特征。正如布德克尔和斯莱特所指出的那样，要让这种类型的群体数量保持稳定，需要投入的工作和精力是相当大的。即使群体数量已经减少到了一个比较低的密度，人们还是需要和之前一样进行捕捉和绝育，因为每年仍然需要对相同比例的猫进行绝育。最理想的情况是，在规划某一地区的管理计划时，我们需要基于一群生活在该地区且拥有充足资源的猫的参数值来估计所需的工作量，并给出最保守或"最糟糕"的情况下我们需要做的工作。

表 14.1　两个猫种群参数值的示例

| 示例 | 1 | 2 |
| --- | --- | --- |
| 数据来源 | 纳特等人（2004）和施密特等人（2007） | 布德克尔和斯莱特（2009） |
| 第一次生育时的年龄，r | 0.875 | 0.70 |
| 成年猫每年的存活率，S | 0.56 | 0.70 |
| 从出生到被招募的存活率，$S_j$ | 0.20 | 0.51 |
| 每年产崽次数，L | 1.40 | 1.40 |
| 每窝中雌性幼崽数，K | 1.75 | 1.80 |

注：作者所列出的幼崽年存活率的估计值已经被转换为从出生到招募的存活率，即表中的 $S_j$（当动物加入繁殖群体并能够怀第一胎时，我们定义其为"被招募了"）。布德克尔和斯莱特给出了一个中点值：一只完全招募的母猫每年会产下 2.52 只幼猫；根据他们的研究报告中的产崽数 3.6 个和 50:50 的性别比例，我们计算出每窝中雌性幼猫的数量 K 为 1.80 只，而每年产崽的次数 L 为 1.40 次。

同样值得考虑的是，在正式实施绝育计划的时候，那些持续快速增长的群体数量会比我们开始评估的时候有大幅的增加。虽然利用群体数量增长的矩阵模型可以很容易地模拟这种对干预的短暂反应，但是我们很难进行准确的预测，因为猫的密度对存活率和繁殖的影响程度是未知的。实际的解决办法是使用一个比估计大得多的绝育率来稳定群体数量，并定期监测群体数量以确定这个比率是否足以防止群体数量过度增长。从长期来看，这个比率会逐渐被调整到估计值，使群体数量稳定在理想的水平。

## TNR项目的案例

在葡萄牙波尔图，当地动物福利组织 Animais de Rua 开展了一个 TNR 试点项目，发现该试点地区的猫数量从 2005 年的 45 只下降到了 2009 年的 10 只。根据绝育猫的比例和猫的死亡率，在完全依靠自然减耗和没有新猫加入的情况下，猫群体的数量可能需要经过数年的时间才会显著减少。然而，其他地区的猫也可能会迁移到该地区；或者，有些饲主看到该地区的流浪猫得到了很好的照料，就会把他们的猫遗弃在那里。在意大利罗马，兽医公共服务部门对 103 个猫聚集地进行了调查，以评估一个为期 9 年的绝育计划的效果。虽然整体上看猫的数量有所下降，但新猫的比例（被遗弃的或自己跑过来的）占 21%。这是一个很好的例子，说明通过持续的监测和评估，我们可以看出仅使用一个措施可能并不是最有效的，其他措施包括教育本地养猫人士，提升他们养猫的责任心，同时为养猫人士提供更方便的绝育服务等。

另一个例子是在美国佛罗里达州一所大学校园里开展的项目。该项目发起了幼猫和温顺的成年猫的领养计划，同时对不适合收养的成年猫进行 TNR，这使得该区域内猫的数量在 11 年内减少了 66%。这个项目进一步说明，把 TNR 和其他措施结合在一起有助于数量管理计划取得最大的成功。

在 TNR 项目中，区分绝育猫和未绝育猫是至关重要的。如果一遍又一遍地反复诱捕和麻醉同一只猫，那么时间、资源和金钱就很容易被浪费，更不用说这会给猫带来不必要的应激和潜在的伤害。虽然目前可供使用的识别方法有好几种，但把耳尖剪掉的做法是最受欢迎的。具体的做法是，在猫全身麻醉进行绝育的同时，把耳尖的一小部分剪掉。根据猫的大小，耳朵被剪掉的部分为 3 ～ 10 毫米。重要的是，这种剪法很明显是人为的，并且从远处就能看出来。这种做法给人们提供了一个辨识度很高的特征，以表明猫的绝育状态。这样一来，既减少了重复的诱捕，又能向社区传达一个积极的信号：这只猫处于完善的管理体系之下。必须注意的是，在 TNR 项目执行期间，有主猫不应在没有饲主同意的情况下被绝育及剪掉耳尖。项目成员必须尽可能告知当地社区，绝育计划正在进行中，而对于任何捕捉到的猫，都应该检查任何可能证明它有饲主的标识（比如项圈、文身、芯片）。

如果时间或资源有限，对要绝育的猫进行优先级的排序是至关重要的。未绝育的母猫应该优先被考虑，因为与未绝育的公猫相比，多产的母猫将是限制群体数量增长的关键因素。使用手动陷阱可以提高捕捉的成功率。如果使用自动诱捕器，那么捕获的公猫的占比可能会很高；在资源有限的情况下，这将导致人们要对以下两种情况做出选择：（1）释放未绝育的公猫（如果可以确定性别的话）；（2）接受现实，即母猫不会成为优先绝育的对象，它们的绝育比例可能与公猫相当。

降低生育水平还能带来额外的动物福利。例如，在游荡猫种群中，幼猫的死亡率高达75%，而生育控制能极大地减少可能会遭受这种巨大痛苦的动物的数量。成年猫也可能受益；在佛罗里达的阿拉楚阿县，经过一年的绝育计划后，受试猫群的身体状况评分显示它们的总体健康状况有明显改善。

TNR 项目为游荡猫群体带来的另一项福利就是疾病的监测、控制或预防。例如，在狂犬病疫区，可以将疫苗接种也同时纳入项目中。此外，接种预防其他疾病的疫苗或进行驱虫治疗也会对游荡猫的福利产生重大影响，还能降低游荡猫群体将疾病传播到有主猫群体的风险。

TNR 项目还能提供一些基础设施，用来检测游荡猫种群中的疾病流行情况，并移走或救治患病动物。例如，TNR 项目曾被用来检测 FIV 和 FeLV 的流行情况。然而，这种做法也存在一些争议。接种过 FIV 疫苗的猫如果随后再次进行检测，可能会出现假阳性，而幼猫由于被动获得母体抗体，也可能会出现假阳性。因此，专家建议进行重复测试以便保证强结果的准确性；这在游荡猫群体中可能不太实用。美国猫科动物从业人员协会制定了关于检测有效性的指导方针。此外，一些研究（如前所述）表示，FIV 和 FeLV 在游荡猫群体中的流行率是比较低的，且症状较为明显，因此，可以采取与患其他疾病或受伤的猫同样的方式来进行个案处理，而不需要进行地毯式的检测，这也有利于控制成本。

有不少资料非常详细地介绍了建立和运行一个 TNR 项目的具体实践方法。它们提供了很多深度的信息，能让我们了解到 TNR 项目的复杂性。其中包括：陷阱的种类和诱捕的方法（猫踩踏板时触发的自动陷阱或遥控触发的手动陷阱）；恰当的手术技巧（侧切或腹中线正切卵巢）；深入了解猫的行为、它们在被捉住和被释放时的反应、如何减轻或最小化潜在的创伤；如何发动整个社区的力量来对猫的聚集地进行恰当的长期管理，例如，设立猫咖啡馆（指专为吸引猫到特定地区进食而设的喂食点，以减少猫患）。

## 猫看护者的参与

在很多地方，一个猫群体是由一个或几个看护者"照看"的。这些看护者是为社区里的猫提供食物的市民，因此，猫经常能得到丰富的食物。我们无法阻止看护者为猫提供食物，即使是在法律明令禁止喂食猫的地区，富有同情心的看护者也会无视这样的法律。不过，如果让这些看护者参与到猫的管理中，他们就可以利用自己的资源来监测猫的福利和绝育情况，并在有需要时协助数量管理计划的执行人员采取一些行动，从而有效地把猫纳入计划内。当有关人员在佛罗里达大学校园内开展一项移走猫的计划时，看护者公然无视不给猫喂食的政策，并干扰工作人员诱捕和将猫运走的工作。而当我们代之以人道的干预措施时，计划就能得到看护者的充分支持，许多人还会协助管理工作。在加拉帕戈斯群岛的伊莎贝拉岛上，非政府组织"动物平衡"首次尝试进行 TNR 时发现，街上一只猫都没有；这些野生家猫都被看护者关在室内照顾起来，因为之前在岛上发生过给猫投毒的事件，他们有些后怕，担心猫会遭遇不测。

TNR 项目需要得到持久的监测和维持，才能使得种群规模持续减少，乃至最终消失；不仅如此，TNR 项目还需要确保猫的福利。当地看护者的参与可能是实现这一目标的关键，他们有责任在猫绝育和送返后对其进行监控，并至少为猫群提供最低限度的照料。除了提供食物和在某些情况下提供庇护所，看护者的任务还应包括在猫受伤或生病的时候寻求兽医的帮助，并确保要对所有新猫（那些在 TNR 干预之后迁徙到此地或是被遗弃到此地的猫）进行绝育。虽然看护者的参与是至关重要的，但他们不应独自承担这一责任，推动地方当局、更大范围的地方社区、兽医社区和当地动物福利组织提供支持也是非常有必要的。

## 教育

增加公众对管理计划目标的了解是至关重要的，但是，如果不能以可持续的方式解决猫的来源问题，仅凭这一点无法从根源上解决猫的种群数量问题。无论是主动或被动地遗弃自己的猫，还是允许未绝育的猫到处游荡，游荡猫群体的来源总是源于人类的自满或无知。提升饲主对饲养宠物责任的认知及改善他们对宠物负责的行为是管理项目的一个关键目标，也是其成功的基础。作为猫的饲主，人们需要了解他们的猫在游荡猫群体中可能起到的作用，以及他们对猫自身及其可能产生的影响需要负的责任。饲主有责任确保自己的猫的健康和福利；而要履行这一职责，就需要确保他们的猫（无论性别）被绝育并接种疫苗，此外，他们还要意识到，无论是主动还是被动的遗弃猫的行为，都是不可接受的。在促成和促进饲主的这些职责上，兽医、地方当局和动物收容所（以及其他机构）提供的必要支持是非常重要的。

对负责任的养猫行为进行有效的宣传教育也可能推动更多人去收容所领养猫，还能增加人们对收容所和其他福利方案的支持（见第九章）。此外，如果有相应的基础设施，可能会鼓励人们对猫进行登记和识别。我们有必要让更多人（包括猫饲主和看护者）认识到游荡猫的问题，并让他们对种群数量管理计划的作用有一个大致的了解。他们需要知道这样的计划是如何起作用的、为什么是有益的，以及他们所认为的游荡猫的健康和危害问题只有在社区的支持下才能得到长期解决。显然，兽医在传播信息和提高认识方面能发挥非常重要的作用，因为他们往往是动物主人最信任的信息来源。这种做法对兽医行业自身也有帮助，例如改善绝育技术、训练兽医学生了解种群数量管理计划的基本原理、了解兽医专业在促进人们负责任的养宠行为上所扮演的角色。公共卫生部门和地方当局需要了解一个可持续的种群数量管理项目所带来的长期利益，以及它们在确保项目的成功中所起的作用（通过准确、公正的公共信息、适当的立法和持续的执行）。

提高人们意识的途径包括将动物福利的概念纳入学校的教学计划；通过传统途径，如传单和宣传单，或利用更现代化的媒体，如社交媒体，向目标受众传播信息；争取纸媒、广播和互联网媒体的支持，开展以社区为基础的宣传活动。虽然教育是确保种群数量管理方案长期成功的一个基本因素，但其效果可能需要一段时间才能显现出来。为了确保在教育人们的过程中使用的是恰当的信息和内容，并取得预期的效果，我们有必要用适当的方法来监测和评估公众的意识、认知程度、接受程度和遵守意愿度。

## 立法

恰当的立法是猫种群数量管理项目具备可持续性的另一个重要因素，同时也具有更广泛的影响。

立法可以成为一种有益的工具，也可以被当作挡箭牌。过于规范的立法不太可能预见性地给干预工具的进步留出空间，并可能会给好的动物福利措施增加执行难度。然而，立法如果不明确，就可能会出现许多对法律欠考虑的诠释。我们需要在允许动物福利的最佳实践得以发展进步和建立明确的界限——规定在最广泛的范围内什么是可接受的、什么是不可接受的——之间取得平衡。为了使立法达到最有效和最可持续的状态，它应该提供一个这样的框架：赋予当局在必要时采取行动的权力；被社会认为是恰当和合理的；确保改善动物福利的责任具有普适性。在采用基本法和次级立法制度的法律系统中，在可能的情况下寻求次级立法总是比较妥当的，因为次级立法往往更容易调整和改变，而且相关部门讨论通过的时间也较短。

虽然良好的动物福利法涵盖了广泛的问题，但在游荡猫数量方面，还有一些关键领域需要关注。我们需要制定强有力的防止虐待动物法来惩罚虐待动物的个人行为和毒杀或不人道地诱捕等残忍的动物控制措施。游荡猫成为这种虐待和残忍对待的受害者的情况并不罕见。立法需要提倡和促进负责任的养猫行为，并使猫的主人对他们的猫负有照顾的责任。然而，从法律的角度来看，猫主人这个术语很难定义，尤其是当我们考虑到游荡猫和它们的社区看护者时。立法需要承认有主猫和半饲养游荡猫之间的区别，但也应该承认人们对这两者都有保护的义务，而且应该由最合适的人来对它们的福利负责。同样重要的是，应公开地立法允许实施人道主义的猫种群数量管理项目。某些情况下，在过于规范式的法律中，由于没有区分不人道的诱捕和清除及以 TNR 为目的的诱捕，TNR 可能会被认为是非法的。

然而，值得注意的是，无论多么完善的法律，在执行不当时都将是无效的。因此，除了立法，还需要提供相应的基础设施和资源，以确保能够妥善处理违法行为。

### 注册和身份识别

很少有法律要求人们对自己的猫进行注册。然而，这样的行为应该被鼓励，因为它能建立起猫和主人之间的明确联系，并让主人产生责任感。无论正式的还是非正式的注册登记，都应该起到鼓励人们对猫更负责任的作用，而不是起到负面作用。如果突然对不登记动物的行为处以高额罚款和惩罚，可能会导致遗弃数量激增。相反，施行差别化的注册费，比如对接种疫苗和绝育的猫征收低注册费或免注册费，可以鼓励负责任的养猫行为。

注册和身份识别，是执行动物福利法的有用工具，比如在破解故意遗弃的案件时。此外，如果有主猫走失了或被收入收容所，注册和身份识别可以让饲主和猫更容易团聚。

识别单个猫的主要困难之一（无论出于什么目的）就是很难区分它们。一只黑猫看起来很像另一只黑猫，尤其是从远处看。如前所述，剪掉耳尖是目前首选的用于识别绝育的、无主的和半饲养的游荡猫的方法。其他识别有主猫的方法（无论是否已绝育）包括芯片、文身，或给猫佩戴附有主人联系方式的项圈和名牌。

2011年11月，西澳大利亚州政府引入了《猫法案》。该法案的目的是规定猫的控制和管理，并促进和鼓励负责任的养猫行为。该法案（考虑到各种利益相关方，该法案有两年的引入期）要求通过植入芯片、强制登记和强制绝育对猫进行强制性的身份认证。虽然政府明白这样的法律不会解决所有与猫有关的问题，但它将提供一种机制：鼓励负责任的养猫行为、减少被遗弃的猫的数量、允许人们收容那些在公共或私人土地上发现的猫，并尽可能让它们和主人团聚。

## 为重新安置猫而建造的收容所

在第九章中，本书已经对收容所进行了讨论。收容所的作用在很大程度上取决于当地的情况、公众对猫的态度及重新安置猫的可能性。收容所的存在本身就会对猫的数量产生动态的影响。收容所可能会在不经意间鼓励主人"负责任地"抛弃他们的猫，因为那些不想再养猫的人会认为收容所就是用来承接他们的负担的。一个具有误导性的假设是，收容所在某种程度上是解决猫群体数量问题的灵丹妙药，但事实上收容所几乎不能从根源上解决这些问题。

收容所显然可以起到教育的作用，提高人们对游荡猫数量问题的认识，并促进负责任的饲养行为。但人们通常认为收容所的主要作用是收养人们不想要的或被遗弃的猫，并为它们找到新家，这可能与当地人对猫的态度是不一致的。如果当地没有领养动物的文化，任何进入收容所的猫都可能会在那里待上一段时间（如果不是无限期的话）（见第九章）。

这样一来，随着收容所被迫接收更多的动物，可能会导致过度拥挤和动物福利严重下降。然而，如果当地人有领养动物的习惯，那么收容所就可以帮助游荡猫群体中的幼猫和社会化程度较高的成年猫找到新家，从而成为种群数量管理计划的一部分。在佛罗里达大学，他们的种群数量管理计划包括了成年猫和幼猫的重新安置及 TNR 项目。在该项目中，总共有 47% 的校园猫成功找到了新家。

## 安乐死

本节所述的猫种群数量管理的概念是从改善动物福利与确保以人道主义和可持续的方式执行任何管理计划的角度来探讨的。对动物实施安乐死的决定，是基于动物个体的实际情况及为了实现动物利益的最大化而做出的，这是任何一个重视动物福利的项目中极其重要的一部分。在实施任何种群数量管理计划之前，应制定明确的安乐死标准。比如，当一只猫受了重伤或患了严重的疾病，导致其难以回到原来的栖息地或找到新家时；或者当一只猫待在当前区域（比如因为继续待在此区域就有中毒的可能性或该地区将被拆除），它的福利就会受到严重威胁，而它也不可能迁徙或找到新家时。除了考虑安乐死的标准，制定严格的安乐死执行流程也很重要。例如，确定谁将对安乐死的决定负责，谁将执行安乐死的程序，以及使用哪种安乐死的方法。

然而，人们在杀死目标动物群体时，有时也会委婉地使用"安乐死"一词，而实际上，"扑杀"也许能更准确地描述这种行为。从历史上看，人们可能曾经尝试过扑杀或将猫转移到另一个地方的方法，但除了在某些特定的岛屿上（这种做法可以导致这些岛屿上一个种群的完全消失），这些做法都不太可能成功。在一些外部因素的影响下，比如迁徙、繁殖和遗弃，这些方法必然只能暂时性地减少猫的数量。即使在一些获得成效的地方，扑杀猫的想法也经常遭到公众的抵制。虽然猫可能被视为一种令人讨厌的生物，但杀死它们的建议并不受欢迎，且通常会被认为是不道德的和不符合伦理的。在南印度洋的马里恩岛上，猫（最初是在 1949 年被引入以控制老鼠数量）对鸟类的数量造成了不利的影响。经过四年的评估，当地政府于 1977 年开始了一个分阶段的根除计划。该计划总共花了 15 年的时间才将猫从岛上完全消灭（据估计，1975 年岛上约有 2000 多只猫）。一些马里恩岛特有的因素促成了根除计划的成功，不过，在其他地方复制这个计划，是无法保证能取得成功的（见第四章）。并且，即使在马里恩岛，人们显然也是通过高强度和长期的努力才最终完全消灭这些猫。

## 结语

为了减少猫数量过多所导致的问题对社会造成的影响，或为了改善猫自身的福利，我们可能需要对猫种群的数量进行控制和管理。而我们使用的方法必须始终尊重猫的知觉，即必须是人道的。我们应该假定，一个有效的方案需要一系列元素来组成，而为了选择合适的元素，我们需要预先对当地猫种群的特征和动态进行周全的评估。在这之后，我们应尽力监测该方案并在必要时改进其做法。从长远来看，任何项目成功与否及其有益的效果是否能维持下去，取决于当地人们的行为，特别是猫饲主的行为。因此，我们还需要进行宣传教育和立法来鼓励恰当的人类行为及针对猫的干预措施，比如绝育、疫苗接种、寄生虫控制和领养。

# 第 十 五 章

# 后记：问题和答案

帕特里克·贝特森和丹尼斯·C.特纳

## 概述

当一只猫和人类社交时，它会将这个人当作一只猫来对待，尽管很可能是一种特殊类型的"猫"，正如爱猫的人都会忍不住把猫当人一样对待。猫的主人把自己投射到猫的脑袋里，以这样的方式和猫产生共情，于是就产生了一个很大的、可能基本上不会有答案的问题：这样做是否正确？无论如何，饲主经常会觉得他们的猫的行为方式很令人费解：为什么它们有时那么友好，有时又那么疏远？对猫的行为进行科学研究的人经常被要求为这些问题提供真正的答案。不幸的是，许多公众最感兴趣的猫行为还没有成为研究人员广泛调查的对象。部分原因在于，这其中隐含的一个问题：为什么动物需要这样做？这个问题实际上是关于动物以特定方式行事的目的，而这并不是一个容易回答的问题。这个问题也进一步引发了关于家猫进化的问题。

为了理解动物以特定的方式行事的生物学价值，科学家们关心的是，在自然环境中自由生活的猫的行为是如何在当下帮助它们生存和繁殖的。为了理解这种行为的进化，他们必须推测出现代家猫的野生祖先生活的自然环境。如果某些行为模式在过去比其他模式更有利于个体，而且是遗传的，那么它们最终会被大多数猫所共享。据推测，在达尔文进化论的理论下，猫的行为方式很好地适应了它们祖先生活的社会和物理环境。

可以理解的是，人们对猫的了解大多基于在自己家里所看到的猫的行为。此外，在进行科学研究时，这些工作通常是在实验室的人工环境中进行的。对自然条件下自由生活的猫的研究仍然相对较少。这意味着，当被问到诸如"为什么猫会蹭我们？"这样的问题时，科学家们通常会诚实地回答说："他们真的不知道。"不过，鉴于大多数不是科学家的人都喜欢得到一个有根据的猜测，而科学家可能希望被引导到新的研究领域，我们在这里会尝试对一些具有功能性的和进化相关的问题给出推测性答案。

## 猫适应的是什么环境

猫的自然世界是什么？一些猫种群与人类接触的时间是否足够长，以至于人工创造的人类环境已经成为猫最适应的环境？在人为选择下，猫是否出现了一些在严酷的、高度竞争的环境下永远无法保持的特征？一些人为选择出来的特征对于生活在恶劣环境中的猫来说无疑是灾难性的，比如波斯猫的长毛、卷毛品种那几乎不存在的被毛，或者布偶猫在被触摸时软弱无力的反应。保持幼猫般行为的猫对人们特别有吸引力。因此，猫成年后的一些行为，比如踩奶和像幼猫一样吮吸柔软的材质等，也可能是人为选择无心插柳的结果。

猫是如何被驯化的？我们可以通过将家猫与被认为是其野生祖先的非洲野猫进行比较来找到最佳答案。不幸的是，人们对非洲野猫在自由生活或圈养条件下的行为知之甚少。家猫与其他被驯化的哺乳动物相似的一点是，在其他条件相同的情况下，它们的后代可能比未被驯化的物种更具多样性。对染色体交叉频率的研究表明，家猫（和狗、绵羊和山羊一样）的频率比在相同年龄达到性成熟的野生动物要高。人们对动物和植物在驯化过程中涉及的基因组变化的了解越来越多。有证据表明，在家庭和实验室中常见的猫可能经历了密集的人为选择，以便在后代中产生新奇的特征，或者是摆脱了控制基因变异的外在压力。然而，许多野生家猫生活在非常恶劣的条件下，其生存环境竞争的激烈程度堪比其他非驯化物种。那么，对于野生家猫来说，人为选择的特征可能很快就会被淘汰掉。此外，猫科家族中的许多其他成员的行为方式几乎与家猫相同。生物学家发现，在动物的行为库中，会有一些没有用的行为，出现这些行为特征的原因可能有以下几个：（1）这些行为特征是其他有用特征的副产品，和有用特征的表达有关；（2）它们没什么坏处；（3）它们适应环境变化的时间还不够长，不足以把这些无用的行为特征清除掉。这里得出的结论是，如果在繁殖的野生家猫种群中发现了一些行为模式（在猫科动物家族的其他成员身上发现的话就更好了），那么科学家们认为这些行为模式代表了猫对自然环境的适应的假设可能就是成立的。

家猫的一个显著特征是把尾巴竖起来。这种行为多发生在社交场景中，当猫以友好的方式回应人类时尤为明显（见第三章）。在没有和家猫杂交的非洲野猫中，人们并没有发现这种行为模式。人们拍摄了许多非洲野猫的照片（可以在谷歌上找到），而这些照片中没有一张显示出它们会把尾巴竖起来。那么为什么家猫和它的野生祖先不同呢？我们提出了一个猜想。在古埃及，人们饲养了大量的猫，然后把它们的脖子扭断后供奉给寺庙里的祭司。大量的死猫被埋在了巨大的坟墓里，数量太多以至于到了19世纪有人把它们开采出来当作肥料。如果古埃及人有集中饲养猫的场所，那么尾巴向上的信号可能会迅速地进化，以抑制这种在此类高密度栖息地司空见惯的攻击性行为。不幸的是，验证这个猜想的方法并没有那么简单。然而，如果对非洲野猫的进一步研究（无论是野生的还是人工饲养的）表明，尾巴朝上的信号确实存在于家猫的野生祖先中，我们的这个猜想就可能会被证明是错的。

## 为什么猫擅长捕捉特定动物

捕捉活的猎物是有风险的，被啮齿动物咬一口可能就会感染病菌。被鸟啄一下眼睛可能会导致失明。因此，猫成为捕猎特定猎物的专家也就不足为奇了。许多宠物主人都很清楚这一点，而一些实验研究也证明了这一点（见第一章）。然而，其中仍有许多问题有待回答。如果发生了鼠患，一只专门捕猎鸟类的猫会把注意力转向田鼠吗？不同个体会采用不同的狩猎策略吗？比如游荡、跟踪，或者坐等猎物送上门？如果是的话，它们在什么条件下会从一种策略转变到另一种？目前，人们对猫在何种情况下会改变其常用的捕猎方式知之甚少。对于如此聪明的动物来说，这种改变理应是很容易的；但也许改变习惯要比我们想象中困难得多，并且要花更多的时间。

除此之外，我们也不知道是什么影响了猫何时开始捕猎、在哪里捕猎、何时改变捕猎地点及何时放弃捕猎。例如，生活范围内猎物数量的分布差异是如何影响猫的捕猎地点的？当猫面临狩猎和其他活动之间的冲突时，它们会怎么做？又比如，当狩猎意味着猫妈妈必须离开它们的后代时，它们会怎么做？要为后代提供大量乳汁的猫妈妈与公猫和非哺乳期的母猫有不同的营养需求吗？它们会捕食不同的猎物吗？许多这样的问题都可以通过野外实验得到部分答案（在这些野外实验中，研究人员可以在野生家猫的生活环境中相应地补充食物资源）。

## 猫为什么在食物周围的地板上刨地

猫有时会掩埋吃剩的食物或它们拒绝食用的食物，做法和掩埋尿液与粪便一样。这种在地板上的抓刨行为看起来特别奇怪，因为他们有时会连续抓刨几分钟，但一点效果都没有。有时，这些行为可能纯粹是出于卫生方面的原因，因为这些行为通常发生在猫不喜欢的食物周围。不过，这些行为也可能代表着猫试图把吃剩的食物藏起来。人们偶尔会观察到野生家猫把用这种方法藏起来的食物给找出来。无论是何种原因，这种行为模式是非常稳固的，而且面对一次次没有任何效果的失败尝试，猫也还是会持续表现出这种行为。有些猫会在其一生中都保持这样的行为习惯。这种稳固的、进化性的古老行为方式不受通常的学习规则约束（即未获得奖赏的行为将从动物的行为库中消失）。

## 为什么猫要用前爪抓挠

作为宠物饲养的家猫经常会向上伸展身体，伸直前腿，然后抓挠家具、沙发和窗帘，这给它们的主人带来了很多烦恼。野生家猫在树上和其他粗糙的表面也会这样做。猫较少

出现用后腿抓挠并伴随着踩踏的行为。由于有时在猫抓过的地方会发现爪鞘，人们通常认为猫是在磨爪子。这确实可能是这个动作最初的功能。然而，占统治地位的猫有时会在屈服于它的猫面前炫耀性地用自己的爪子抓挠。在这种情况下，这看起来像是一种自信心的展示。在发情期，猫在身体滚动的同时，也可能会用爪子抓挠。如果在滚动过程中，猫的前爪接触到粗糙的表面，它可能会短暂地抓挠。类似地，在玩耍过程中猫有时也会出现抓挠、背部拱起等行为。最后，猫在抓挠的时候，足部腺体的分泌物会留在猫抓柱上，因此，抓挠可能还有气味标记的作用（见下文）。

## 猫为什么喷尿

　　猫喷尿的行为与单纯排尿是不同的。当猫只是排泄时，它们会挖一个洞，在里面排尿，尾巴保持不动、转身、嗅闻，然后盖住洞，之后通常会再嗅闻一遍，然后再往洞上盖上更多的土／猫砂。喷尿的特点是尾巴会颤抖，而且猫很少嗅闻被喷尿的物体表面。喷尿最常见的就是在垂直表面上（直立喷尿），但有时也会在地面上（蹲式喷尿）。在直立喷尿的过程中，其尾巴与身体的角度为 45～90 度，并会在喷尿过程中抖动，猫的后躯会抬高，一只或两只后脚可能会短暂离开地面。蹲式喷尿时，猫会突然用后脚做出几个踏步动作，降低后躯，喷尿时尾巴会抖动。喷尿完成后，它不会去嗅闻刚标记过的物体表面。所有具有生殖能力的成年公猫和大多数母猫都会喷尿在树木、篱笆、灌木、墙壁等物体表面上。公猫喷出的尿液有一种特殊的刺鼻气味。

虽然通常的解释是喷尿能吓跑入侵者，但很少有人观察到猫会走近被另一只猫标记过的物体，嗅闻它，然后撤退。猫可能不止一次地标记同一个物体。喷尿后留下的气味可能表明另一只相同或不同性别的动物最近刚路过此地。因此，喷尿可以起到广告的作用，表明这个区域有处于发情期的母猫或成年公猫，或者起到类似于视觉威胁的作用，以降低标记者和嗅探者发生身体接触的可能性。目前还不清楚以其他方式喷尿或进行标记的猫是否能从中受益。不过，和用前爪抓挠一样，喷尿也是自信的猫会做出的行为，而且猫和别的动物一样，会不断地对彼此进行评估，喷尿在这个评估的过程中可以发挥重要的作用。特纳还表示，当猫进入一个最近没有到访过的区域时，它的喷尿标记可能可以重新向外界宣告它的存在。

## 猫为什么要掩埋它们的粪便

很多人认为猫总是会把粪便埋起来，但这种想法是错误的。在野生家猫中，大部分粪便不会被掩埋，而且很多情况下被留在草丛中比较显眼的位置。离家较近的时候，家猫确实倾向于埋藏它们的粪便，但如果在离家比较远的地方，它们就会把粪便留在地上。帕纳曼跟踪调查了雌性家猫，在观察到的 58 次排便行为中，只有 2 次排便前会试图在地上挖坑。在超过一半的排便行为中，表层材质都被刮擦过，但是大多数的粪便没有被完全掩埋起来。在家外面，明显会有更多粪便被直接留在地上而没有掩埋起来。这种现象已经得到了证实。那么，这些证据就表明，即使是家中饲养的猫也不会总是把粪便埋起来。在主要的生活区域附近，猫通常会掩埋粪便，这也许是出于卫生原因。当然，也有可能是因为人类对"爱干净"的动物的偏好鼓励了这种行为。在离家较远的地方，粪便被埋起来的可能性要小得多，在这种情况下，粪便可能被自由散养的猫用作另一种标记物。

## 猫为什么会磨蹭

猫经常用身体的某些部位摩蹭物体、其他动物和它们的主人。20 世纪 70 年代初在剑桥工作的罗伯特·普雷斯科特首先提出，这种为人熟知的行为模式与气味标记有关；其他人也做了及时的跟进工作。眼睛和耳朵之间的小块区域（那里只有少量皮毛覆盖）、嘴唇、下巴和尾巴都有大量产生脂质分泌物的腺体。嘴唇、下巴和尾巴主要用于标记物体，而眼睛与耳朵之间的小块区域和尾巴用于标记其他猫。莱豪森注意到，他的猫对人的磨蹭行为要比它们彼此之间更多。他认为，人们与宠物猫之间轻松、没有竞争的关系，使它们表现出通常只在与母亲在一起的幼猫身上才能看到的行为。然而，放松的、没有竞争的关系不仅仅局限于人类。对野生家猫的研究表明，在成熟的群体中，友好的成年猫之间的相互磨蹭是很常见的，但更有可能表现为从属个体对优势个体的磨蹭（见第五章）。一只宠

物猫在主人身上蹭来蹭去，就像它在优势个体身上蹭来蹭去一样。因此，这种行为可能类似于宠物狗向主人摇尾乞怜。

当窗户另一边的一只友好的猫靠近并磨蹭的时候，我们就可能看到用头部的小块区域做标记的结果。如果光线合适，在猫把头靠在玻璃上的地方可以看到一大片很快就干了的污渍。考虑到猫会用这个头部区域去标记其他猫，而且它们之间又会互相磨蹭，到最后同一个社群中所有猫的气味似乎都是一样的。如果是这样的话，那么相同的气味就会形成一个嗅觉徽章，可能代表着共同的亲缘关系（见第四章）。在求偶的早期阶段，猫会经常用头部磨蹭；而通常情况下，公猫来自母猫的社群之外。不过，我们还需要研究这种磨蹭是否和动物之间的血缘关系的远近有关。维尔伯内和德波尔发现，猫嗅闻被母猫用嘴唇蹭过的木钉的时间比没有被标记过的木钉要长得多，而公猫的嗅闻的时长可能随母猫发情期的状态而发生变化。

在发情期的早期，母猫会频繁地用尾巴磨蹭。这可能会向路过的公猫表明，发情的母猫就在附近。当猫不在发情期的时候，也会用尾巴去蹭物体和人类，上唇和下巴的磨蹭也是如此。宠物主人经常能看到他们的猫用嘴唇去蹭一个新纸箱的边边角角。在房子外面，猫也会在齐头高的灌木枝上做这个动作。就像用爪子抓挠和喷尿一样，这种磨蹭行为有时会由自信的动物在遭遇其他有敌意的动物后发起。当没有其他猫在场时，用尾巴、下巴和上唇磨蹭可能只是为了提醒其他猫，这个地方最近有猫来过。如果这个解释是正确的，这种行为在功能上可能与喷尿非常相似。那么这就给我们带来了一个问题：猫为什么要使用这么多不同形式的气味标记呢？这些不同气味的组合是否提供了更多信息的模式化形式呢？

## 猫在嗅闻后为什么会做出奇怪的表情

除了舌头和鼻子，猫还有第三个器官来感知化学刺激。这是一种犁鼻器，在猫科动物和其他哺乳动物（比如马）中都有发现。这个器官的入口在口腔的顶部。当猫使用犁鼻器时，它们首先找到要调查的气味的来源，靠近它，然后稍稍把嘴唇缩起并保持头部不动。这种奇怪的表情，在德语中被称为性嗅反应，可能会停留一秒钟或更久。这种表情经常被人们误解为一种威胁。用这种方式对气味取样后，猫通常会舔鼻子。猫在分析其他猫的尿液、粪便、腺体分泌物及其他非生物性气味时，会使用犁鼻器。

## 猫为什么会发出呼噜声

家猫在发出呼噜声的能力上与许多其他猫科动物相似，不过，通常认为大型的、会咆哮的猫科动物（如豹属）不会发出呼噜声。呼噜声可以与其他声音同时发生，频率为 26.3 赫兹。猫在嘴巴紧闭的情况下也能发出呼噜声，而且能持续很长一段时间。呼气过程中点的频率超过吸气过程中点 2.4 赫兹。呼噜声的频率不会随着年龄的增长而改变。产生声音和振动的主要机制是通过喉部调节呼吸气流。横膈膜和其他肌肉除了驱动呼吸，似乎并不参与到发出呼噜声的机制中。

我们几乎可以肯定，呼噜声是猫的一种交流方式；它向其他个体表明，发出呼噜声的动物正处于一种特定的状态（通常是放松和满足的状态）。幼猫第一次在吸奶时发出呼噜声是在它们刚出生几天的时候。它们的呼噜声可能是向猫妈妈表明一切都很好，作用就像婴儿的微笑一样。如果是这样，呼噜声有助于幼猫与猫妈妈建立和保持亲密的关系。可能出于类似的原因，成年猫在社交和交配时也会发出呼噜声。例如，一只成年母猫在给小猫喂奶时或向一只公猫求爱时会发出呼噜声。和人类的微笑一样，从属动物可以用呼噜声来取悦处于支配地位的动物。这意味着，呼噜声降低了攻击的可能性。就我们所知，还没有人研究过如果猫不发出呼噜声的话，它们之间的关系是否会受损。此类研究可尝试分析猫发出打呼噜声的数量中存在的大量自然差异。照目前的情况来看，猫这种最为人熟知的、最独特的特征功能在很大程度上仍有待探索。

## 如何判断一只猫是否友好

除了已经讨论过的呼噜声和磨蹭，猫进入或离开一个社群最典型的信号之一就是竖起尾巴。似乎翘起的尾巴是一个视觉信号，向其他猫（或者人类）表明它是放松和友好的（见第三章）。猫可能会经常发出这样的信号，因为，就如同人类的握手行为一样，猫以这种方式维持稳定的社会关系，并减少在日常生活中被其他一起生活的猫打扰的可能性。如果是这样的话，像马恩岛猫这种天生没有尾巴的猫是否会因为不能发出尾部朝上的信号而在与其他猫的社交关系中遇到困难呢？对这个问题的解答将在一定程度上帮助我们验证关于尾巴竖起信号演化的猜想。

另一个友好的动作是眨眼。长时间被盯着看会让猫感到害怕，可能会导致弱势的猫退缩。也许正因为这个原因，当非攻击性的猫盯着其他猫或盯着人类时，它们会眨眼以表明它们没有敌意。从进化的角度来看，这样做的猫更有可能维持它们的社会关系，并因此获得这种关系带来的好处。

虽然宠物猫和人类主人之间的许多友好互动可能可以和猫之间的友好

互动进行类比，但对于那些在人类家庭中长大的幼猫，这些互动行为的意义可能会发生变化。由于人类与猫之间的关系通常是比较放松的，且很少有竞争性，因此，猫可能会发展出某些被赋予了特殊重要性的行为类型。一些对人类发起的友好行为可能会因为人类的回应而得到加强，尤其是当猫以某种特定的方式表现出该行为时，比如磨蹭。磨蹭原先是一个社群中强势个体的一种完全自然的标记行为，而在幼猫和人类的互动中会因为人类的抚摸而得到加强。最终，这种行为模式被猫用来获取人类的关注。

## 猫会合作吗

家猫的独立性助长了一种广为流传的观点，即它不合群、不合作。然而，对野生家猫的研究显示，除了幼年时期紧密的家庭生活，猫成年后（尤其是母猫）可能会留在社群中（见第四章）。当猫一起生活时，它们可能互相帮助以共同防御入侵者，并照顾彼此的后代。

很多人认为由于野生动物都要为了生存而激烈竞争，它们总是处于一种极易发生社交冲突的状态，这种观念是错误的。关于合作，目前人们广泛接受的是两个和进化论相关的解释。第一个解释是，至少在过去，互相帮助的动物之间存在亲属关系。合作就像父母的照顾，并因相似的原因而进化。通过成功地帮助近亲，这种相互照顾的行为模式在群体中变得更加普遍。第二种解释是，合作的个体是共同受益的，即使它们没有血缘关系。合作行为会随着动物的进化而得到发展，因为这样做的动物比不这样做的动物更有可能存活和繁殖。与这些观点相一致的是，现代研究有力地表明，动物能巧妙地调整它们之间的合作行为以适应当前的环境。合作对个体的好处会随着条件的变化而变化，而在非常困难的情况下，先前存在的互惠互利的关系可能会崩溃。或者，如果一个群体中的成员彼此不熟悉，那么它们可能要一起生活一段时间之后，才能开始互相帮助。随着熟悉程度的增长，

它们会逐渐感到彼此是可靠的。此外，如果个体预期在未来会和其他个体有无数次的会面，那么欺骗或冲突就不是那么有吸引力的选项了。一旦社会动物在某些条件下的合作行为趋于稳定，那么维持和增强行为一致性的特征就会趋向于不断进化。那些能预测到个体将要做什么的信号，以及对这些信号做出恰当反应的机制，将会对双方都有利。此外，一些社会制度能促进个体迅速理解其他熟悉的个体的行动，而维持这些社会制度就会是非常重要的。最后，当合作的质量或数量取决于社会条件时，增加敏感性和自我意识将会让个体处于有利的位置。所有这些进化中的变化都有可能发生在猫身上。

## 猫的态度为什么会从友好转变为疏远

一只非常友爱的猫会跟着它的人类同伴在屋子里走来走去，并且很乐意坐在他的腿上，但在其他时候，它似乎对人类同伴完全不感兴趣。在这方面猫与狗明显不同。猫的情绪变化会让人感到失望，而其原因可能在于它捕猎的方式。家养的狗是有着群体狩猎的习惯的狼的后代，与此不同的是，猫是独自狩猎的。猫可能会等上几个小时，直到啮齿类动物出现在它们跳扑的范围内，或者它可能会偷偷地靠近正在地上觅食的小鸟，再进行扑杀。不管怎样，猫的捕猎都不是一项群体行为。如果两只或两只以上的猫一起捕猎，它们成功的概率会大大降低。因此，这可能解释了猫行为中一些看似神秘的特征。进化产生的古老的捕猎行为模式对家猫祖先的生存是必要的，猫饲主应该理解这一点。

## 结语

特立独行的猫并不因为它必须独自狩猎而失去其社会性。猫对嗅觉的依赖及通过气味信号进行交流的模式为猫提供了一个人类无法感知的世界。不过，我们可以通过科学分析来进入这个世界。我们并不会因为猫的一些神秘特性被科学研究所揭秘而认为猫变得不那么有趣了。正如经常发生的那样，对老问题的解答往往会引出新问题。尽管如此，我们希望有兴趣的猫主人和专业的科学家都能从这种不断加深的了解中获得乐趣。猫比人们一般以为的要更具有社会性。它对其他个体的行为极为敏感。它的许多行为都致力于维系它的社会关系，但社会关系对其行为的影响仍有许多不明确的地方。到目前为止，我们在很大程度上还无法解释猫个体之间惊人的差异是如何产生的，以及它们为什么会存在。我们希望这本书能激发外行读者和专业科学家以更深的同理心来看待猫，并激发他们对猫的未解之谜的兴趣。

Aberconway C. (1949). *A Dictionary of Cat-Lovers: XV Century A.D*. London: Michael Joseph.

Abromaitis, S. (1999). Hinduism and attitudes toward the treatment of animals. ISAZ (ed.), *"Men, Women, and Animals" Abstract Book*, 5th ISAZ Interdisciplinary Conference on Human Relations with Animals and the Natural World. Philadelphia, PA: Veterinary Hospital of the University of Pennsylvania.

Accorsi, P.A., Carloni, E., Valsecchi P., *et al*. (2008). Cortisol determination in hair and faeces from domestic cats and dogs. *General Comparative Endocrinology*, **155**, 398–402.

Ackerman, L. (2012). *Cat Behaviour and Training: Veterinary Advice for Owners*. Neptune City, NJ: TFH Publications.

Adamec, R.E. & Stark-Adamec, C. (1989). Behavioral inhibition and anxiety: dispositional, developmental, and neural aspects of the anxious personality of the domestic cat. In *Perspec-tives On Behavioral Inhibition*, pp. 93–124, ed. J.S. Reznick, The John D. and Catherine T. MacArthur Foundation Series On Mental Health And Development. Chicago, IL: University of Chicago Press.

Adamec, R.E., Stark-Adamec, C., & Livingstone, K.E. (1983). The expression of an early developmentally emergent defensive bias in the adult domestic cat (*Felis catus*) in non-predatory situations. *Applied Animal Ethology*, **10**, 89–108.

Adamelli, S., Marinelli, L., Normando, S., *et al*. (2005). Owner and cat features influence the quality of life of the cat. *Applied Animal Behaviour Science*, **94**, 89–98.

Ahmad, M., Blumenberg, B., & Chaudhary, M.F. (1980). Mutant allele frequencies and genetic distance in cat populations of Pakistan and Asia. *Journal of Heredity*, **71**, 323–330.

Ainsworth, M.D.S., Blehar, M.C., Waters, E., *et al*. (1978). *Patterns of Attachment. A Psychological Study of the Strange Situation*. Hillsdale, NJ: Erlbaum.

Alley Cat Allies. (2010). How to Help Feral Cats. Available at: http://www.alleycat.org/document. doc?id=461.

Alliance for Contraception in Cats and Dogs. (2012). ACC&D, see http://www.acc-d.org.

American Association of Feline Practitioners (2009). Feline Retrovirus Management Guidelines. Available at: http://www.idexx.com.au/pdf/en_au/smallanimal/snap/triple/aafp-feline-retrovirus-management-guidelines. pdf.

American Association of Feline Practitioners. (2010). AAFP, see http://catvets.com/professionals/ guidelines/ position/.

American Humane Association. (2012). AHA, see http://www.americanhumane.org/animals/ stop-animal-abuse/

fact-sheets/animal-shelter-euthanasia.html.

American Pet Products Association. (2011). *Euromonitor: 2010–2011 National Pet Ownership Survey. American Pet Products Association.* Greenwich, CT: American Pet Products Association.

American Society for the Prevention of Cruelty to Animals. (2011). ASPCA Meet Your Match® Feline-ality™ Program, see http://www.aspcapro.org/aspcas-meet-your-match.php.

Animais de Rua. (2009). Annual Report. Available at: http://www.animaisderua.org/files/relatorios_ actividades/ activities_report_2009.pdf.

Animal Welfare (Companion Cats) Code of Welfare, New Zealand. (2007). See http://www. biosecurity.govt.nz/ animal-welfare/codes/companion-cats.

Animal Welfare Act, New Zealand. (1999). Animal Welfare Act, see http://www.biosecurity.govt. nz/legislation/ animal-welfare-act/index.htm.

Animal Welfare Act, UK. (2006). Animal Welfare Act, see http://www.legislation.gov.uk/ukpga/2006/45/ section/9.

Anon. (2011). Cat behaviour described, University of Lincoln, see http://catbehaviour.blogs. lincoln.ac.uk/.

Armitage, P.L. & Clutton-Brock, J. (1981). A radiological and histological investigation into the mummification of cats from ancient Egypt. *Journal of Archaeological Science*, **8**, 185–196.

Asilomar Accords. (2011). The Asilomar Accords, see http://www.asilomaraccords.org/.

ASPCA. (2012). Pet Statistics. ASPCA [On-line]. Available at: http://www.aspca.org/about-us/ faq/pet-statistics. aspx.

ADCH. (2011). see http://www.adch.org.uk/.

Aureli, F. & de Waal, F.B.N., eds. (2000). *Natural Conflict Resolution.* Berkley, CA: University of California Press.

Baerends-van Roon, J.M. & Baerends, G.P. (1979). *The Morphogenesis of the Behaviour of the Domestic Cat.* Amsterdam: North-Holland.

Baldwin, J.A. (1975). Notes and speculations on the domestication of the cat in Egypt. *Anthropos*, **70**, 428–448.

Barber, T. (2005). A study of domestic cat behaviour and cat owner attitudes. Diploma Thesis, University of Melbourne, Australia.

Barrett, P. & Bateson, P. (1978). The development of play in cats. *Behaviour*, **66**, 106–120.

Barry, K.J. & Crowell-Davis, S.L. (1999). Gender differences in the social behavior of the neutered indoor-only domestic cat. *Applied Animal Behaviour Science*, **64**, 193–211.

Bateson, A. (2008). *Global Companion Animal Ownership and Trade: Project Summary, June 2008.* London: World Society for the Protection of Animals, WSPA.

Bateson, P. (1981). Discontinuities in development and changes in the organization of play in cats. In *Behavioral Development*, pp. 281–295, ed. K. Immelmann, G.W. Barlow, L. Petrinovich & M. Main. Cambridge: Cambridge University Press.

Bateson, P. (1994). The dynamics of parent–offspring relationships in mammals. *Trends in Ecology and Evolution*, **9**, 399–403.

Bateson, P. (2000). Behavioural development in the cat. In *The Domestic Cat: The Biology of its Behaviour* (2nd edn.), pp. 10–22, ed. D.C. Turner & P.P.G. Bateson. Cambridge: Cambridge University Press.

Bateson, P. & Gluckman, P. (2011). *Plasticity, Robustness, Development and Evolution*. Cam-bridge: Cambridge University Press.

Bateson, P. & Martin, P. (1999). *Design for a Life: How Behaviour Develops*. London: Cape.

Bateson, P. & Martin, P. (2013). *Play, Playfulness, Creativity and Innovation*. Cambridge: Cambridge University Press.

Bateson, P. & Young, M. (1981). Separation from mother and the development of play in cats. *Animal Behaviour*, **29**, 173–180.

Bateson, P., Martin, P., & Young, M. (1981). Effects of interrupting cat mothers' lactation with bromocriptine on the subsequent play of their kittens. *Physiology & Behavior*, **27**, 841–845.

Bateson, P., Mendl, M., & Feaver, J. (1990). Play in the domestic cat is enhanced by rationing the mother during lactation. *Animal Behaviour*, **40**, 514–525.

Bateson, P.P.G. (1976). Rules and reciprocity in behavioural development. In: *Growing Points in Ethology*, pp. 401–421, ed. P.P.G. Bateson and R.A. Hinde. Cambridge: Cambridge University Press.

Beadle, M. (1977). *The Cat: History, Biology and Behavior*. London: Collins & Harvill Press.

Beetz, A., Uvnäs-Moberg, K., Julius, H., *et al.* (2012). Psychosocial and psychophysiological effects of human–animal interactions: the possible role of oxytocin. *Frontiers in Psychology, Psychology for Clinical Settings*, July 2012, doi:10.3389/fpsyg.2012.00234.

Belin, P., Fecteau, S., Charest, I., *et al.* (2008). Human cerebral response to animal affective vocalizations. *Proceedings of the Royal Society B: Biological Sciences*, **275**, 473–481.

Belyaev, D.K. (1979). Destabilizing selection as a factor in domestication. *Journal of Heredity*, **70**, 301–308.

Bengtson, M.B., Ronning, T., Vatn, M.H., *et al.* (2006). Irritable bowel syndrome in twins: genes and environment. *Gut*, **55**, 1754–1759.

Benn, D.M. (1995). Innovations in research animal care. *Journal of the American Veterinary Medical Association*, 206, 465–468.

Bennett, D. & Morton, C. (2009). A study of owner observed behavioural and lifestyle changes in cats with musculoskeletal disease before and after analgesic therapy. *Journal of Feline Medi-cine and Surgery*, **11**, 997–1004.

Bergman, L., Hart, B.L. & Bain, M.J. (2002). Evaluation of urine marking by cats as a model for veterinary diagnostic and treatment approaches and client attitudes. *Journal of the American Veterinary Medical Association*, **221**, 1282–1286.

Bernstein, P.L. (2000). People petting cats: a complex interaction. In *Abstracts of the Animal Behavior Society, Annual Conference*, p. 9. Atlanta, Georgia, USA.

Bernstein, P.L. (2005). The human–cat relationship. In *The Welfare of Cats*, pp. 47–89, ed. I. Rochlitz. Dordrecht, The Netherlands: Springer.

Bernstein, P.L. & Strack, M. (1996). A game of cat and house: spatial patterns and behavior of 14 domestic cats

(*Felis catus*) in the home. *Anthrozoös*, **9**, 25–39.

Bester, M.N., Bloomer, J.P., van Aarde, R.J., *et al.* (2002). A review of the successful eradication of feral cats from sub-Arctic Marion Island, Southern Indian Ocean. *South African Journal of Wildlife Research*, **32**, 65–73.

Bloch, S.A. & Martinoya, C. (1981). Reactivity to light and development of classical cardiac conditioning in the kitten. *Developmental Psychobiology*, **14**, 83–92.

Blue Cross. (2012). Blue Cross reveals rise in abandoned animals on BBC Breakfast. Available at: http://www.bluecross.org.uk/478–96125/blue-cross-reveals-rise-in-abandoned-animals-on-bbc-breakfast.html.

Bohnenkamp, G. (1991). *From the Cat's Point of View*. San Francisco, CA: Perfect Paws, Inc.

Bökönyi, S. (1969). Archaeological problems and methods of recognizing animal domestication. In: *The Domestication and Exploitation of Plants and Animals*, pp. 219–229, ed. P.J. Ucko & G.W. Dimbleby. London: Duckworth.

Bond, S. (1981). *A Hundred and One Uses of a Dead Cat*. London: Methuen.

Borchelt, P.L. (1991). Cat elimination behavior problems. *Veterinary Clinics of North America: Small Animal Practice*, **21**, 257–264.

Borkenau, P. & Ostendorf, F. (1989). Untersuchungen zum Fünf-Factoren-Modell der Persönlich-keit und seiner diagnostischen Erfassung [Investigations of the five-factor model of personality and its assessment]. *Zeitschrift fuer Differentielle und Diagnostische Psychologie*, **10**, 239–251.

Borkenau, P. & Ostendorf, F. (2008). *NEO-FFI. NEO-Fünf-Faktoren-Inventar nach Costa und McCrae. 2., neu normierte und vollständig überarbeitete Auflage. Manual*. Göttingen: Hogrefe.

Bowlby, J. (1979). *The Making and Breaking of Affectional Bonds*. London: Tavistock Publications.

Braastad, B.O. & Heggelund, P. (1984). Eye-opening in kittens: effects of light and some biological factors. *Developmental Psychobiology*, **17**, 675–681.

Braastad, B.O., Osadchuk, L.V., Lund, G., *et al.* (1998). Effects of prenatal handling stress on adrenal weight and function and behaviour in novel situations in blue fox cubs (*Alopex lagopus*). *Applied Animal Behaviour Science*, **57**, 157–169.

Bracha, H.S. (2004). Freeze, flight, fight, fright, faint: adaptationist perspectives on the acute stress response spectrum. *CNS Spectrums*, **9**, 679–685.

Bradshaw, J.W.S. (1992). *The Behaviour of the Domestic Cat*. Wallingford: CABI Publishing.

Bradshaw, J.W.S. (2006). The evolutionary basis for the feeding behavior of domestic dogs (*Canis familiaris*) and cats (*Felis catus*). *Journal of Nutrition*, **136**, 1927S–1931S.

Bradshaw, J.W.S. & Cameron-Beaumont, C. (2000). The signalling repertoire of the domestic cat and its undomesticated relatives. In *The Domestic Cat: The Biology of its Behaviour* (2nd edn.), pp. 68–93, ed. D.C. Turner & P. Bateson. Cambridge: Cambridge University Press.

Bradshaw, J.W.S. & Cook, S.E. (1996). Patterns of pet cat behaviour at feeding occasions. *Applied Animal Behaviour Science*, **47**, 61–74.

Bradshaw, J.W.S. & Hall, S.L. (1999). Affiliative behaviour of related and unrelated pairs of cats in catteries: a preliminary report. *Applied Animal Behaviour Science*, **63**, 251–255.

Bradshaw, J. & Limond, J. (1997). Attachment to cats and its relationship with emotional support: a cross-cultural study. ISAZ (ed.) *Abstract Book, ISAZ Conference*, Tufts University Center for Animals and Public Policy, 24–25 July, North Grafton, MA, USA.

Bradshaw, J.W.S. & Thorne, C.J. (1992). Feeding behaviour. In *Waltham Book of Dog and Cat Behaviour*, ed. C.J. Thorne. Oxford: Pergamon.

Bradshaw, J.W.S., Casey, R.A. & Brown, S.L. (2012). *The Behaviour of the Domestic Cat* (2nd edn.) Wallingford: CABI.

Briggs, R. (1996). *Witches and Neighbors: The Social and Cultural Context of European Witchcraft*. New York, NY: Viking.

Broom, D.M. (1988). The scientific assessment of animal welfare. *Applied Animal Behaviour Science*, **20**, 5–19.

Broom, D.M. (1996). Animal welfare defined in terms of attempts to cope with the environment. *Acta Agriculturae Scandinavica Section A Animal Science, Supplement*, **27**, 22–28.

Broom, D.M. (1998). Welfare, stress, and the evolution of feelings. In *Advances in the Study of Behavior*, ed. M.M. Anders Pape Møller & J.B.S. Peter. Waltham, MA: Academic Press.

Broom, D.M. & Fraser, A.F. (2007). *Domestic Animal Behaviour and Welfare* (4th edn.) Wallingford: CAB International.

Broom, D.M. & Johnson, K.G. (1993). *Stress and Animal Welfare*. London: Chapman and Hall.

Broom D.M. & Johnson, K. (2000). *Stress and Animal Welfare*. Boston, MA: Kluwer Academic Publishers.

Brown, K.A., Buchwald, J.S., Johnson, J.R., *et al*. (1978). Vocalization in the cat and kitten. *Developmental Psychobiology*, **11**, 559–70.

Brown, S.L. (1993). The social behaviour of neutered domestic cats (*Felis catus*). PhD thesis, University of Southampton.

Buddhism. (2009). See http://www.vebu.de/tiere-a-ethik/religion/buddhismus accessed 10 November 2009

Buddhism. (2010). See http://www.heimat-fuer-tiere.de/english/articles/ethic/buddhism.shtml accessed 5 January 2010

Budke, C.M. & Slater, M.R. (2009). Utilization of matrix population models to assess a 3-year single treatment nonsurgical contraception program versus surgical sterilization in feral cat populations. *Journal of Applied Animal Welfare Science*, **12**, 277–292.

Buesching, C.D., Stopka, P., & Macdonald, D.W. (2003) The social function of allo-marking in the European badger (*Meles meles*). *Behaviour*, **140**, 965–980.

Buffington, C.A.T. (2002). External and internal influences on disease risk in cats. *Journal of the American Veterinary Medical Association*, **220**, 994–1002.

Buffington, C.A.T. (2011). Idiopathic cystitis in domestic cats – beyond the lower urinary tract. *Journal of Veterinary Internal Medicine*, **25**, 784–796.

Buffington, C.A.T., Westropp, J.L., Chew, D.J., *et al*. (2006a). A case-control study of indoor-housed cats with lower urinary tract signs. *Journal of the American Veterinary Medical Association*, **228**, 722–725.

Buffington, C.A.T., Westropp, J.L., Chew, D.J., *et al*. (2006b). Clinical evaluation of multimodal environmental modification (MEMO) in the management of cats with idiopathic cystitis. *Journal of Feline Medicine and Surgery*, **8**, 261–268.

Burn, C., Dennison, T., & Whay, H. (2010). Relationships between behaviour and health in working horses, donkeys, and mules in developing countries. *Applied Animal Behaviour Science*, **126**, 109–118.

Burt, A. & Bell, G. (1987). Mammalian chiasma frequencies as a test of two theories of recombination. *Nature*, **326**, 808–805.

Cadet, R., Pradier, P., Dalle, M., *et al.* (1986). Effects of prenatal maternal stress on the pituitary adrenocortical reactivity in guinea-pig pups. *Journal of Developmental Physiology*, **8**, 467–475.

CALLISTO, Companion Animals multisectoriaL interprofessionaL Interdisciplinary Strategic Think tank On zoonoses (2012). See http://www.callistoproject.eu/joomla/, accessed 28 December 2012.

Cameron-Beaumont, C.L. (1997). Visual and tactile communication in the domestic cat (*Felis silvestris catus*) and undomesticated small felids. PhD thesis, University of Southampton.

Cameron-Beaumont, C., Lowe, S.E., & Bradshaw, J.W.S. (2002). Evidence suggesting preadapta-tion to domestication throughout the small Felidae. *Biological Journal of the Linnean Society*, **75**, 361–366.

Campbell, J.G. (1902). *Witchcraft and Second Sight in the Highlands and Islands of Scotland*. Glasgow: James MacLehose & Sons.

Carlstead, K., Brown, J.L., Monfort, S.L., *et al.* (1992). Urinary monitoring of adrenal responses to psychological stressors in domestic and non-domestic felids. *Zoo Biology*, **11**, 165–176.

Carlstead, K., Brown, J.L. & Strawn, W. (1993). Behavioral and physiological correlates of stress in laboratory cats. *Applied Animal Behaviour Science*, **38**, 143–158.

Caro, T.M. (1979). Relations between kitten behaviour and adult predation. *Zeitschrift für Tierpsychologie*, **51**, 158–168.

Caro, T.M. (1980a). The effects of experience on the predatory patterns of cats. *Behavioral and Neural Biology*, **29**, 29–51.

Caro, T.M. (1980b). Effects of the mother, object play and adult experience on predation in cats. *Behavioral and Neural Biology*, **29**, 29–51.

Caro, T.M. (1980c). Predatory behaviour in domestic cat mothers. *Behaviour*, **74**, 128–148.

Caro, T.M. (1981a). Predatory behaviour and social play in kittens. *Behaviour*, **76**, 1–24.

Caro, T.M. (1981b). Sex differences in the termination of social play in cats. *Animal Behaviour*, **29**, 271–279.

Casey, R.A. (2007). Do I look like I'm bothered! Recognition of stress in cats. In *Scientific Proceedings of the ESFM Feline Congress*, pp. 95–97. Tisbury, Wiltshire: ESFM.

Casey, R.A. & Bradshaw, J.W.S. (2005). The assessment of welfare. In *The Welfare of Cats*, ed. I. Rochlitz, pp. 23–46. Dordrecht, The Netherlands: Springer.

Casey, R.A., Vandenbussche, S., Bradshaw, J.W.S., *et al.* (2009). Reasons for relinquishment and return of domestic cats (*Felis silvestris catus*) to rescue shelters in the UK. *Anthrozoös*, **22**, 347–358.

*Catechism of the Catholic Church*. Respect for the integrity of creation, 2415–2418. Available at: http://www.vatican.va/archive/ENG0015/ P8B.HTM, accessed 8 April 2010.

Cat Fanciers' Association. (1993). *The Cat Fanciers' Association Cat Encyclopedia*. New York, NY: Simon & Schuster.

Chai-online. (2012). Cat overpopulation. See http://www.chai-online.org/en/companion/overpo pulation_feral. htm, accessed 18 June 2012.

Challis, J.R.G., Davies, I.A., Benirschke, K., *et al.* (1974). The effects of dexamethasone on plasma steroid levels and fetal adrenal histology in the pregnant rhesus monkey. *Endocrin-ology*, **95**, 1300–1305.

Chesler, P. (1969). Maternal influence in learning by observation in kittens. *Science*, **166**, 901–903.

Chu, K., Anderson, W.M. & Rieser, M.Y. (2009). Population characteristics and neuter status of cats living in households in the United States. *Journal of the American Veterinary Medical Association*, **234**, 1023–1030.

Churcher, P.B. & Lawton, J.H. (1987). Predation by domestic cats in an English village. *Journal of Zoology, London*, **212**, 439–455.

Chwang, W.B., O'Riordan, K.J., Levenson, J.M., *et al.* (2006). ERK/MAPK regulates hippo-campal histone phosphorylation following contextual fear conditioning. *Learning and Memory*, **13**, 322–328.

Clark, S. (1997). *Thinking with Demons: The Idea of Witchcraft in Early Modern Europe*. Oxford: Clarendon Press.

Clutton-Brock, J. (1969). Carnivore remains from the excavations of the Jericho tell. In *The Domestication and Exploitation of Plants and Animals*, pp. 337–353, ed. P.J. Ucko & G.W. Dimbleby. London: Duckworth.

Clutton-Brock, J. (1981). *Domesticated Animals from Early Times*. London: Heinemann and British Museum of Natural History.

Clutton-Brock, J. (1993). *Cats: Ancient and Modern*. Cambridge, MA: Harvard University Press.

Clutton-Brock, J. (1999). *A Natural History of Domesticated Mammals*. New York, NY: Cam-bridge University Press.

Cohn, N. (1975). *Europe's Inner Demons: An Inquiry Inspired by the Great Witch-Hunt*. New York, NY: Basic Books.

Coleman, G.J., Hemsworth, P.H., & Hay, M. (1998). Predicting stockperson behaviour towards pigs from attitudinal and job-related variables and empathy. *Applied Animal Behaviour Science*, **58**, 63–75.

Collier, G.E. & O'Brien, S.J. (1985) A molecular phylogeny of the Felidae: immunological distance. *Evolution*, **39**, 437–487.

Companion Animal Welfare Council. (2004). The Report on Companion Animal Welfare Estab-lishments: Sanctuaries, Shelters and Re-homing Centres, see http://www.cawc.org.uk/reports.

Companion Animal Welfare Council. (2011). Rescue and Re-homing of Companion Animals, see http://www. cawc.org.uk/reports.

Consumer Trends: Pet Food in Germany. (accessed 18 June 2012). See http://www.gov.mb.ca/ agriculture/ statistics/agri-food/germany_mi_pet_food_en.pdf.

Cook, S.E. & Bradshaw, J.W.S. (1995). The development of 'behavioural style' in domestic cats: a field study. In *Proceedings of the 7th International Conference on Human–Animal Inter-actions*, Geneva. Paris: Afirac/ IAHAIO.

Cooper, J.B. (1944). A description of parturition in the domestic cat. *Journal of Comparative Psychology*, **37**, 71–79.

Corbett, L.K. (1979). Feeding ecology and social organisation of wild cats (*Felis sylvestris*) and domestic cats (*Felis catus*) in Scotland. Unpublished dissertation, University of Aberdeen.

Costa, P.T. & McCrae, R.R. (1992). *Revised NEO Personality Inventory (NEO PI-R) and NEO Five-Factor Inventory (NEO-FFI): Professional Manual*. Lutz, FL: Psychological Assessment Resources.

Crouse, S.J., Atwill, E.R., Lagana, M., *et al*. (1995). Soft surfaces: a factor in feline psychological well-being. *Contemporary Topics in Laboratory and Animal Science*, **34**, 94–97.

Dalai Lama XIV. (2005). *The Universe in a Single Atom. The Convergence of Science and Spirituality*. New York, NY: Morgan Road Books.

Dale-Green, P. (1963). *Cult of the Cat*. London: Heinemann.

Damasio, A.R. (1999). *The Feeling of What Happens: Body and Emotion in the Making of Consciousness*. New York, NY: Harcourt Brace.

Daniels, M.J., Balharry, D., Hirst, D., *et al*. (1998). Morphological and pelage characteristics of wild living cats in Scotland: implications for defining the 'wildcat'. *Journal of Zoology, London*, **244**, 231–247.

Dantas-Divers, L.M., Crowell-Davis, S.L., Alford, K., *et al*. (2011). Agonistic behavior and environmental enrichment of cats communally housed in a shelter. *Journal of the American Veterinary Medical Association*, **239**, 796–802.

Dantzer, R. & Kelley, K.W. (2007). Twenty years of research on cytokine-induced sickness behavior. *Brain Behavior and Immunity*, **21**, 153–160.

Dantzer, R., O'Connor, J.C., Freund, G.G., *et al*. (2008). From inflammation to sickness and depression: when the immune system subjugates the brain. *Nature Reviews Neuroscience*, **9**, 46–56.

Dards, J.L. (1979). The population ecology of feral cats (*Felis catus* L.) in Portsmouth dockyard. PhD thesis, University of Southampton.

Darnton, R. (1984). *The Great Cat Massacre and Other Episodes in French Cultural History*. London: Allen Lane.

Darwin, C. (1859). *Origin of the Species*. London: John Murray.

Davies, M. (2011). Internet users' perception of the importance of signs commonly seen in old animals with age-related diseases. *Veterinary Record*, **169**, 584a.

Davis, H. & Taylor, A. (2001). Discrimination between individual humans by domestic fowl (*Gallus gallus domesticus*). *British Poultry Science*, **42**, 276–279.

Davis, H., Taylor, A.A., & Norris, C. (1997). Preference for familiar humans by rats. *Psychonomic Bulletin & Review*, **4**, 118–120.

Davis, S.J.M. (1987). *Archaeology of Animals*. London: Batsford.

Dawkins, R. (1990). *The Selfish Gene*. Oxford: Oxford University Press.

Day, J.E.L., Kergoat, S., & Kotrschal, K. (2009). Do pets influence the quantity and choice of food offered to them by their owners: lessons from other animals and the pre-verbal human infant? *Perspectives in Agriculture,*

*Veterinary Science, Nutrition and Natural Resources*, 4, No. 042. http://www.cababstractsplus.org/cabreviews. CAB International (Online ISSN 1749–8848).

Deag, J.M., Manning, A., & Lawrence, C.E. (2000). Factors influencing the mother–kitten relationship. In *The Domestic Cat: The Biology of its Behaviour (2nd edn)*, pp. 23–45, ed. D.C. Turner & P.P.G. Bateson. Cambridge: Cambridge University Press.

DEFRA. (2009). *Code of Practice for the Welfare of Cats*. Available at: http://www.defra.gov.uk/ publications/ files/pb13332-cop-cats-091204.pdf.

DEFRA. (2011). *Code of Practice for the Welfare of Cats*. Available at: http://www.defra.gov.uk/ publications/2011/03/27/code-of-practice-cats-pb13332/.

DeVries, C.A., Glasper, E.R., & Detillion, C.E. (2003). Social modulation of stress responses. *Physiology & Behavior*, **79**, 399–407.

De Waal, F.B.M. (2008a). Putting the altruism back into altruism: the evolution of empathy. *Annual Review of Psychology*, **59**, 279–300.

De Waal, F.B.M. (2008b). The need for bottom-up accounts of chimpanzee cognition. In *The Mind of the Chimpanzee: Ecological and Experimental Perspectives*, ed. E.V. Lonsdorf, S.R. Ross & T. Matsuzawa. Chicago, IL: University of Chicago Press.

DeYoung, C.G. (2006). Higher-order factors of the Big Five in a multi-informant sample. *Journal of Personal Social Psychology*, **91**, 1138–1151.

Diakow, C. (1971). Effects of genital desensitization on mating behavior and ovulation in the female cat. *Physiology & Behavior*, **7**, 47–54.

Dickerson, P.A., Lally, B.E., Gunnel, E., *et al.* (2005). Early emergence of increased fearful behavior in prenatally stressed rats. *Physiology and Behavior*, **86**, 586–593.

DiGangi, B.A. & Levy, J.K. (2006). Outcome of cats adopted from a biomedical research program. *Journal of Applied Animal Welfare Science*, **9**, 143–163.

DiGiacomo, N., Arluke, A., & Patronek, G.J. (1998). Surrendering pets to shelters: the relinquish-er's perspective. *Journal of the American Veterinary Medical Association*, **11**, 41–51.

Dobney, K. & Larson, G. (2006). Genetics and animal domestication: new windows on an elusive process. *Journal of Zoology*, London, **269**, 261–271.

Dodman, N.H. (1997). *The Cat Who Cried for Help: Attitudes, Emotions, and The Psychology of Cats*. New York, NY: Bantam.

Dodman, N.H., Moon, R., & Zelin, N. (1996). Influence of owner personality type on expression and treatment outcome of dominance aggression in dogs. *Journal of the American Veterinary Medical Association*, **209**, 1107–1109.

Driscoll, C.A., Menotti-Raymond, M., Roca, A.L., *et al.* (2007). The Near Eastern origin of cat domestication. *Science*, **317**, 519–523.

Driscoll, C.A., Clutton-Brock, J., Kitchener, A.C., *et al.* (2009a). The taming of the cat. Genetic and archaeological findings hint that wildcats became housecats earlier – and in a different place – than previously thought. *Scientific American*, **300**, 68–75.

Driscoll, C.A., Macdonald, D.W., & O'Brien, S.J. (2009b). From wild animals to domestic pets, an evolutionary view of domestication. *Proceedings of the National Academy of Sciences of the United States of America*, **106**, 9971–9978.

Dubai Pet Show. (accessed 18 June 2012). http://www.dubaipetshow.com.

Dumas, C. & Dore, F.Y. (1991). Cognitive-development in kittens (*Felis catus*) – an observational study of object permanence and sensorimotor intelligence. *Journal of Comparative Psychology*, **105**, 357–365.

Durr, R. & Smith, C. (1997). Individual differences and their relation to social structure in domestic cats. *Journal of Comparative Psychology*, **111**, 412–418.

Dybdall K., Strasser R., & Katz, T. (2007). Behavioural differences between owner surrender and stray domestic cats after entering an animal shelter. *Applied Animal Behaviour Science*, **104**, 85–94.

Eckstein, R.A. & Hart, B.L. (2000). Grooming and control of fleas in cats. *Applied Animal Behaviour Science*, **68**, 141–150.

Ehret, G. & Romand, R. (1981). Postnatal development of absolute auditory thresholds in kittens. *Journal of Comparative and Physiological Psychology*, **95**, 304–311.

Ellis, S. (2009). Environmental enrichment: practical strategies for improving animal welfare. *Journal of Feline Medicine and Surgery*, **11**, 901–912.

*Encyclopaedia Judaica*, (2006). Vol. 4, (2nd edn) ed. F. Skolnik. New York, NY: Macmillan Reference USA.

Engels, D. (1999). *Classical Cats: The Rise and Fall of the Sacred Cat*. New York, NY: Routledge.

Erikson, P. (2000). The social significance of pet-keeping among Amazonian Indians. In *Com-panion Animals & Us: Exploring the Relationships between People & Pets*, pp. 7–26, ed. A.L. Podberscek, E.S. Paul, & J.A. Serpell. Cambridge: Cambridge University Press.

European Convention. (2006). Appendix A of the European Convention for the protection of vertebrate animals used for experimental and other scientific purposes (ETS No. 123): Guide-lines for accommodation and care of animals (article 5 of the convention) approved by the multilateral consultation. See http://conventions.coe.int/Treaty/EN/Treaties/PDF/123-Arev.pdf.

European Market Intelligence, EMI and Mars, Inc. (1998). Cat populations figures in 1996 and 1998. Unpublished market research.

Evans, R.H. (2001). Feline animal shelter medicine. In *Consultations in Feline Internal Medicine*, 4th edn, pp. 571–576, ed. J.R. August. Philadelphia, PA: W.B. Saunders Company.

Ewen, C.L'E. (1933). *Witchcraft and Demonianism*. London: Heath Cranton.

Ewer, R.F. (1961). Further observations on suckling behaviour in kittens, together with some general considerations of the interrelations of innate and acquired responses. *Behaviour*, **17**, 247–260.

Ewer, R.F. (1973). *The Carnivores*. London: Weidenfield and Nicolson.

Fameli, M., Kitraki, E., & Stylianopoulou, F. (1994). Effects of hyperactivity of the maternal hypothalamic–pituitary–adrenal (HPA) axis during pregnancy on the development of the HPA axis and brain monoamines of the offspring. *International Journal of Developmental Neuro-science*, **12**, 651–659.

Fantuzzi, J.M., Miller, K.A., & Weiss, E. (2010). Factors relevant to adoption of cats in an animal shelter. *Journal of Applied Animal Welfare Science*, **13**, 174–179.

Farley, G.R., Barlow, S.M., Netsell, R., *et al.* (1992). Vocalisations in the cat: behavioral methodology and spectrographic analysis. *Experimental Brain Research*, **89**, 333–340.

Faure, E. & Kitchener, A.C. (2009). An archaeological and historical review of the relationships between felids and people. *Anthrozoös*, **22**, 221–238.

Feaver, J., Mendl, M., & Bateson, P. 1986. A method for rating the individual distinctiveness of domestic cats. *Animal Behaviour*, **34**, 1016–1025.

FEDIAF (The European Pet Food Industry). (2010). Facts & Figures. Brussels: FEDIAF.

Fehlbaum, B., Waiblinger, E., & Turner, D.C. (2010). A comparison of attitudes towards animals between the German-and French-speaking part of Switzerland. *Schweizer Archiv Tierheilk* für unde **152**, 285–293.

Feldman, H.N. (1993). Maternal-care and differences in the use of nests in the domestic cat. *Animal Behaviour*, **45**, 13–23.

Feldman, H. (1994a). Methods of scent marking in the domestic cat. *Canadian Journal of Zoology*, **72**, 1093–1039.

Feldman, H.N. (1994b). Domestic cats and passive submission. *Animal Behaviour*, **47**, 457–459.

Feline Advisory Bureau. (2006). *Feral Cat Manual*. Available at: http://fabcats.org/publications/ index.php#feral.

Felsenfeld, G. (2007). A brief history of epigenetics. In *Epigenetics*, pp. 15–22, ed. C.D. Allis, T. Jenuwein, D. Reinberg, *et al*. New York, NY: Cold Spring Harbor Laboratory Press.

Feuerstein, N. & Terkel, J. (2008). Interrelationships of dogs (*Canis familiaris*) and cats (*Felis catus* L.) living under the same roof. *Applied Animal Behaviour Science*, **113**, 150–165.

Fischer, S.M., Quest, C.M., Dubovi, E.J., *et al.* (2007). Response of feral cats to vaccination at the time of neutering. *Journal of the American Veterinary Medicine Association*, **230**, 52–58.

Fitzgerald, B.M. (1988). Diet of domestic cats and their impact on prey populations. In *The Domestic Cat: The Biology of its Behaviour*, (1st edn.), pp. 123–148, ed. D.C. Turner & P.P.G. Bateson. Cambridge: Cambridge University Press.

Fitzgerald, B.M. & Karl, B.J. (1986). Home range of feral cats (*Felis catus* L.) in forests of the Orongorongo Valley, Wellington, New Zealand. *New Zealand Journal of Ecology*, **9**, 71–81.

Fitzgerald, B.M. & Turner, D.C. (2000). Hunting behaviour of domestic cats and their impact on prey populations. In *The Domestic Cat: The Biology of its Behaviour*, (2nd edn.), pp. 151–175, ed. D.C. Turner & P.P.G. Bateson. Cambridge: Cambridge University Press.

Forster, L.M., Wathes, C.M., Bessant, C., *et al.* (2010). Owners' observations of domestic cats after limb amputation. *Veterinary Record*, **167**, 734–739.

Fowden, A.L., Giussani, D.A., & Forhead, A.J. (2005). Endocrine and metabolic programming during intrauterine development. *Early Human Development*, **81**, 723–734.

Fox, M.W. (1970). Reflex development and behavioral organization. In *Developmental Neuro-biology*, ed. W.A. Himwich. Springfield, IL: Thomas.

Fox, M.W. (1974). *Understanding Your Cat*. New York, NY: Coward, McCann & Geoghagan, Inc.

Fraga, M.F., Ballestar, E., Paz, M.F., *et al.* (2005). Epigenetic differences arise during the lifetime of monozygotic twins. *Proceedings of the National Academy of Sciences of the United States of America*, **102**, 10604–10609.

Frank, D.F, Erb, H.N., & Houpt, K.A. (1999). Urine spraying in cats: presence of concurrent disease and effects of a pheromone treatment. *Applied Animal Behaviour Science*, **61**, 263–272.

Fraser, D. & Duncan, I. (1998). 'Pleasures', 'pains' and animal welfare: toward a natural history of affect. *Animal Welfare*, **7**, 383–396.

Frauenfelder, T. (2007). Die Mensch-Haustier-Beziehung im interkulturellen Vergleich. Lizenziat-sarbeit (Thesis), Philosophical Faculty, Ethnological Seminar, University of Zurich, Switzerland. Frazer-Sissom, D.E., Rice, D.A., & Peters, G. (1991). How cats purr. *Journal of Zoology, London*, **223**, 67–78.

Freed, E.X. (1965). Normative data on a self-administered projective question for children. *Journal of Projective Technique and Personal Assessment*, **29**, 3–6.

Freeman, W.J. (1998). The neurobiology of multimodal sensory integration. *Integrative Physio-logical and Behavioral Science*, **33**, 124–129.

Friedmann, E., Thomas, S.A., & Eddy, T.J. (2000). Companion animals and human health: physical and cardiovascular influences. In *Companion Animals & Us: Exploring the Relation-ships between People & Pets*, pp. 125–142, ed. A.L. Podberscek, E. Paul, & J.A. Serpell. Cambridge: Cambridge University Press.

Friedmann, E., Thomas, S.A., Son, H., *et al.* (2010). Pet's presence and owner's blood pressures during the daily lives of pet owners with pre-to mild hypertension. Paper presented at IAHAIO, Stockholm, Sweden.

Fumagalli, F., Molteni, R., Racagni, G., *et al.* (2007). Stress during development: impact on neuroplasticity and relevance to psychopathology. *Progress in Neurobiology*, **81**, 197–217.

Galazy, J. (2012). *Cat Daddy: What the World's Most Incorrigible Cat Taught Me About Life, Love, and Coming Clean*. New York, NY: Jeremy P. Torcher/Penguin.

Galton, F. (1883). *Inquiry into Human Faculty and its Development*. London: Macmillan.

GCCF (accessed 2010). Various publications including Guidelines to Healthy Breeding; Standards of Points; Philosophy, Constitution and Rules of Procedure for the Selection of Judges; GCCF Rules Section 3 – Judges and Stewards; Section 4 – Exhibits and Exhibitors and Section 5 Veterinary Surgeons.

Gibson, K.L., Keizer, K., & Golding, C. (2002). A trap, neuter and release program for feral cats on Prince Edward Island. *Canadian Veterinary Journal*, **43**, 695–698.

Gissis, S.B. & Jablonka, E. (2011). *Transformations of Lamarckism: From Subtle Fluids to Molecular Biology*. Cambridge, MA: MIT Press.

Glémin, S. & Bataillon, T. (2009). A comparative view of the evolution of grasses under domesti-cation. *New Phytologist*, **183**, 273–290.

Gluckman, P.D. & Hanson, M.A. (2005). *The Fetal Matrix: Evolution, Development and Disease*. Cambridge: Cambridge University Press.

Gluckman, P.D. & Hanson, M.A. (2006a). The conceptual basis for the developmental origins of health and disease. In *Developmental Origins of Health and Disease*. Cambridge: Cambridge University Press.

Gluckman, P.D. & Hanson, M.A. (2006b). *Mismatch: Why our World No Longer Fits our Bodies*. Oxford: Oxford University Press.

Godfrey, K. (2006). The 'developmental origins' hypothesis: epidemiology. In *Developmental Origins of Health and Disease*, ed. P.D. Gluckman & M.A. Hanson. Cambridge: Cambridge University Press.

Gogoleva, S.S., Volodina, I.A., Volodina, E.V., *et al.* (2011). Explosive vocal activity for attracting human attention is related to domestication in silver fox. *Behavioural Processes*, **86**, 216–221.

Goodson, J.L. (2005). The vertebrate social behaviour network: evolutionary themes and vari-ations. *Hormones and Behavior*, **48**, 11–22.

Goodwin, D., Bradshaw, J.W.S., & Wickens, S.M. (1997). Paedomorphosis affects agonistic visual signals of domestic dogs. *Animal Behaviour*, **53**, 297–304.

Gorman, M.L. & Trowbridge, B.J. (1989). The role of odor in the social lives of carnivores. In *Carnivore Behavior, Ecology, and Evolution*, ed. J.L. Gittleman. London: Chapman & Hall.

Gosling, L.M. (1982). A reassessment of the function of scent marking in territories. *Zeitschrift für Tierpsychologie*, **60**, 89–118.

Gosling, S.D. (2001). From mice to men: what can we learn about personality from animal research? *Psychological Bulletin*, **127**, 45–86.

Gosling, S.D. & John, O.P. (1999). Personality dimensions in nonhuman animals: a cross-species review. *Current Directions in Psychological Science*, **8**, 69–75.

Gourkow, N. & Fraser, D. (2006). The effect of housing and handling practices on the welfare, behaviour and selection of domestic cats (*Felis sylvestris catus*) by adopters in an animal shelter. *Animal Welfare*, **15**, 371–377.

Gouveia, K., Magalhães, A., & de Sousa, L. (2011). The behaviour of domestic cats in a shelter: residence time, density and sex ratio. *Applied Animal Behaviour Science*, **130**, 53–59.

Graham, L.H. & Brown, J.L. (1996). Cortisol metabolism in the domestic cat and implications for non-invasive monitoring of adrenocortical function in endangered felids. *Zoo Biology*, 15, 71–82.

Gray, P. & Young, S. (2011). Human–pet dynamics in cross-cultural perspective. *Anthrozoös*, **24**, 17–30.

Griffith, M. & Wolch, J. (2001). Attitudes to marine wildlife among Asians and Pacific Islanders living in Los Angeles. In ISAZ (ed.), *Human–Animal Conflict, ISAZ 10th Anniversary Confer-ence ISAZ Conference Abstract Book*, 2–4 August. University of California at Davis, USA.

Groves, C. (1989). Feral mammals of the Mediterranean islands: documents of early domesti-cation. In *The Walking Larder: Patterns of Domestication, Pastoralism, and Predation*, pp. 22–27, ed. J. Clutton-Brock. London: Unwin.

Gunn-Moore, D., Moffat, K., Christie, L.-A., & Head, E. (2007). Cognitive dysfunction and the neurobiology of ageing in cats. *Journal of Small Animal Practice*, **48**, 546–553.

Gupta, A.K. (2004). Origin of agriculture and domestication of plants and animals linked to early Holocene climate amelioration. *Current Science*, **87**, 54–59.

Guyot, G.W., Cross, H.A., & Bennett, T.L. (1983). Early social isolation of the domestic cat: responses during mechanical toy testing. *Applied Animal Ethology*, **10**, 109–116.

Haltenorth, T. & Diller, H. (1980). *A Field Guide to the Mammals of Africa including Madagas-car*. London: Collins.

Happold, D.C.D. (1987). *The Mammals of Nigeria*. Oxford: Clarendon Press.

Hare, M. & Tomasello, M. (2005). Human-like social skills in dogs? *Trends in Cognitive Sciences*, **9**, 440–444.

Hare, M., Plyusnina, I., Ignacio, N., *et al.* (2005). Social cognitive evolution in captive foxes is a correlated by-product of experimental domestication. *Current Biology*, **15**, 226–230.

Hart, B.L. (1990). Behavioral adaptations to pathogens and parasites: five strategies. *Neurosci-ence and Biobehavioral Reviews*, **14**, 273–294.

Hart, B.L. (2008). Why do dogs and cats eat grass? *Veterinary Medicine*, **103**, 648–649.

Hart, B.L. (2009). Why do dogs and cats eat grass? *Firstline*, December, 2–3.

Hart, B.L. (2011). Behavioral defences against pathogens and parasites: parallels with the pillars of medicine in humans. *Philosophical Transactions of the Royal Society Series B, Biological Sciences* **366**, 3406–3417.

Hart, B.L. & Barrett, R.E. (1973). Effects of castration on fighting, roaming, and urine spraying in adult male cats. *Journal of the American Veterinary Medical Association*, **163**, 290–292.

Hart, B.L. & Cooper, L. (1984). Factors relating to urine spraying and fighting in prepubertally gonadectomized cats. *Journal of the American Veterinary Medical Association*, **184**, 1255–1258.

Hart, B.L. & Eckstein, R.A. (1997). The role of gonadal hormones in the occurrence of objectionable behaviours in dogs and cats. *Applied Animal Behaviour Science*, **52**, 331–344.

Hart, B.L. & Hart, L.A. (1985). *Canine and Feline Behavioral Therapy*. Philadelphia, PA: Lea & Febiger.

Hart, B.L. & Hart, L.A. (1988). *The Perfect Puppy: How to Choose Your Dog by Its Behavior*. New York, NY: W. H. Freeman and Co.

Hart, B.L. & Hart, L.A. (2013). *Your Ideal Cat: Insights into Breed and Gender Differences in Cat Behavior*. Lafayette, IN: Purdue University Press.

Hart, B.L. & Leedy, M.G. (1987). Stimulus and hormonal determinants of Flehmen behaviour in cats. *Hormones and Behavior*, 21, 44–52.

Hart, B.L. & Miller, M.F. (1985). Behavioral profiles of dog breeds. *Journal of the American Veterinary Medical Association*, **186**, 1175–1180.

Hart, B.L. & Peterson, D.M. (1970). Penile hair rings in male cats may prevent mating. *Laboratory and Animal Science*, **21**, 422.

Hart, B.L. & Powell, K.L. (1990). Antibacterial properties of saliva: role of maternal periparturi-ent grooming and in licking wounds. *Physiology & Behavior*, **48**, 383–386.

Hart, B.L., Cliff, K.D., Tynes, V.V., *et al.* (2005). Control of urine marking by use of long-term treatment with fluoxetine or clomipramine in cats. *Journal of the American Veterinary Medical Association*, **226**, 378–382.

Hart, B.L., Hart, L.A., & Bain, M.J. (2006). *Canine and Feline Behavior Therapy*, (2nd edn.). Ames, IA: Blackwell.

Hartmann, K. & Kuffer, M. (1998). Karnofsky's score modified for cats. *European Journal of Medical Research*, **3**,

95–98.

Haskins, R. (1977). Effect of kitten vocalizations on maternal behavior. *Journal of Comparative and Physiological Psychology*, **91**, 830–838.

Haskins, R. (1979). A causal analysis of kitten vocalization: an observational and experimental study. *Animal Behaviour*, **27**, 726–736.

Hawkins, K.R., Bradshaw, J.W.S., & Casey, R.A. (2004). Correlating cortisol with a behavioural measure of stress in rescue shelter cats. *Animal Welfare*, **13**(Suppl.), S242–S243.

Hellyer, P., Rodan, I., Brunt, J., *et al.* (2007). The American Animal Hospital Association and the American Association of Feline Practitioners AAHA/AAFP pain management guidelines for dogs and cats. *Journal of Feline Medicine and Surgery*, **9**, 466–480.

Hemetsberger, J., Scheiber, I.B.R., Weiss, B., *et al.* (2010). Socially involved hand-raising makes Greylag geese which are cooperative partners in research, but does not affect their social behaviour. *Interaction Studies*, **11**, 388–395.

Hemmer, H. (1979). Gestation period and postnatal development in felids. *Carnivore*, **2**, 90–100.

Hendricks, W.H., Woolhouse, A.D., Tarttelin, M.F., *et al.* (1995a). The synthesis of felinine, 2-amino-7-hydroxy-5,5-dimethyl-4-thiaheptanoic acid. *Bioorganic Chemistry*, **23**, 89–100.

Hendricks, W.H., Moughan, P.J., Tarttelin, M.F., *et al.* (1995b). Felinine: a urinary amino acid of Felidae. *Comparative Biochemistry and Physiology*, **112B**, 581–588.

Herbert, M.J. & Harsh, C.M. (1944). Observational learning by cats. *Journal of Comparative Psychology*, **37**, 81–95.

Herodotus. (1987). *The History*, trans. D. Grene. Chicago, IL: Chicago University Press.

Herre, W. & Röhrs, M. (1973). *Haustiere zoologisch gesehen*. Stuttgart: Fischer.

Herron, M.E. & Buffington, C.A.T. (2010). Environmental enrichment for indoor cats. *Compen-dium: Continuing Education for Veterinarians*, **32**, E1–E5.

Herzog, H. (1996). Public attitudes and animal research: the social psychology of a moral issue. In *The Animal Contract. ISAZ Conference Abstract Book*, 24–26 July, Downing College, Cambridge, UK.

Herzog, H. (1999). Power, money and gender: status hierarchies and the animal protection movement in the United States. *ISAZ Newsletter*, **18**(November), 2–5.

Herzog, H. (2011). *Some We Love, Some We Hate, Some We Eat: Why It's So Hard to Think Straight About Animals*. New York, NY: Harper Perennial.

Herzog, H., Betchart, N., & Pittman, R. (1991). Gender, sex role orientation and attitudes toward animals. *Anthrozoös*, **4**, 184–191.

Hewson-Hughes, A.K., Hewson-Hughes, V.L., Colyer, A., *et al.* (2013). Consistent proportional macronutrient intake selected by adult domestic cats (*Felis catus*) despite variations in macro-nutrient and moisture content of foods offered. *Journal of Comparative Physiology, Biochem-ical, Systems, and Environmental Physiology*, **183**, 525–536.

Heyes, C.M. & Galef, B.G. (1996). *Social Learning in Animals: The Roots of Culture*. London: Academic Press.

Horwitz, D.F. (1997). Behavioral and environmental factors associated with elimination behavior problems in cats: a retrospective study. *Applied Animal Behaviour Science*, **52**, 129–137.

Houpt, K.J. & Wolski, T.R. (1982). *Domestic Animal Behaviour for Veterinarians and Animal Scientists*. Ames, IA: Iowa State University Press.

Howe, L.M., Slater, M.R., Boothe, H.W., *et al.* (2000). Long term outcome of gonadectomy performed at an early age or traditional age in cats. *Journal of the American Veterinary Medical Association*, **217**, 1661–1665.

Howey, M.O. (1930). *The Cat in the Mysteries of Religion and Magic*. London: Rider & Co.

Hoyumpa Vogt, A., Rodan, I., Brown, M., *et al.* (2010). AAFP-AAHA: feline life stage guide-lines. *Journal of Feline Medicine and Surgery*, **12**, 43–54.

Hudson, R., Raihani, G., González, D., *et al.* (2009). Nipple preference and contests in suckling kittens of the domestic cat are unrelated to presumed nipple quality. *Developmental Psycho-biology*, **51**, 322–332.

Hudson, R., Bautista, A., Reyes-Meza, V., *et al.* (2011). The effect of siblings on early develop-ment: a potential contributor to personality differences in mammals. *Developmental Psycho-biology*, **53**, 564–574.

Huffman, M.A. & Caton, J.M. (2001). Self-induced increase of gut motility and the control of parasitic infections in wild chimpanzees. *International Journal of Primatology*, **22**, 329–346.

HSUS (Humane Society of the United States). (2012). See www.humanesociety.org/issues/pet_ overpopulation/ facts/overpopulation_estimates.html.

Hunthausen, W. (2000). Evaluating a feline facial pheromone analogue to control urine spraying. *Veterinary Medicine*, **95**, 151–155.

Hurn, S. (2012). *Humans and Other Animals: Cross-Cultural Perspectives on Human–Animal Interactions*. London: Pluto Press.

ICAM Coalition. (2011). Humane Cat Population Management Guidance. Available at: http:// www.icam-coalition.org/downloads/ICAM-Humane%20cat%20population.PDF.

IEMT, Institut für interdisziplinäre Erforschung der Mensch-Tier-Beziehung. (2009). *Kulturelle Unterschiede in der Einstellung zu Heimtieren. Ergebnisse aus der Schweiz, Brasilien und Japan*. Weissbuch Nr. 5. Zurich: IEMT.

Ikeda, H. (1979). Physiological basis of visual acuity and its development in kittens. *Child Care and Health Development*, **5**, 375–383.

Ishida, Y. & Shimizu, M. (1998). Influence of social rank on defecating behaviors in feral cats. *Journal of Ethology*, **16**, 15–21.

Jang, K.L., Livesley, W.J., & Vernon, P.A. (1996). Heritability of the big five personality dimensions and their facets: a twin study. *Journal of Personality*, **64**, 577–591.

Jarvis, P.J. (1990). Urban cats as pets and pests. *Environmental Conservation*, **17**, 169–171.

Jegatheesan, B. (2012). Using an adaptive methodology to study human-animal interactions in cultural context. *Anthrozoös*, **25**(Suppl. 1), 107–121.

Jensen, R.A., Davis, J.L., & Shnerson, A. (1980). Early experience facilitates the development of temperature regulation in the cat. *Developmental Psychobiology*, **13**, 1–6.

John, E.R., Chesler, P., Barett, F., *et al.* (1968). Observation learning in cats. *Science*, **159**, 1489–1491.

Johnson, G. (1991). *The Bengal Cat.* Greenwell Springs, LA: Gogees Cattery.

Johnson, W.E. & O'Brien, S.J. (1997). Phylogenetic reconstruction of the Felidae using 16S rRNA and NADH-5 mitochondrial genes. *Journal of Molecular Evolution*, **44** (Suppl. 1), S98–S116.

Johnson-Bennett, P. (1994). *Twisted Whiskers: Solving Your Cat's Behavior Problems.* New York, NY: Penguin Books.

Johnson-Bennett, P. (2000). *Think Like a Cat: How to Raise a Well Adjusted Cat – Not a Sour Pussy.* New York, NY: Penguin Books.

Johnson-Bennett, P. (2004). *Cat vs Cat: Keeping Peace When You Have More than One Cat.* New York, NY: Penguin Books.

Johnson-Bennett, P. (2007). *Starting from Scratch: How to Correct Behavior Problems in Your Adult Cat.* New York, NY: Penguin Books.

Joulain, D. & Laurent, R. (1989). The catty odour in black-currant extracts versus the black-currant odour in the cat's urine? In *11th International Congress of Essential Oils, Fragrances and Flavours*, ed. S.C. Bhattacharyya, N. Sen, & K.L. Sethi. New Delhi: Oxford and IBH Publishing.

Joyce, A. & Yates, D. (2011). Help stop teenage pregnancy! Early-age neutering in cats. *Journal of Feline Medicine and Surgery*, **13**, 3–10.

Julius, H., Beetz, A., Kotrschal, K., et al. (2013). *Attachment to Pets. An Integrative View of Human–Animal Relationships with Implications for Therapeutic Practice.* Cambridge, MA: Hogrefe Publishing.

*Jüdisches Lexikon.* (1928). Ein enzyklopaedisches Handbuch des juedischen Wissens in vier Baenden, Band 2, ed. G. Herlitz & B. Kirschner. Berlin: Juedischer Verlag.

Jung, C.G. (1959). *The Archetypes and the Collective Unconscious.* New York, NY: Pantheon. Just Landed, *Pets-in-France* (accessed 18 June 2012). See http://www.justlanded.com/english/France/Articles/Moving/Pets-in-France.

Karsh, E.B. (1983). The effects of early handling on the development of social bonds between cats and people. In *New Perspectives on our Lives with Companion Animals*, pp. 22–28, ed. A.H. Katcher & A.M. Beck. Philadelphia, PA: University of Pennsylvania Press.

Karsh, E.B. & Turner, D.C. (1988). The human–cat relationship. In *The Domestic Cat: The Biology of its Behaviour*, (1st edn.), pp. 159–177, ed. D.C. Turner & P.P.G. Bateson. Cambridge: Cambridge University Press.

Kass, P.H. (2005). Cat overpopulation in the United States. In *The Welfare of Cats*, pp. 119–139, ed. I. Rochlitz. Dordrecht, The Netherlands: Springer.

Kellert, S.R. & Berry, J.K. (1980). *Phase III: Knowledge, Affection and Basic Attitudes Toward Animals in American Society.* Washington, DC: US Government Printing Office.

Kerby, G. (1987). The social organisation of farm cats (*Felis catus* L.). DPhil thesis, University of Oxford.

Kerby, G. & Macdonald, D.W. (1988). Cat society and the consequences of colony size. In *The Domestic Cat: The Biology of its Behaviour*, (1st edn.), pp. 67–81, ed. D.C. Turner & P.P.G. Bateson. Cambridge: Cambridge University Press.

Kessler, M.R. & Turner, D.C. (1997). Stress and adaptation of cats (*Felis silvestris catus*) housed singly, in pairs and in groups in boarding catteries. *Animal Welfare*, **6**, 243–254.

Kessler, M.R. & Turner, D.C. (1999a). Socialisation and stress in cats (*Felis silvestris catus*) housed singly and in groups in animal shelters. *Animal Welfare*, **8**, 15–26.

Kessler, M.R. & Turner, D.C. (1999b). Effects of density and cage size on stress in domestic cats (*Felis silvestris catus*) housed in animal shelters and boarding catteries. *Animal Welfare*, **8**, 259–267.

Kete, K. (1994). *The Beast in the Boudoir: Petkeeping in Nineteenth-Century Paris*. Berkeley, CA: University of California Press.

Khaleeli, H. (2011). How the recession is hurting our pets. *The Guardian*, 31 October 2011. See http://www.guardian.co.uk/lifeandstyle/2011/oct/31/recession-pets-animal-sanctuaries.

Kieckhefer, R. (1976). *European Witch Trials: Their Foundations in Popular and Learned Culture, 1300–1500*. London: Routledge.

Kienzle, E. & Bergler, R. (2006). Human–animal relationship of owners of normal and over-weight cats. *Journal of Nutrition*, **136**, 1947–1950.

Kiley-Worthington, M. (1976). The tail movements of ungulates, canids, and felids with particular reference to their causation and function as displays. *Behaviour*, **56**, 69–115.

Kiley-Worthington, M. (1984). Animal language? Vocal communication of some ungulates, canids and felids. *Acta Zoologica Fennica*, **171**, 83–88.

Kirk, H. (1925). Retention of urine and urine deposits. In *The Diseases of the Cat and its General Management*, ed. H. Kirk. London: Bailliere, Tindall and Cox.

Koepke, J.E. & Pribram, K.H. (1971). Effect of milk on the maintenance of suckling behavior in kittens from birth to six months. *Journal of Comparative and Physiological Psychology*, **75**, 363–377.

Kogure, N. & Yamazaki, K. (1990). Attitudes to animal euthanasia in Japan: a brief review on cultural influences. *Anthrozoös*, **3**, 151–154.

Kolb, B. & Nonneman, A.J. (1975). The development of social responsiveness in kittens. *Animal Behaviour*, **23**, 368–374.

Koolhaas, J.M., Korte, S.M., Boer, S.F., *et al.* (1999). Coping styles in animals: current status in behavior and stress-physiology. *Neuroscience Biobehavior Review*, **23**, 925–935.

Koret Shelter Medicine Program. (2012). Cat cage modifications: making double compartment cat cages using a PVC portal. See http://www.sheltermedicine.com/shelter-health-portal/ information-sheets/cat-cage-modifications-making-double-compartment-cat-cages.

Kosten, T.A., Lee, H.J., & Kim, J.J. (2006). Early life stress impairs fear conditioning in adult male and female rats. *Brain Research*, **1087**, 142–150.

Kotrschal, K. (2005). Why and how vertebrates are social: physiology meets function. Plenary contribution IEC Budapest, August 2005.

Kotrschal, K. (2009). Die evolutionäre Theorie der Mensch-Tier-Beziehung. In *Gefährten – Konkurrenten – Verwandte. Die Mensch-Tier-Beziehung im wissenschaftlichen Diskurs*, pp. 55–77, ed. C. Otterstedt & M.

Rosenberger. Göttingen: Vandenhoeck & Ruprecht.

Kotrschal, K. (2012). *Wolf – Hund – Mensch: Die Geschichte einer jahrtausendealten Beziehung*. Wien: Brandstätter Verlag.

Kotrschal, K., Bromundt, V., & Föger, B. (2004). *Faktor Hund. Eine sozio-ökonomische Bes-tandsaufnahme der Hundehaltung in Österreich*. Wien: Czernin-Verlag.

Kotrschal, K., Scheiberl, I., Bauer, B., *et al*. (2009). Dyadic relationships and operational perfor-mance of male and female owners and their male dogs. *Behavioural Processes*, **81**, 383–391.

Kotrschal, K., Scheiber, I.B.R., & Hirschenhauser, K. (2010). Individual performance in complex social systems: the greylag goose example. In *Animal Behaviour: Evolution and Mechanisms*, pp. 121–148, ed. P. Kappeler. Berlin: Springer.

Krebs, J.R. & Dawkins, R. (1984). Animal signals: mind-reading and manipulation. In *Behav-ioural Ecology: An Evolutionary Approach*, 2nd edn, pp. 380–402, ed. J.R. Krebs & N.B. Davies. Oxford: Blackwell Scientific Publications.

Krishna, N. (2010). *Sacred Animals of India*. London: Penguin Books.

Kry, K. & Casey, R. (2007). The effect of hiding enrichment on stress levels and behaviour of domestic cats (*Felis sylvestris catus*) in a shelter setting and the implications for adoption potential. *Animal Welfare*, **16**, 375–383.

Kummer, H. (1978). On the value of social relationships to non-human primates. A heuristic scheme. *Social Science Information*, **17**, 687–705.

Kuo, Z.Y. (1930). The genesis of the cat's response to the rat. *Journal of Comparative Psych-ology*, **11**, 1–35.

Kuo, Z.Y. (1938). Further study on the behavior of the cat toward the rat. *Journal of Comparative Psychology*, **25**, 1–8.

Kurten, B. (1968). *Pleistocene Mammals of Europe*. Chicago, IL: Aldine Press.

Kurushima, J.D., Lipinski, M.J., Gandolfi, B., *et al*. (2013).Variation of cats under domestication: genetic assignment of domestic cats to breeds and worldwide random-bred populations. *Animal Genetics*, **44**, 311–324.

Lakestani, N., Donaldson, M., Verga, M., *et al*. (2011). Attitudes of children and adults to dogs in Italy, Spain, and the United Kingdom. *Journal of Veterinary Behavior*, **6**, 121–129.

Landsberg, G.M. (1990). Cat owners' attitudes towards declawing. *Anthrozoös*, **4**, 192–197.

Landsberg, G.M., Hunthausen, W., & Ackerman, L. (2003). feline destructive behaviors. In *Handbook of Behavior Problems of the Dog and Cat*, (2nd edn), ed. G.M. Landsberg, W. Hunthausen, & L. Ackerman. Philadelphia, PA: Elsevier.

Landsberg, G., Denenberg, S., & Araujo, J.A. (2010). Cognitive dysfunction in cats – a syndrome we used to dismiss as 'old age'. *Journal of Feline Medicine and Surgery*, **12**, 837–848.

Lascelles, D. & Robertson, S. (2010). DJD-associated pain in cats – what can we do to promote patient comfort? *Journal of Feline Medicine and Surgery*, **12**, 200–212.

Laukner, A. (2005). Die Katze in der Religion. *Katzen Magazin*, 2005(2), 28–32.

Leavitt, M.G., Aberdeen, G.W., Burch, M.G., *et al*. (1997). Inhibition of fetal adrenal adreno-corticotropin receptor messenger ribonucleic acid expression by betamethasone administration to the baboon fetus in late gestation. *Endocrinology*, **138**, 2705–2712.

LeDoux, J.E. (2000). Emotion circuits in the brain. *Annual Review of Neuroscience*, **23**, 155–184.

Lee, I.T., Levy, J.K., Gorman, S.P., *et al*. (2002). Prevalence of feline leukemia virus infection and serum antibodies against feline immunodeficiency virus in unowned free-roaming cats. *Journal of the American Veterinary Medicine Association*, **220**, 620–622.

Lepper, M., Kass, P.H., & Hart, L.A. (2002). Prediction of adoption versus euthanasia among dogs and cats in a California animal shelter. *Journal of Applied Animal Welfare Science*, **5**, 29–42.

Levy, J.K., Gale, D.W., & Gale, L.A. (2003). Evaluation of the effect of a long-term trap–neuter– return and adoption program on a free-roaming cat population. *Journal of the American Veterinary Medicine Association*, **222**, 42–46.

Lewis, M. (1999). On the development of personality. In *Handbook of Personality: Theory and Research*, (2nd edn.), pp. 327–346, ed. L.A. Pervin & O.P. John. New York, NY: Guilford Press.

Leyhausen, P. (1960). *Verhaltensstudien an Katzen*. Berlin: Paul Parey.

Leyhausen, P. (1979). *Cat Behavior: The Predatory and Social Behavior of Domestic and Wild Cats*. New York, NY: Garland STPM Press.

Leyhausen, P. (1988). The tame and the wild: another Just-So-Story? In *The Domestic Cat: The Biology of its Behaviour, 1st edition*, pp. 57–66, ed. D.C. Turner & P.P.G. Bateson. Cambridge: Cambridge University Press.

Liberg, O. (1980). Spacing patterns in a population of rural free roaming cats. *Oikos*, **35**, 336–349.

Liberg, O., Sandell, M., Pontier, D., *et al*. (2000). Density, spatial organization and reproductive tactics in the domestic cat and other felids. In *The Domestic Cat: The Biology of its Behaviour*, (2nd edn.), pp. 119–147, ed. D.C. Turner & P.P.G. Bateson. Cambridge: Cambridge University Press.

Lipinski, M.J., Froenicke, L., Baysac, K.C., *et al*. (2008). The ascent of cat breeds: genetic evaluations of breeds and worldwide random-bred populations. *Genomics*, **91**, 12–21.

Lockwood, R. (2005). Cruelty toward cats: changing perspectives. In *The State of the Animals III*, pp. 15–26, ed. D. Salem & A. Rowan. Washington, DC: Humane Society Press.

Lord, L.K., Wittum, T.E., Ferketich, A.K., *et al*. (2006). Demographic trends for animal care and control agencies in Ohio from 1996 to 2004. *Journal of the American Veterinary Medical Association*, **229**, 48–54.

Lord, L.K., Wittum, T.E., Ferketich, A.K., *et al*. (2007a). Search and identification methods that owners use to find a lost dog. *Journal of the American Veterinary Medical Association*, **230**, 211–216.

Lord, L.K., Wittum, T.E., Ferketich, A.K., *et al*. (2007b). Search and identification methods that owners use to find a lost cat. *Journal of the American Veterinary Medical Association*, **230**, 217–220.

Lord, L.K., Griffin, B., Slater, M.R., *et al*. (2010). Evaluation of collars and microchips for visual and permanent identification of pet cats. *Journal of the American Veterinary Medical Associ-ation*, **237**, 387–394.

Lowe, S.E. & Bradshaw, J.W.S. (2001). Ontogeny of individuality in the domestic cat in the home environment. *Animal Behaviour*, **61**, 231–237.

Lowe, S.E. & Bradshaw, J.W.S. (2002). Responses of pet cats to being held by an unfamiliar person, from weaning to three years of age. *Anthrozoös*, **15**, 69–79.

Luria, B.J., Levy, J.K., Lappin, M.R., *et al*. (2004). Prevalence of infectious diseases in feral cats in Northern Florida. *Journal of Feline Medicine and Surgery*, **6**(5), 287–296.

Luschekin, V.S. & Shuleikina, K.V. (1989). Some sensory determinants of home orientation in kittens. *Developmental Psychobiology*, **22**, 601–616.

Macdonald, D.W. (1996). African wildcats in Saudi Arabia. In *The Wild CRU Review*, ed. D.W. Macdonald & F.H. Tattersall. Stafford: George Street Press.

Macdonald, D.W. (2012). Cats & wildlife: an historic, global and ecological perspective. Invited PowerPoint presentation at the Symposium "The Outdoor Cat – Science and Policy from a Global Perspective", December 3, 2012. Marina Del Rey, CA: Human Society of the United States and Found Animals Foundation. Available at: http://www.humanesociety.org/news/ press_releases/2012/12/outdoor-cat-conference-120312.html.

Macdonald, D.W. & Apps, P.J. (1978). The social behaviour of a group of semi-dependent farm cats, *Felis catus*: a progress report. *Carnivore Genetics Newsletter*, **3**, 256–268.

Macdonald, D.W., Apps, P.J., Carr, G.M., *et al*. (1987). Social dynamics, nursing coalitions and infanticide among farm cats, *Felis catus. Advances in Ethology (Suppl. to Ethology)*, **28**, 1–64.

Macdondald, D.W., Yamaguchi, N., & Passanisi, W.C. (1998). The health, haematology and blood biochemistry of free-ranging farm cats in relation to social status. *Animal Welfare*, **7**, 243–256.

Macdonald, D.W., Yamaguchi, N., & Kerby, G. (2000). Group-living in the domestic cat: its sociobiology and epidemiology. In *The Domestic Cat: The Biology of its Behaviour*, (2nd edn.), pp. 95–115, ed. D.C. Turner & P.P.G. Bateson. Cambridge: Cambridge University Press.

Mackenzie, D.A. (1913). *Egyptian Myth and Legend*. London: Gresham Publishing.

MAF. (2007). Companion cats code of welfare. Available from: http://www.biosecurity.govt.nz/files/regs/animal-welfare/req/codes/companion-cats/companion-cats.pdf.

Magnusson, D. (1999). Holistic interactionism: a perspective for research on personality devel-opment. In *Handbook of Personality: Theory and Research, Second Edition*, pp. 219–247, ed. L.A. Pervin & O.P. John. New York, NY: Guilford Press.

Magnusson, M. (1996). Hidden real-time patterns in intra-and inter-individual behavior: descrip-tion and detection. *European Journal of Psychological Assessment*, **12**, 112–123.

Malek, J. (1990). Adoration of the great cat. *Egypt Exploration Society Newsletter*, **6** (October).

Malek, J. (1993). *The Cat in Ancient Egypt*. London: British Museum Press.

Malinar, A. (2009). *Hinduismus. Studium Religion*. Stuttgart: UTB.

Maps of the World, pet cat population (accessed 18 June 2012). See http://www.mapsofworld. com/world-top-ten/countries-with-most-pet-cat-population.html.

Marchei, P., Divero, S., Falocci, N., *et al*. (2009). Breed differences in behavioural development in kittens. *Physiology & Behavior*, **96**, 522–531.

Marques-Deak, A., Cizza, G., & Sternberg, E. (2005). Brain–immune interactions and disease susceptibility. *Molecular Psychiatry*, **10**, 239–250.

Marston, L.C. & Bennett, P.C. (2009). Admissions of cats to animal welfare shelters in Mel-bourne, Australia.

*Journal of Applied Animal Welfare Science*, **12**, 189–213.

Martin, P. (1982). Weaning and behavioural development in the cat. Ph.D thesis, University of Cambridge.

Martin, P. (1986). An experimental study of weaning in the domestic cat. *Behaviour*, **99**, 221–249.

Martin, P. & Bateson, P. (1985a). The influence of experimentally manipulating a component of weaning on the development of play in domestic cats. *Animal Behaviour*, **33**, 511–518.

Martin, P. & Bateson, P. (1985b). The ontogeny of locomotor play behaviour in the domestic cat. *Animal Behaviour*, **33**, 502–510.

Martin, P. & Caro, T.M. (1985). On the functions of play and its role in behavioral development. *Advances in the Study of Behavior*, **15**, 59–103.

Masri, B.A. Al-Hafiz. (1989). *Animals in Islam*, (1st edn.). Petersfield: The Athene Trust.

Matter, U. (1987). Zwei Untersuchungen zur Kommunikation mit Duftmarken bei Hauskatzen. MSc thesis, University of Zürich.

Matthews, S.G. (2002). Early programming of the hypothalamo-pituitary–adrenal axis. *Trends in Endocrinology and Metabolism*, **13**, 373–380.

Matzel, L.D., Townsend, D.A., Grossman, H., *et al*. (2006). Exploration in outbred mice covaries with general learning abilities irrespective of stress reactivity, emotionality, and physical attributes. *Neurobiolgy of Learning and Memory*, **86**, 228–240.

McCobb, E., Patronek, G., Marder, A., *et al*. (2005). Assessment of stress levels among cats in four animal shelters. *Journal of the American Veterinary Medical Association*, **226**, 548–555.

McComb, K., Taylor, A.M., Wilson, C., *et al*. (2009). The cry embedded within the purr. *Current Biology*, **19**(13), R507–R508.

McCune, S. (1992). Temperament and the welfare of caged cats. PhD thesis, University of Cambridge.

McCune, S. (1994). Caged cats: avoiding problems and providing solutions. *Companion Animal Behaviour Therapy Study Group Newsletter*, No. 7, 33–40.

McCune, S. (1995). The impact of paternity and early socialisation on the development of cats' behaviour to people and novel objects. *Applied Animal Behaviour Science*, **45**, 109–124.

McCune, S., McPherson, J.A., & Bradshaw, J.W.S. (1995). Avoiding problems. In *The Waltham Book of Human–Animal Interactions: Benefits and Responsibilities of Pet Ownership*, pp. 71–86, ed. I. Robinson. Kidlington: Pergamon Press.

McEwen, B.S. (2007). Physiology and neurobiology of stress and adaptation: central role of the brain. *Physiological Reviews*, **87**, 873–904.

McEwen, B.S. (2008). Central effects of stress hormones in health and disease: understanding the protective and damaging effects of stress and stress mediators. *European Journal of Pharma-cology*, **583**, 174–185.

McEwen, B.S. & Wingfield, J.C. (2003). The concept of allostasis in biology and biomedicine. *Hormones and Behavior*, **43**, 2–15.

McGinty, D.J., Stevenson, M., Hoppenbrouwers, T., *et al*. (1977). Polygraphic studies of kitten development: sleep state patterns. *Developmental Psychobiology*, **10**, 455–469.

Meaney, M.J., Szyf, M., & Seckl, J.R. (2007). Epigenetic mechanisms of perinatal programming of hypothalamic–pituitary–adrenal function and health. *Trends in Molecular Medicine*, **7**, 269–277.

Meier, G.W. (1961). Infantile handling and development in Siamese kittens. *Journal of Compara-tive and Physiological Psychology*, **54**, 284–286.

Meier, M. & Turner, D.C. (1985). Reactions of house cats during encounters with a strange person: evidence for two personality types. *Journal of the Delta Society*, **2**, 45–53.

Mendl, M. (1988). The effects of litter size variation on mother–offspring relationships and behavioral and physical development in several mammalian species (principally rodents). *Journal of Zoology, London*, **215**, 15–34.

Mendl, M. & Harcourt, R. (2000). Individuality in the domestic cat: origins, development and stability. In *The Domestic Cat: The Biology of its Behaviour*, (2nd edn.), pp. 41–54, ed. D.C. Turner & P. Bateson. Cambridge: Cambridge University Press.

Menotti-Raymond, M., David, V.A., Pflueger, S.M., *et al.* (2008). Patterns of molecular genetic variation among cat breeds. *Genomics*, **91**, 1–11.

Mertens, C. (1991). Human–cat interactions in the home setting. *Anthrozoös*, **4**, 214–231.

Mertens, C. & Turner, D.C. (1988). Experimental analysis of human–cat interactions during first encounters. *Anthrozoös*, **2**, 83–97.

Mery, F. (1967). *The Life, History and Magic of the Cat*, transl. E. Street. London: Hamlyn.

Messent, P.R. & Horsfield, S. (1985). Pet population and the pet–owner bond. In *The Human–Pet Relationship*, pp. 7–17. Vienna: IEMT – Institute for Interdisciplinary Research on the Human–Pet Relationship.

Metta Sutta (accessed 10 Nov 2009). See http://dharma.ncf.ca/introduction/sutras/metta-sutra. html.

Michael, R.P. (1961). Observations upon the sexual behaviour of the domestic cat (*Felis catus* L.) under laboratory conditions. *Behaviour*, **18**, 1–24.

Michelson Prize & Grants. (2012). See http://michelson.foundanimals.org/michelson-prize.

Miklosi, A., Topal, J., & Csányi, V. (2004). Comparative social cognition: what can dogs teach us? *Animal Behaviour*, **67**, 995–1004.

Miller, D.D., Staats, S.R., Partlo, C., *et al.* (1996). Factors associated with the decision to surrender a pet to an animal shelter. *Journal of the American Veterinary Medical Association*, **209**, 738–742.

Miller, L. & Hurley, K. (2009). *Infectious Disease Management in Animal Shelters*. Oxford: Blackwell Publishing.

Miller, L. & Zawistowski, S. (2004). *Shelter Medicine for Veterinarians and Staff*. Oxford: Blackwell Publishing.

Miller, M. & Lago, D. (1990). Observed pet–owner in-home interactions: species differences and association with the pet relationship scale. *Anthrozoös*, **4**, 49–54.

Mills, D.S. & Mills, C.B. (2001). Evolution of a novel method for delivering a systematic analogue of feline facial pheromone to control urine marking by cats. *Veterinary Record*, **149**, 197–199.

Miura, A., Bradshaw, J.W.S., & Tanida, H. (2000). Attitudes towards dogs: a study of university students in Japan and the UK. *Anthrozoös*, **13**(2), 80–88.

Miura, A., Bradshaw, J.W.S., & Tanida, H. (2002). Childhood experiences and attitudes towards animal issues: a comparison of young adults in Japan and the UK. *Animal Welfare*, **11**(4), 437–448.

Miyazaki, M., Yamashita, T., Taira, H., *et al.* (2008). The biological function of cauxin, a major urinary protein of the domestic cat (*Felis catus*). In *Chemical Signals in Vertebrates 11*, pp. 51–60, ed. J.L. Hurst, R.J. Beynon, S.C. Roberts, *et al.* New York, NY: Springer.

Moelk, M. (1944). Vocalizing in the house-cat: a phonetic and functional study. *American Journal of Psychology*, **57**, 184–205.

Moelk, M. (1979). The development of friendly approach behaviour in the cat: a study of kitten– mother relations and the cognitive development of the kitten from birth to eight weeks. In *Advances in the Study of Behaviour*, Vol. 10. ed. J.S. Rosenblatt, R.A. Hinde, C. Beer, *et al.* New York, NY: Academic Press.

Mohn, F. & Schübeler, D. (2009). Genetics and epigenetics: stability and plasticity during cellular differentiation. *Trends in Genetics*, **25**, 129–136.

Moore, A. (2007). *The Cat Behavior Answer Book: Practical Insights and Proven Solutions for Your Feline Questions*. North Adams, MA: Storey Publishing.

Moore, B.R. & Stuttard, S. (1979). Dr. Guthrie and *Felis domesticus* or: tripping over the cat. *Science*, **205**, 1031–1033.

Morgan, K.N. & Tromborg, C.T. (2007). Sources of stress in captivity. *Applied Animal Behaviour Science*, **102**, 262–302.

Morgan, M. & Houpt, K.A. (1989). Feline behavior problems: the influence of declawing. *Anthrozoös*, **3**, 50–53.

Morris, J.G. (2002). Idiosyncratic nutrient requirements of cats appear to be diet-induced evolu-tionary adaptations. *Nutrition Research Reviews*, **15**, 153–168.

Morris, K.N., Wolf, J.L., & Gies, D.L. (2011). Trends in intake and outcome data for animal shelters in Colorado, 2000 to 2007. *Journal of the American Veterinary Medical Association*, **238**, 329–336.

Murray, J.K., Skillings, E., & Gruffydd-Jones, T.J. (2008). Opinions of veterinarians about the age at which kittens should be neutered. *Veterinary Record*, **163**, 381–385.

Murray, J.K., Roberts, M.A., Whitmarsh, A., *et al.* (2009). Survey of the characteristics of cats owned by households in the UK and factors affecting their neutered status. *Veterinary Record*, **164**, 137–141.

Nakabayashi, M., Yamaoka, R., & Nakashima, Y. (2012). Do faecal odours enable domestic cats (*Felis catus*) to distinguish familiarity of the donors? *Journal of Ethology*, **30**, 325–329.

NCPPSP (National Council on Pet Population Study and Policy). (2010). *The Shelter Statistics Survey 1994–97*. Available at: www.petpopulation.org/statsurvey.html.

National Research Council. (1996). *Guide for the Care and Use of Laboratory Animals*. Wash-ington, DC: National Academy Press.

National Research Council. (2006). Thermoregulation in cats. In *Nutrient Requirements of Dogs and Cats*. Washington, DC: National Academies Press.

National Research Council. (2011). *Guide for the Care and Use of Laboratory Animals*, (8th edn.). Washington, DC: The National Academies Press.

Natoli, E. (1985). Behavioural responses of urban feral cats to different types of urine marks. *Behaviour*, **94**, 234–243.

Natoli, E., Maragliano, L., Cariola, G., *et al.* (2006). Management of feral domestic cats in the urban environment of Rome (Italy). *Preventive Veterinary Medicine*, **77**, 180–185.

Naville, E. (1892). Bubastis. *Egypt Exploration Fund Memoirs*, **8**, 1–55.

Neeck, G. (2002). Pathogenic mechanisms of fibromyalgia. *Ageing Research Reviews*, **1**, 243–255.

Neeck, G. & Crofford, L.J. (2000). Neuroendocrine perturbations in fibromyalgia and chronic fatigue syndrome. *Rheumatic Disease Clinics of North America*, **26**, 989–1002.

Neidhart, L. & Boyd, R. (2002). Companion animal adoption study. *Journal of Applied Animal Welfare Science*, **5**, 175–192.

Neighbourhood Cats. (2004). *TNR Handbook*. Available at: http://www.neighborhoodcats.org/ RESOURCES_BOOKS_AND_VIDEOS.

Neilson, J. (2004). Thinking outside the box: feline elimination. *Journal of Feline Medicine and Surgery*, **6**, 5–11.

Newbury, S., Blinn, M.K., Bushby, P.A., *et al.* (2010). *Guidelines for Standards of Care in Animal Shelters; Association of Shelter Veterinarians*. See http://www.sheltervet.org/displaycommon. cfm?an=1&subarticlenbr=29.

Nicastro, N. (2004). Perceptual and acoustic evidence for species-level differences in meow vocalizations by domestic cats (*Felis catus*) and African wild cats (*Felis sylvestris lybica*). *Journal of Comparative Psychology*, **118**(3), 287–296.

Nicastro, N. & Owren, M.J. (2003). Classification of domestic cat (*Felis catus*) vocalizations by naive and experienced human listeners. *Journal of Comparative Psychology*, **117**, 44–52.

Nicastro, N., Nicastro, N.F., & Owren, M.J. (2004). Perceptual and acoustic evidence for species-level differences in meow vocalizations by domestic cats (*Felis catus*) and African wild cats (*Felis sylvestris lybica*): classification of domestic cat (*Felis catus*) vocalizations by naive and experienced human listeners. *Journal of Comparative Psychology*, **118**, 287–296.

Nutter, F.B., Levine J.F., & Stoskopf, M.K. (2004). Reproductive capacity of free-roaming domestic cats and kitten survival rate. *Journal of the American Veterinary Medicine Associ-ation*, **225**, 1403–1405.

O'Brien, S.J., Johnson, W., Driscoll, C., *et al.* (2008). The state of cat genomics. *Trends in Genetics*, **24**, 268–279.

O'Connell, L.A. & Hofmann, H.A. (2012). Evolution of a vertebrate social decision-making network. *Science*, **336**, 1154–1157.

Ogata, N. & Takeuchi, Y. (2001). Clinical trial of a feline pheromone analogue for feline urine marking. *Journal of Veterinary Medical Science*, **63**, 157–161.

Olmstead, C.E. & Villablanca, J.R. (1980). Development of behavioral audition in the kitten. *Physiology & Behavior*, **24**, 705–712.

Olmstead, C.E., Villablanca, J.R., Torbiner, M., *et al.* (1979). Development of thermoregulation in the kitten. *Physiology & Behavior*, **23**, 489–495.

Oomori, S. & Mizuhara, S. (1962). Structure of a new sulfur-containing amino acid. *Archives of Biochemistry and Biophysics*, **96**, 179–185.

Opie, I. & Tatem, M. (1989). *A Dictionary of Superstitions*. Oxford: Oxford University Press.

Ottaviani, E. & Franceschi, C. (1998). A new theory on the common evolutionary origin of natural immunity, inflammation and stress response: the invertebrate phagocytic immunocyte as an eye-witness. *Domestic Animal Endocrinology*, **15**, 291–296.

Ottway, D.S. & Hawkins, D.M. (2003). Cat housing in rescue shelters: a welfare comparison between communal and discrete-unit housing. *Animal Welfare*, **12**, 173–189.

Overall, K.L. (1998). How understanding normal cat behavior can help prevent behavior prob-lems. *Veterinary Medicine*, **93**, 160–169.

Overall, K.L. & Dyer, D. (2005). Enrichment strategies for laboratory animals from the viewpoint of clinical veterinary behavioural medicine: emphasis on cats and dogs. *International Labora-tory Animal Research*, **42**, 202–216.

Owen, D. & Matthews, S.G. (2007). Prenatal glucocorticoid exposure alters hypothalamic–pituit-ary–adrenal function in juvenile guinea pigs. *Journal of Neuroendocrinology*, **19**, 172–180.

Pacák, K. & Palkovits, M. (2001). Stressor specificity of central neuroendocrine responses: implications for stress-related disorders. *Endocrine Reviews*, **22**, 502–548.

Pageat, P. & Gaultier, E. (2003). Current research in canine and feline pheromones. *Veterinary Clinics of North America: Small Animal Practice*, **33**, 187–211.

Pajor, E.A., Rushen, J., & De Passillé, A.M.B. (2000). Aversion learning techniques to evaluate dairy cattle handling practices. *Applied Animal Behaviour Science*, **69**, 89–102.

Panaman, R. (1981). Behaviour and ecology of free-ranging female farm cats (*Felis catus* L.). *Zeitschrift für Tierpsychologie*, **56**, 59–73.

Panksepp, J. (1998). *Affective Neuroscience. The Foundations of Human and Animal Emotion*. New York, NY: Oxford University Press.

Parker, H.G., Kim, L.V., Sutter, N.B., *et al*. (2004). Genetic structure of the purebred domestic dog. *Science*, **304**, 1160–1164.

Passanisi, W.C. & Macdonald, D.W. (1990). Group discrimination on the basis of urine in a farm cat colony. In *Chemical Signals in Vertebrates 5*, ed. D.W. Macdonald, D. Müller-Schwarze, & S.E. Natynczuk. Oxford: Oxford University Press.

Passariello, P. (1999). Me and my totem: cross-cultural attitudes towards annimals. In *Attitudes to Animals: Views in Animal Welfare*, ed. F.L. Dolins. Cambridge: Cambridge University Press.

Patronek, G.J. & Sperry, G. (2001). Quality of life in long-term confinement. In *Consultations in Feline Internal Medicine*, 4th Edition, pp. 621–634, ed. J.R. August. Philadelphia, PA: W.B. Saunders Company.

Patronek, G.J., Beck, A.M., & Glickman, L.T. (1996). Risk factors for relinquishment of cats to an animal shelter. *Journal of the American Veterinary Medical Association*, **209**, 582–588.

Peters, S.E. (1983). Postnatal development of gait behaviour and functional allometry in the domestic cat (*Felis catus*). *Journal of Zoology, London*, **199**, 461–486.

Peterson, M.E., Randolph, J.F., & Mooney, C.T. (1994). Endocrine diseases. In *The Cat: Diseases and Clinical*

*Management*, (2nd edn.), ed. R.G. Sherding, pp. 1403–1506. New York, NY: Churchill Livingstone Inc.

Pitt, F. (1944). *Wild Animals in Britain*, 2nd edition. London: Batsford.

Podberscek, A. (2009). Good to pet and eat: the keeping and consuming of dogs and cats in South Korea. *Journal of Social Issues*, **65**(3), 615–632.

Podberscek, A.L. & Gosling, S.D. (2000). Personality research on pets and their owners: conceptual issues and review. In *Companion Animals & Us: Exploring the Relationships between People & Pets*, ed. A.L. Podberscek, E. Paul, & J.A. Serpell, pp. 143–167. Cambridge: Cambridge University Press.

Podberscek, A.L. Paul, E., & Serpell J.A., eds. (2000). *Companion Animals & Us: Exploring the Relationships between People & Pets*. Cambridge,: Cambridge University Press.

Poole, T.B. (1997). Happy animals make good science. *Laboratory Animals*, **31**, 116–124.

Price, E.O. (1984). Behavioral aspects of animal domestication. *The Quarterly Review of Biology*, **59**, 1–32.

Pryor, P.A., Hart, B.L., Bain, M.J., *et al.* (2001a). Causes of urine marking in cats and effects of environmental management on the frequency of marking. *Journal of the American Veterinary Medical Association*, **219**, 1709–1713.

Pryor, P.A., Hart, B.L., Cliff, K.D., *et al.* (2001b). Effects of a selective serotonin reuptake inhibitor on urine spraying behavior in cats. *Journal of the American Veterinary Medical Association*, **219**, 1557–1561.

Raihani, G., Gonzalez, D., Arteaga, L., *et al.* (2009). Olfactory guidance of nipple attachment and suckling in kittens of the domestic cat: inborn and learned responses. *Developmental Psycho-biology*, **51**, 662–671.

Rainbolt, D. (2008). *Cat Wrangling Made Easy: Maintaining Peace and Sanity in Your Multi Cat Home*. Guilford, CT: Lyons Press.

Raison, C.L. & Miller, A.H. (2003). When not enough is too much: the role of insufficient glucocorticoid signaling in the pathophysiology of stress-related disorders. *American Journal of Psychiatry*, **160**, 1554–1565.

Ramon, M.E., Slater, M.R., Ward, M.P., *et al.* (2008). Repeatability of a telephone questionnaire on cat-ownership patterns and pet-owning demographics evaluation in a community in Texas, USA. *Preventative Veterinary Medicine*, **85**, 23–33.

Randi, E. & Ragni, B. (1991). Genetic variability and biochemical systematics of domestic and wild cat populations (*Felis silvestris*: Felidae). *Journal of Mammalogy*, **72**, 79–88.

Reed, C.A. (1954). Animal domestication in the prehistoric Near East. *Science*, **130**, 1629–1639.

Reisner, I.R., Houpt, K.A., Erb, H.N., *et al.* (1994). Friendliness to humans and defensive aggression in cats: the influence of handling and paternity. *Physiology & Behavior*, **55**, 1119–1124.

Remmers, J.E. & Gautier, H. (1972). Neural and mechanical mechanisms of feline purring. *Respiration Physiology*, **16**, 351–361.

Reynolds, C.A., Oyama, M.A., Rush, J.E., *et al.* (2010). Perceptions of quality of life and priorities of owners of cats with heart disease. *Journal of Veterinary Internal Medicine*, **24**, 1421–1426.

Rieger, G. & Turner, D.C. (1999). How depressive moods affect the behavior of singly living persons toward their cats. *Anthrozoös*, **12**, 224–233.

Ritvo, H. (1985). Animal pleasures: popular zoology in eighteenth and nineteenth century England. *Harvard*

*Library Bulletin*, **33**, 239–279.

Robertson, S. & Lascelles, D. (2010). Long-term pain in cats – how much do we know about this important welfare issue? *Journal of Feline Medicine and Surgery*, **12**, 188–199.

Rochlitz, I. (1999). Recommendations for the housing of cats in the home, in catteries and animal shelters, in laboratories and in veterinary surgeries. *Journal of Feline Medicine and Surgery*, **1**, 181–191.

Rochlitz, I. (2005). Housing and welfare. In *The Welfare of Cats*, pp. 177–203, ed. I. Rochlitz. Dordrecht: Springer.

Rochlitz, I., Podberscek, A.L., & Broom, D.M. (1998). The welfare of cats in a quarantine cattery. *The Veterinary Record*, **143**, 35–39.

Rollin, B.E. (1993). Animal welfare, science and value. *Journal of Agricultural and Environ-mental Ethics*, **6**(Suppl. 2), 44–50.

Rosenblatt, J.S. (1971). Suckling and home orientation in the kitten: a comparative developmental study. In *The Biopsychology of Development*, ed. E. Tobach, L.R. Aronson, & E. Shaw. New York, NY: Academic Press.

Rosenblatt, J.S. (1976). Stages in the early behavioural development of altricial young of selected species of non-primate animals. In *Growing Points in Ethology*, pp. 345–383, ed. P.P.G. Bateson & R.A. Hinde. Cambridge: Cambridge University Press.

Rosenblatt, J.S., Turkewitz, G., & Schneirla, T.C. (1961). Early socialization in the domestic cat as based on feeding and other relationships between female and young. In *Determinants of Infant Behaviour*, ed. B.M. Foss. London: Methuen.

Rowland, B. (1973). *Animals With Human Faces: A Guide to Animal Symbolism*. Knoxville, TN: University of Tennessee Press.

Russell, J.B. (1972). *Witchcraft in the Middle Ages*. Ithaca, NY: Cornell University Press.

Russell, W.M. & Birch, R.L. (1959). *The Principles of Humane Experimental Technique*. London: Methuen.

Salisbury, J.E. (1994). *The Beast Within: Animals in the Middle Ages*. New York, NY: Routledge.

Salles, L.O. (1992). Felid phylogenetics: extant taxa and skull morphology (Felidae: Aeluroidae). *American Museum Novit*, **3047**, 1–67.

Salman, M.D., New, J.G. Jr., Scarlett, J.M., *et al.* (1998). Human and animal factors related to the relinquishment of dogs and cats in 12 selected animal shelters in the United States. *Journal of Applied Animal Welfare Science*, **1**, 207–226.

Sauer, C.O. (1952). *Agricultural Origins and Dispersals*. Cambridge, MA: MIT Press.

Scarlett, J.M., Salman, M.D., New, J.G. Jr., *et al.* (1999). Reasons for relinquishment of compan-ion animals in U.S. animal shelters: selected health and personal issues. *Journal of Applied Animal Welfare Science*, **2**, 41–57.

Schatz, S. & Palme, R. (2001). Measurement of faecal cortisol metabolites in cats and dogs: a non-invasive method for evaluating adrenocortical function. *Veterinary Research Communi-cations*, **25**, 271–287.

Scheiber, I.B.R., Kotrschal, K., & Weiß, B.M. (2009). Benefits of family reunions: social support in secondary greylag goose families. *Hormones and Behavior*, **55**, 133–138.

Schmidt, P.M., Lopez, R.R., & Collier, B.A. (2007). Survival, fecundity, and movements of free-roaming cats.

*Journal of Wildlife Management*, **71**(3), 915–919.

Schmidt, W.-R. (1966). *Geliebte und andere Tiere im Judentum, Christentum und Islam*. Guetersloh: Guetersloh Verlagshaus.

Schneider, R. (1975). Observations on overpopulation of dogs and cats. *Journal of the American Veterinary Medicine Association*, **167**(4), 281–284.

Schneirla, T.C., Rosenblatt, J.S., & Tobach, E. (1963). Maternal behavior in the cat. In *Maternal Behavior in Mammals*, pp. 122–168, ed. H.L. Rheingold. New York, NY: John Wiley & Sons, Inc.

Schweinfurth, G. (1878). *The Heart of Africa*. London: Sampson, Low, Marston, Searle & Rivington.

Scott, K.C., Levy, J.K., Gorman, S.P., *et al.* (2002). Body condition of feral cats and the effects of neutering. *Journal of Applied Animal Welfare Science*, **5**(3), 203–213.

Seckl, J.R. (2004). Prenatal glucocorticoids and long-term programming. *European Journal of Endocrinology*, **151**(Suppl. 3), U49–U62.

Seitz, P.F.D. (1959). Infantile experience and adult behavior in animal subjects. II. Age of separation from the mother and adult behavior in the cat. *Psychosomatic Medicine*, **21**, 353–378.

Serpell, J.A. (1983). The personality of the dog and its influence on the pet-owner bond. In *New Perspectives on Our Lives with Companion Animals*, pp. 57–65, ed. A.H. Katcher & A.M. Beck. Pennsylvania, PA: University of Pennsylvania Press.

Serpell, J.A. (1986). *In the Company of Animals*. Oxford: Basil Blackwell.

Serpell, J.A. (1989). Pet-keeping and animal domestication: a reappraisal. In *The Walking Larder: Patterns of Domestication, Pastoralism, and Predation*, pp. 10–21, ed. J. Clutton-Brock. London: Unwin.

Serpell, J.A. (1995). From paragon to pariah: some reflections on human attitudes to dogs. In *The Domestic Dog: Its Evolution, Behaviour and Interactions with People*, pp. 246–256, ed. J.A. Serpell. Cambridge: Cambridge University Press.

Serpell, J.A. (1996a). *In the Company of Animals*, (2nd edn.). Cambridge: Cambridge University Press.

Serpell, J.A. (1996b). Evidence for an association between pet behavior and owner attachment levels. *Applied Animal Behaviour Science*, **47**, 49–60.

Serpell, J.A. (2002). Guardian spirits or demonic pets: the concept of the witch's familiar in early modern England, 1530–1712. In *The Animal/Human Boundary*, pp. 157–190, ed. A.N.H. Creager & W.C. Jordan. Rochester, NY: Rochester University Press.

Serpell, J. (2005). Animals and religion: towards a unifying theory. In *The Human-Animal Relationship*, ed. F. de Jong & R. van den Bos. Assen, Netherlands: Royal Van Vorcum.

Serpell, J. & Hsu, Y. (2001). Cultural influences on attitudes to stray dogs in Taiwan. In ISAZ (ed.), *Human–Animal Conflict, ISAZ 10th Anniversary Conference ISAZ Conference Abstract Book*, 2–4 August. University of California at Davis, USA.

Serpell, J.A. & Paul, E.S. (2011). Pets in the family: an evolutionary perspective. In *Oxford Handbook of Evolutionary Family Psychology*, pp. 297–309, ed. C. Salmon & T.K. Shackleford. Oxford: Oxford University Press.

Shimizu, M. (2001). Vocalizations of feral cats: sexual differences in the breeding season. *Mammal Study*, **26**, 85–92.

Shinto (2012a). See http://www.bbc.co.uk/religion/religions/shinto/.

Shinto (2012b). See http://cla.calpoly.edu/~bmori/syll/Hum310japan/Shinto.html.

Shinto (2012c). See http://www.divinehumanity.com/custom/Shinto.html.

Shuxian, Z., Li, P., & Su, P.-F. (2005). Animal welfare consciousness of Chinese college students. *China Information*, **19**(1), 67–95.

Siegford, J.M., Walshaw, S.O., Brunner, P., *et al.* (2004). Validation of a temperament test for domestic cats. *Anthrozoös*, **16**, 332–351.

Sih, A., Bell, A., & Johnson, J. C. (2004a). Behavioral syndromes: an ecological and evolutionary overview. *Trends in Ecology and Evolution*, **19**, 372–378.

Sih, A., Bell, A.M., Johnson, J.C., *et al.* (2004b). Behavioral syndromes: an integrative overview. *Quarterly Review of Biology*, **79**, 241–277.

Simonson, M. (1979). Effects of maternal malnourishment, development and behavior in successive generations in the rat and cat. In *Malnutrition, Environment and Behavior*, ed. D.A. Levitsky. Ithaca, NY: Cornell University Press.

Simpson, F. (1903). *The Book of the Cat*. London: Cassell & Co. Ltd. 5 *Exhibiting*, pp. 69–75; **6** *The Points of a Cat*, pp. 96–97.

Sissom, D.E.F., Rice, D.A., & Peters, G. (1991). How cats purr. *Journal of Zoology, London*, **223**, 67–78.

Slater, M.R. (2005). The welfare of feral cats. In *The Welfare of Cats*, pp. 141–175, ed. I. Rochlitz. Dordrecht: Springer.

Slater, M.R., Di Nardo, A., & Pediconi, O. (2008). Free-roaming dogs and cats in central Italy: public perceptions of the problem. *Preventive Veterinary Medicine*, **84**, 27–47.

Slater, M.R., Miller, K.A., Weiss, E., *et al.* (2010). A survey of the methods used in shelter and rescue programs to identify feral and frightened pet cats. *Journal of Feline Medicine and Surgery*, **12**, 592–600.

Slater, M.R., Weiss, E., & Lord, L.K. (2012). Current use of and attitudes towards identification on cats and dogs in veterinary clinics in Oklahoma City. *Animal Welfare*, **21**, 51–57.

Slingerland, L.I., Fazilova, V.V., Plantinga, E.A., *et al.* (2009). Indoor confinement and physical inactivity rather than the proportion of dry food are risk factors in the development of feline type 2 diabetes mellitus. *The Veterinary Journal*, **179**, 247–253.

Smeak, D.D. (2008). Teaching veterinary students using shelter animals. *Journal of Veterinary Medical Education*, **35**, 26–30.

Smith, B.A. & Jansen, G.R. (1977a). Brain development in the feline. *Nutrition Reports Inter-national*, **16**, 487–495.

Smith, B.A. & Jansen, G.R. (1977b). Maternal undernutrition in the feline: brain composition of offspring. *Nutrition Reports International*, **16**, 497–512.

Smith, D.F.E., Durman, K.J., Roy, D.B., *et al.* (1994). Behavioural aspects of the welfare of rescued cats. *Journal of the Feline Advisory Bureau*, **31**, 25–28.

Smith, H.S. (1969). Animal domestication and animal cult in dynastic Egypt. In *The Domesti-cation and Exploitation of Plants and Animals*, pp. 307–314, ed. P.J. Ucko & G.W. Dimbleby. London: Duckworth.

Smithers, R.H.N. (1968). Cat of the pharaohs. *Animal Kingdom*, **61**, 16–23.

Smithers, R.H.N. (1983). *The Mammals of the Southern African Subregion*. Pretoria: University of Pretoria.

Soennichsen, S. & Chamove, A.S. (2002). Responses of cats to petting by humans. *Anthrozoös*, **15**, 258–265.

Spain, C.V., Scarlett, J.M., & Houpt, K.A. (2004). Long term risks and benefits of early age neutering in cats. *Journal of the American Veterinary Medical Association*, **224**, 372–380.

Stammbach, K.B. & Turner D.C. (1999). Understanding the human–cat relationship: human social support or attachment. *Anthrozoös*, **12**, 162–168.

Stella, J.L., Lord, L.K., & Buffington, C.A.T. (2011). Sickness behaviors in response to unusual external events in healthy cats and cats with feline interstitial cystitis. *Journal of the American Veterinary Medical Association*, **238**, 67–73.

Stella, J.L., Croney, C.C., & Buffington, T.B. (2013). Effects of stressors on the behavior and physiology of domestic cats. *Applied Animal Behaviour Science*, **143**, 157–163.

Sueda, K.L.C., Hart, B.L., & Cliff, K.D. (2008). Characterisation of plant eating in dogs. *Applied Animal Behaviour Science*, **111**, 120–132.

Summers, M. (1934). *The Werewolf*. New York, NY: E.P. Dutton.

Svartberg, K., Tapper, I., Temrin, H., *et al.* (2005). Consistency of personality traits in dogs. *Animal Behaviour*, **69**, 283–291.

Swabe, J., Rutgers, B., & Noordhuizen-Stassen, E. (2001). Killing animals: an interdisciplinary investigation of cultural attitudes and moral justifications. In ISAZ (ed.), *Human–Animal Conflict, ISAZ 10th Anniversary Conference ISAZ Conference Abstract Book*, 2–4 August. University of California at Davis, USA.

Tabor, R.K. (1995). *Understanding Cat Behavior*. Cincinnati, OH: David and Charles, Limited.

Tan, P.L. & Counsilman, J.J. (1985). The influence of weaning on prey-catching behaviour in kittens. *Zeitschrift für Tierpsychologie*, **70**, 148–164.

Tarjei, T. (1989). Coping with confinement – features of the environment that influence animals' ability to adapt. *Applied Animal Behaviour Science*, **22**, 139–149.

Tegtmeyer, G. (2005). Die Liebe zur Katze ist Teil des Glaubens. *Katzen Magazin*, **6**, 16–21.

The Cat Group. (2011). Cat neutering practices in the UK. *Journal of Feline Medicine and Surgery*, **13**, 56–57.

Thomas, C., Robertson, S., & Westfall, M. (2011). AAFP position statement. Early spay and castration. *Journal of Feline Medicine and Surgery*, **13**, 58.

Thomas, E. & Schaller, F. (1954). Das Spiel der optisch isolierten Kaspar-Hauser-Katze. *Nat-urwissenschaften*, **41**, 557–558.

Thomas, K. (1983). *Man and the Natural World: Changing Attitudes in England 1500–1800*. London: Allen Lane.

Thorn, F., Gollender, M., & Erickson, P. (1976). The development of the kitten's visual optics. *Vision Research*, **16**, 1145–1149.

Todd, N.B. (1977). Cats and commerce. *Scientific American*, **237**, 100–107.

Toribio, J.A., Norris, J.M., White, J.D., *et al.* (2009). Demographics and husbandry of pet cats living in Sydney, Australia: results of cross-sectional survey of pet ownership. *Journal of Feline Medicine and Surgery*, **11**, 449–461.

Tsankova, N.M., Berton, O., Renthal, W., *et al.* (2006). Sustained hippocampal chromatin regulation in a mouse model of depression and antidepressant action. *Nature Neuroscience*, **9**, 519–525.

Turner, D.C. (1985). Reactions of domestic cats to an unfamiliar person; comparison of mothers and juveniles. *Experientia*, **41**, 1227.

Turner, D.C. (1988). Cat behaviour and the human/cat relationship. *Animalis Familiaris*, **3**, 16–21.

Turner, D.C. (1991). The ethology of the human–cat relationship. *Swiss Archive for Veterinary Medicine*, **133**, 63–70.

Turner, D.C. (2000a). Human–cat interactions: relationships with, and breed difference between non-pedigree, Persian and Siamese cats. In *Companion Animals & Us: Exploring the Relation-ships between People & Pets*, pp. 257–271, ed. A.L. Podberscek, E.S. Paul, & J.A. Serpell. Cambridge: Cambridge University Press.

Turner, D.C. (2000b). The human–cat relationship. In *The Domestic Cat: The Biology of its Behaviour* (2nd edn.), pp. 194–206, ed. D.C. Turner & P. Bateson. Cambridge: Cambridge University Press.

Turner, D.C. (2010). Attitudes toward animals: a cross-cultural, international comparison. In Manimalis, Stockholm (ed.), *Abstract Book, Plenary Presentations*, *12th International Confer-ence on Human–Animal Interactions, People & Animals: For Life*, 1–4 July 2010, Stockholm, Sweden, p. 21.

Turner, D.C. (2012). Cats indoors and outdoors: behavior and welfare. Invited PowerPoint presentation at the Symposium 'The Outdoor Cat – Science and Policy from a Global Perspective', 3 December 2012. Marina Del Rey, CA: Human Society of the United States and Found Animals Foundation. Available at: http://www. humanesociety.org/news/press_ releases/2012/12/outdoor-cat-conference-120312.html.

Turner, D.C. (2013). Reflections on human–companion animal relationships from three decades of research on them. In *La condition animale. Wie über Tiere gesprochen und gedacht wird*, ed. P. Gilgen & P. Schurti. Frankfurt a. M.: Stroemfeld.

Turner, D.C. & Al Hussein, A. (2013). Tiere und Tierschutz im Islam und ausgewählte arabische Länder. In *Die Araber im 21. Jahrhundert. Politik, Gesellschaft, Kultur*, ed. T.G. Schneiders. Wiesbaden: Springer VS.

Turner, D.C. & Bateson, P.P.G., eds. (2000). *The Domestic Cat: The Biology of its Behaviour* (2nd edn). Cambridge: Cambridge University Press.

Turner, D.C. & Meister, O. (1988). Hunting behaviour of the domestic cat. In *The Domestic Cat: The Biology of its Behaviour, (1st edn.)*, pp. 111–121, ed. D.C. Turner & P.P.G. Bateson. Cambridge: Cambridge University Press.

Turner, D.C. & Mertens, C. (1986). Home range size, overlap and exploitation in domestic farm cats (*Felis catus*). *Behaviour*, **99**, 22–45.

Turner, D.C. & Rieger, G. (2001). Singly living people and their cats: a study of human mood and subsequent behavior. *Anthrozoös*, **14**, 38–46.

Turner, D.C. & Stammbach-Geering, K. (1990). Owner-assessment and the ethology of human– cat relationships. In *Pets, Benefits and Practice*, ed. I. Burger. London: British Veterinary Association Publications.

Turner, D.C., Feaver, J., Mendl, M., *et al.* (1986). Variation in domestic cat behaviour towards humans: a paternal effect. *Animal Behaviour*, **34**(6), 1890–1892.

Turner, D.C., Rieger, G., & Gygax, L. (2003). Spouses and cats and their effects on human mood. *Anthrozoös*, **16**, 213–228.

Turner, D.C., Waiblinger, E., & Meslin, F.-X. (2013). Benefits of the human–dog relationship. In *Dogs, Zoonoses and Public Health*, 2nd edition, ed. C. MacPherson, A. Wandeler, & F.-X. Meslin. Wallingford: CABI Publishing.

Tynes, V.V., Hart, B.L., Pryor, P.A., *et al.* (2003). Evaluation of the role of lower urinary tract disease in cats with urine-marking behavior. *Journal of the American Veterinary Medical Association*, **223**, 457–461.

Tzannes, S., Hammond, M.F., Murphy, S., *et al.* (2008). Owners' perception of their cats' quality of life during COP chemotherapy for lymphoma. *Journal of Feline Medicine and Surgery*, **10**, 73–81.

UK Cat Behaviour Working Group. (1995). *An Ethogram for Behavioural Studies of the Domes-tic Cat ( Felis silvestris catus L.)*. UFAW Animal Welfare Research Report No. 8. Wheathamp-stead: UFAW.

University of California at Davis Koret Shelter Medicine Program. (2011). See www.shelterme dicine.com.

Van Bockstaele, E.J., Bajic, D., Proudfit, H., *et al.* (2001). Topographic architecture of stress-related pathways targeting the noradrenergic locus coeruleus. *Physiology & Behavior*, **73**, 273– 283.

Van de Castle, R.L. (1983). Animal figures in fantasy and dreams. *In New Perspectives on Our Lives with Companion Animals*, pp. 148–173, ed. A.H. Katcher & A.M. Beck. Philadelphia, PA: University of Pennsylvania Press.

Van den Bos, R. (1998). The function of allogrooming in domestic cats (*Felis silvestris catus*); a study in a group of cats living in confinement. *Journal of Ethology*, **16**, 1–13.

Van den Bos, R. & de Vries, H. (1996). Clusters in social behaviour of female domestic cats (*Felis silvestris catus*) living in confinement. *Journal of Ethology*, **14**, 123–131.

Verberne, G. & de Boer, J. (1976). Chemocommunication among domestic cats, mediated by the olfactory vomeronasal senses. *Zeitschrift für Tierpsychologie*, **42**, 86–109.

Verberne, G. & Leyhausen, P. (1976). Marking behaviour of some Viverridae and Felidae: a time-interval analysis of the marking pattern. *Behaviour*, **58**, 192–253.

Vigne, J.D. (2011). The origins of animal domestication and husbandry: a major change in the history of humanity and the biosphere. *Comptes Rendus Biologies*, **334**, 171–181.

Vigne, J.D., Guilaine, J., Debue, K., *et al.* (2004). Early taming of the cat in Cyprus. *Science*, **304**, 259.

Vigne, J.D., Briois, F., Zazzo, A., *et al.* (2012). First wave of cultivators spread to Cyprus at least 10,600 y ago. *Proceedings of the National Academy of Sciences of the United States of America*, **109**, 8445–8449.

Villablanca, J.R. & Olmstead, C.E. (1979). Neurological development in kittens. *Developmental Psychobiology*, **12**, 101–127.

Virues-Ortega, J.V. & Buela-Casal, G. (2006). Psychophysiological effects of human–animal interaction –

theoretical issues and long-term interaction effects. *Journal of Nervous and Mental Disease*, **194**, 52–57.

Voith, V.L. (1980). Play behavior interpreted as aggression or hyperactivity: case histories. *Modern Veterinary Practice*, **61**, 707–709.

Von Muggenthaler, E. & Wright, B. (2003). Solving the mystery of the cat's purr using the world's smallest accelerometer. *Acoustics Australia*, **31**, 61.

Waddington, C.H. (1957). *The Strategy of the Genes*. London: Allen & Unwin.

Walsh, F. (2009). Human–animal bonds II: the role of pets in family systems and family therapy. *Family Process*, **48**, 481–499.

Wan, M., Kubinyi, E., Miklosi, A., *et al.* (2009). A cross-cultural comparison of reports by German Shepherd owners in Hungary and the United States of America. *Applied Animal Behaviour Science*, **121**, 206–213.

Weaver, I.C.G., Cervoni, N., Champagne, F.A., *et al.* (2004). Epigenetic programming by maternal behavior. *Nature Neuroscience*, **7**, 847–854.

Webster, J. (2005). *Animal Welfare: Limping Towards Eden*. UFAW Animal Welfare Series. Oxford: Blackwell Publishing.

Wedl, M., Bauer, B., Gracey, D., *et al.* (2011). Factors influencing the temporal patterns of dyadic behaviours and interactions between domestic cats and their owners. *Behavioural Processes*, **86**, 58–67.

Weggler, M. & Leu, B. (2001). A source population of Black Redstarts (*Phoenicurus ochruros*) in villages with a high density of feral cats [in German]. *Journal of Ornithology*, **142**, 273–283.

Weinstock, M. (1997). Does prenatal stress impair coping and regulation of hypothalamic–pituitary–adrenal axis? *Neuroscience and Biobehavioral Reviews*, **21**, 1–10.

Weinstock, M. (2005). The potential influence of maternal stress hormones on development and mental health of the offspring. *Brain, Behavior, and Immunity*, **19**, 296–308.

Weir, H. (1889). *Our Cats and All About Them*. Tunbridge Wells, UK: R Clements & Co. *Introductory* pp. 1–5; *Points of Excellence* pp. 123–146.

Weiss, E. & Gramann, S. (2009). A comparison of attachment levels of adopters of cats: fee-based adoptions versus free adoptions. *Journal of Applied Animal Welfare Science*, **12**, 360–370.

Weiss, E., Slater, M.R., & Lord, L.K. (2011). Retention of provided identification for dogs and cats seen in veterinary clinics and adopted from shelters in Oklahoma City, OK, USA. *Preventive Veterinary Medicine*, **101**, 265–269.

Weiss, J.M. (1971). Effects of coping behavior in different warning signal conditions on stress pathology in rats. *Journal of Comparative and Physiological Psychology*, **77**, 1–13.

Weiss, J.M. (1972). Psychological factors in stress and disease. *Scientific American*, **226**, 104–113.

Weng, H.-Y. & Hart, L.A. (2012). Impact of the economic recession on companion animal relinquishment, adoption, and euthanasia: a Chicago animal shelter's experience. *Journal of Applied Animal Welfare Science*, **15**, 80–90.

West, M.J. (1974). Social play in the domestic cat. *American Zoologist*, **14**, 427–436.

Westall, R.G. (1953). The amino acids and other ampholytes of urine. 2. The isolation of a new sulphur-containing amino acid from cat urine. *Biochemical Journal*, **55**, 244–248.

Westropp, J.L., Welk, K.A., & Buffington, C.A.T. (2003). Small adrenal glands in cats with feline interstitial cystitis. *Journal of Urology*, **170**, 2494–2497.

Wilson, C.C. & Turner, D.C., eds. (1998). *Companion Animals in Human Health*. London: Sage.

Wilson, D.S., Clark, A.B., Coleman, K., *et al.* (1994). Shyness and boldness in humans and other animals. *Trends in Ecology and Evolution*, **9**, 442–446.

Wilson, E.O. (1975). *Sociobiology: The New Synthesis*, pp. 208–211. Cambridge, MA: The Belknap Press of Harvard University Press.

Wilson, E.O. (1984). *Biophilia*. Harvard, MA: Harvard University Press.

Wilson, M., Warren, J.M., & Abbott, L. (1965). Infantile stimulation, activity and learning in cats. *Child Development*, **36**, 843–853.

Wolski, D.V.M. (1982). Social behavior of the cat. *Veterinary Clinics of North America: Small Animal Practice*, **12**, 425–428.

Wood Green The Animals Charity. (2012). *Abridged Audited Accounts 2009/2010*. See http:// www.woodgreen. org.uk/publications.

Wyrwicka, W. (1978). Imitation of mother's inappropriate food preference in weanling kittens. *Pavlovian Journal of Biological Science*, **13**, 55–72.

Wyrwicka, W. & Long, A.M. (1980). Observations on the initiation of eating of new food by weanling kittens. *Pavlovian Journal of Biological Science*, **15**, 115–122.

Yamaguchi, N., Macdonald, D.W., Passanisi, W.C., *et al.* (1996). Parasite prevalence in free-ranging farm cats, *Felis silvestris catus. Epidemiology and Infection*, **116**, 217–223.

Yeon, S.C., Kim, Y.K., Park, S.J., *et al.* (2011). Differences between vocalization evoked by social stimuli in feral cats and house cats. *Behavioural Processes*, **87**, 183–189.

Young, R.J. (2003). *Environmental Enrichment for Captive Animals*. Oxford: Blackwell Science.

Zahavi, A. (1993). The fallacy of conventional signalling. *Philosophical Transactions of the Royal Society of London. Series B*, **340**, 227–230.

Zahavi, A. & Zahavi A. (1997). *The Handicap Principle*. Oxford: Oxford University Press.

Zasloff, R.L. & Kidd, A.H. (1994). Attachment to feline companions. *Psychological Reports*, **74**, 747–752.

Zeuner, F.E. (1963). *A History of Domesticated Animals*. London: Hutchinson.

Zhang, T.Y., Bagot, R., Parent, C., *et al.* (2006). Maternal programming of defensive responses through sustained effects on gene expression. *Biological Psychology*, **73**, 72–89.

第十四章中艾莉·海贝、哈里·埃克曼和伊恩·法里纳的技术分析详细介绍。

为了估计种群增长率，从一个以恒定速度增长的种群中出生的小猫数量与被招募的母猫数量之间的平衡方程中推导出了以下公式。首先计算连续两次繁殖时间间隔内种群的增长。在每年繁殖季节间隔为一年的种群中；然而，在不限于一年一次繁殖机会的群体中，间隔为每年窝数的倒数，$1/L$。在这些时间间隔内的数量增长的因子 $\lambda$ 可以通过迭代求解下列方程计算：

$$\lambda = (S_b \lambda^{rL-1} + KS_j)^{1/rL}$$

其中，$S_b$ 是成年猫在这个时间间隔中的存活率。然后，用 $\lambda L$ 计算出年增长率。使用该方程，示例 1 的年增长率估计值为 1.01，示例 2 的年增长率估计值为 2.11；因此，示例 2 的增长率是示例 1 的两倍多。同样，需要每隔一段时间进行绝育以稳定这些种群的母猫的比例差异也很大。这个百分比等于 $100(1-m)$，其中 $m$ 可以通过迭代求解方程来计算：

$$m = \left( \frac{1}{KS_j \left( 1/(1-S_b m) \right)} \right)^{1/rL}$$

上式适用于封闭群体。然而，考虑到由于除了死亡之后，成年猫还会分散到周围地区，以及从野生家猫群体中永久性领养和圈养的母猫数量，式中成年猫的存活率可以适当地调低。同样地，考虑到从周围未进行捕捉的地区或以前被圈养的动物的迁入，可以用一个能反映招募数量增加的因子来调高公式中的平均产仔数。例如，如果 20% 的新招募者是迁徙而来的猫，则乘以 1.2。

# 缩略语

| | | |
|---|---|---|
| AAFP | American Association of Feline Practitioners | 美国猫科兽医执业者协会 |
| ACC&D | Alliance for Contraception in Cats and Dogs | 猫狗避孕联盟 |
| ACTH | adrenocorticotropic hormone | 促肾上腺皮质激素 |
| ADCH | Association of Dogs and Cats Homes | 猫狗之家协会 |
| ASPCA | American Society for the Prevention of Cruelty to Animals | 美国防止虐待动物协会 |
| BCE | Before the Common Era | 公元前 |
| CAWC | Companion Animal Welfare Council | 伴侣动物福利委员会 |
| CNR | capture–neuter–release | 捕捉—绝育—放归 |
| CNS | central nervous system | 中枢神经系统 |
| CRF | corticotrophin-releasing factor | 促肾上腺皮质素释放因子 |
| DEFRA | Department for Environment, Food and Rural Affairs | 英国环境、食品和乡村事务部 |
| DJD | degenerative joint disease | 退行性关节病 |
| DLH | domestic longhair | 长毛家猫 |
| DSH | domestic shorthair | 短毛家猫 |
| EE | environmental enrichment | 环境丰容 |
| HPA | hypothalamus–pituitary–adrenal | 下丘脑—垂体—肾上腺皮质 |
| LUTS | lower urinary tract signs | 下尿路症状 |
| MYA | Million Years Ago | 几百万年前 |

| NCPPSP | National Council on Pet Population Study and Policy | 美国全国宠物种群研究和政策委员会 |
| NRC | National Research Council | 美国国家科学研究委员会 |
| PCA | Principal Component Analysis | 主成分分析 |
| RSPCA | Royal Society for the Prevention of Cruelty to Animals | 英国皇家防止虐待动物协会 |
| SRS | stress response system | 应激反应系统 |
| TNR | trap–neuter–return | 捕捉—绝育—放归 |
| TU | tail up | 尾巴竖起 |
| VNO | vomeronasal organs | 犁鼻器 |
| WSPA | World Society for the Protection of Animals | 世界动物保护协会 |